シュプリンガー数学クラシックス

母へ

シュプリンガー数学クラシックス　第13巻

J.W.ミルナー［著］
佐伯 修／佐久間 一浩［訳］

複素超曲面の特異点

丸善出版

Japanese translation rights arranged with Princeton University Press in New Jersey through The Asano Agency, Inc in Tokyo.

序　文

複素曲線の特異点のトポロジーは，K. ブラウナー [BRAUNER]*が 1928 年に，そのような特異点がそれに付随した 3 次元球面内の結び目を通して記述できることを示して以来，多くの幾何学者たちを魅了し続けている．最近 E. ブリスコーン [BRIESKORN] は，高次元において同様の例を発見し，代数幾何学と高次元結び目理論，ひいてはエキゾチック球面の研究を関連づけたが，これによりこの分野に新しい関心がもたれるようになった．

本書では，各特異点に対して，それに付随したファイブレーションを導入することにより，複素超曲面の特異点の研究を行ってゆく．

予備知識としては，読者が代数と位相幾何学の基礎，たとえばラング [LANG, *Algebra*]，ファン・デル・ヴェルデン [VAN DER WAERDEN, *Modern Algebra*]，あるいはスパニア [SPANIER, *Algebraic Topology*] などの書の内容に多少精通しているとよい．

私は，有益な議論をして下さった E. ブリスコーン，W. キャッスルマン，広中平祐，J. ナッシュの各氏に感謝したい．そしてこの題材の草稿に関するノートを準備して下さった E. ターナーに感謝したい．また国家科学財団の援助にも感謝を述べたい．この原稿に関わる仕事は，プリンストン大学，高等研究所，カリフォルニア大学ロサンゼルス校，およびネヴァダ大学においてなされたものである．

* ［原注］参考文献を参照．かぎ括弧内の人名は，参考文献への参照を常に表す．

目 次

第1章　序論

$f(z_1, \ldots, z_{n+1})$ を，$n+1$ 個の複素変数に関する定数でない多項式とし，V を，$n+1$ 個の複素数の組

$$\boldsymbol{z} = (z_1, \ldots, z_{n+1})$$

で，$f(\boldsymbol{z}) = 0$ を満たすもの全体からなる代数的集合とする．(そのような集合は**複素超曲面**と呼ばれる.) 我々は，ある点 $\boldsymbol{z}^0$ の近傍における V の位相構造を調べたい．

ブラウナー [Brauner] による次のような構成を用いよう．与えられた点 $\boldsymbol{z}^0$ を中心とする半径の小さな球面 S_ε と超曲面 V との交わりをとる．すると，S_ε を境界とする円板内の V の位相構造は，集合

$$K = V \cap S_\varepsilon$$

の位相構造と密接に関係する．(定理 2.10 と注 2.11 を参照せよ.)

たとえば，$\boldsymbol{z}^0$ が f の**正則点**であれば（すなわち，$\boldsymbol{z}^0$ において，ある偏微分 $\partial f/\partial z_j$ が消えなければ），V は $\boldsymbol{z}^0$ の近傍で実 $2n$ 次元の可微分多様体である[1]．このとき交わり K は，$2n-1$ 次元の可微分多様体で，$2n-1$ 次元球面に微分同相であり，K は $2n+1$ 次元球面 S_ε に自明に埋め込まれている（補題 2.12 を参照）．

---

[1] ［訳注］このことは，たとえば複素正則関数に対する陰関数の定理を用いても証明できるし，実部と虚部に分けて，通常の可微分写像に対する陰関数の定理を用いても証明できる．なお本翻訳書では,「可微分」という言葉で,「C^∞ 級」を表すことにする．

これと比較するために，2 変数多項式

$$f(z_1, z_2) = z_1^p + z_2^q$$

を考えよう．これは原点を**臨界点**にもつ $(\partial f/\partial z_1 = \partial f/\partial z_2 = 0)$．整数 p, q は互いに素で，かつ 2 以上と仮定する．

主張（ブラウナー）．原点を中心とする球面 S_ε と $V = f^{-1}(0)$ との交わりは，3 次元球面 S_ε 内の「(p, q) 型トーラス結び目」として知られる型の結び目となる．

［**証明．** 共通部分 K が，ある正の定数 ξ と η に対して，$|z_1| = \xi, |z_2| = \eta$ を満たす (z_1, z_2) 全体からなるトーラス内にあることは容易に確かめられる．実を言うと K は，パラメータ θ が 0 から 2π まで動くときの，対 $(\xi e^{qi\theta}, \eta e^{pi\theta+\pi i/q})$ すべてからなる．したがって K は，トーラスを一つの座標方向に q 回，もう一方に p 回まわっていることになる.］

たとえば，(2, 3) 型トーラス結び目は図 1 に示すとおりである．

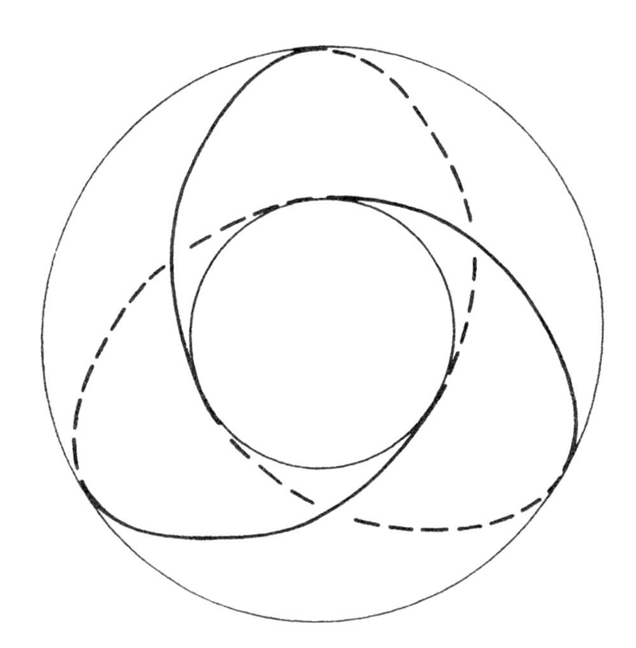

図 1　(2, 3) 型トーラス結び目．

（もちろん，もっと複雑な多項式を用いることにより，さらにずっと複雑な結び目が得られる．注 10.11 を参照.）

ブリスコーン [BRIESKORN] は，これらのトーラス結び目の高次元版を研究した．たとえば，$V(3, 2, 2, \ldots, 2)$ を，多項式

$$f(z_1, \ldots, z_{n+1}) = {z_1}^3 + {z_2}^2 + \cdots + {z_{n+1}}^2$$

の零点全体からなる集合とする．すべての奇数 n に対して，この超曲面は，球面 S^{2n-1} に同相な可微分多様体 K において S_ε と交わる．ある場合（たとえば $n = 3$ のとき）には，K は標準的な $2n - 1$ 次元球面と微分同相であるが，ある場合（たとえば $n = 5$ のとき）には，K は「エキゾチック」球面[2]となる．しかしいずれにしても，K は $2n + 1$ 次元球面 S_ε に，自明でないように埋め込まれている．

これらのブリスコーン球面については，第 9 章でもっと詳しく調べることになる．

本書の目的は，そうした交わり

$$K = V \cap S_\varepsilon \subset S_\varepsilon$$

のトポロジーを記述するのに有用な，ファイブレーションを導入することである．第 4 章から第 7 章にかけて証明される主結果をここでいくつか述べておこう．

ファイブレーション定理[3]**．** $\boldsymbol{z}^0$ を複素超曲面 $V = f^{-1}(0)$ の任意の点とし，S_ε を $\boldsymbol{z}^0$ を中心とする半径の十分小さな球面とするとき，$S_\varepsilon - K$ から単位円への写像

$$\phi(\boldsymbol{z}) = f(\boldsymbol{z})/|f(\boldsymbol{z})|$$

は，可微分ファイバー束*の射影となる[補],[4]．また，各ファイバー

---

[2] ［訳注］球面と同相であるが微分同相でない可微分多様体のことを**エキゾチック球面**と言う．このような例は，ミルナー [113] によって初めて発見され，数学界に大きな衝撃を与えた（かぎ括弧内の数字は**日本語版のための解説**の末尾にある参考文献表（197〜210 頁）における文献番号を意味しているので，適宜参照していただきたい）．ミルナーはこの業績等によって，1962 年にフィールズ賞を受賞している．

[3] ［訳注］「束化定理」と訳されることもある．

* ［原注］「ファイバー束」という用語は，「局所自明なファイバー空間」と同じ意味で用いることとする．

[4] ［訳注］以後，「[補]」がついている箇所については，**日本語版のための解説の 1. 各章につい**

$$F_\theta = \phi^{-1}(e^{i\theta}) \subset S_\varepsilon - K$$

は，平行化可能[5]な $2n$ 次元可微分多様体である[6].

もし多項式 f が，$\boldsymbol{z}^0$ の近傍で，$\boldsymbol{z}^0$ 自身を除いて臨界点をもたない[7]ならば，より詳しい記述を与えることができる．

定理. $\boldsymbol{z}^0$ が f の孤立臨界点ならば，各ファイバー F_θ は，n 次元球面のブーケ $S^n \vee \cdots \vee S^n$ のホモトピー型をもち[補]，このブーケに現れる球面の個数（すなわち F_θ の中間次元ベッチ数[8]）は真に正である．各ファイバーは，コンパクトで境界をもつ可微分多様体

$$\mathrm{Closure}\,(F_\theta) = F_\theta \cup K$$

の内部[9]となる．ここで共通の境界 K は，$n-2$ 連結な多様体である[10].

したがって，ファイバー F_θ たちは，図2に示すように，共通の境界 K のまわりをぐるりとまわるようにくっついていることになる．$n \geq 2$ なら可微分多様体 K は連結であり，$n \geq 3$ なら単連結である．

ここで，これからの内容のさらに詳しい概要を述べよう．第2章では，ホイットニー [WHITNEY] に従い，実代数的集合の初等的性質を記述する．実代数的集合上の実解析的曲線の存在に関する基本的補題が第3章で証明される．それ以後の証明のすべてはこの補題に依存することになる．基本となるファイブレーション定理は，第4章で証明される．K と F_θ のトポロジーに関するさらに詳しいことは，第5章で得られる．

ての補足に説明があることを意味するので，適宜参照していただきたい．

[5]［訳注］n 次元可微分多様体が**平行化可能**であるとは，接束が自明，言い換えれば，各点で一次独立な n 個のベクトル場が存在するときを言う．

[6]［訳注］このファイバー束は，現在では**ミルナー束**，あるいは**ミルナー・ファイブレーション**と呼ばれている．また，そのファイバー F_θ は**ミルナー・ファイバー**と呼ばれている．

[7]［訳注］このとき，$\boldsymbol{z}^0$ そのものが臨界点であれば，$\boldsymbol{z}^0$ のことを**孤立臨界点**と言う．

[8]［訳注］$2n$ 次元可微分多様体 F の n 次元ベッチ数 $\mathrm{rank}\, H_n(F;\mathbf{Z})$ のことを**中間次元ベッチ数**と言う．

[9]［訳注］記号 "Closure" は，「閉包」を表す．

[10]［訳注］一般に，弧状連結な空間 X に対して，その n 次元以下のホモトピー群 $\pi_i(X)$（ただし，$0 \leq i \leq n$ とする）がすべて自明となるとき，その空間は n **連結**であると言う．-1 連結な空間とは，単に空でない集合を言う．

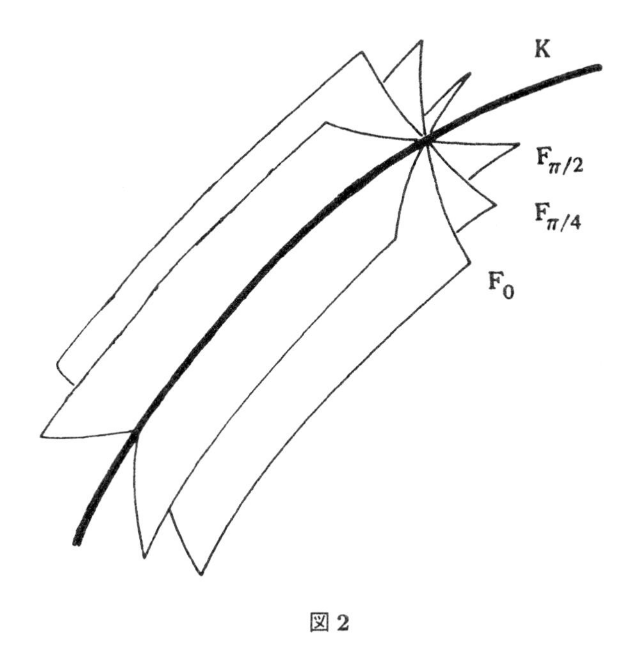

図 2

次に，原点が f の孤立臨界点であるという仮定を追加導入する．これにより，ファイバーのはるかに詳しい記述が可能となり（第 6 章），またファイバーの中間次元ベッチ数についての正確な公式が与えられる（第 7 章）．すると，交わり K のトポロジーは，結び目のアレキサンダー多項式の一般化にあたる，整係数のある多項式 $\Delta(t)$ により記述される（第 8 章）．

位相的には多様体となるような特異代数多様体のブリスコーンによる例は，第 9 章で記述され，複素曲線の特異点に関する古典論が第 10 章で記述される．最終章では，ファイブレーション定理の，ある実多項式系への一般化を証明する．例として，ホップ・ファイブレーションの，多項式による記述を与える．

最後の二つの付録で本書を終えることになる．

第2章　実あるいは複素代数的集合に関する初等的事実

Φ を任意の無限体，Φ^m を，Φ の元の m 個の組 $\boldsymbol{x} = (x_1, \ldots, x_m)$ すべてからなる座標空間とする．(おもに，Φ が実数体 $\mathbf{R}$，あるいは複素数体 $\mathbf{C}$ である場合が興味の対象である．)

定義． 部分集合 $V \subset \Phi^m$ は，V が Φ^m 上のいくつかの多項式関数の共通零点からなる集合であるとき，**代数的集合***であると言う．

Φ^m から Φ へのすべての多項式関数のなす環を，便利な記号 $\Phi[x_1, \ldots, x_m]$ で表すことにしよう．

$$I(V) \subset \Phi[x_1, \ldots, x_m]$$

を，V 全体の上で消える多項式すべてからなるイデアルとする．ヒルベルトの「基底」定理[補]は，任意のイデアルが ($\Phi[x_1, \ldots, x_m]$ 加群として[1]) ある有限個の多項式によって生成されることを主張する．これにより，どんな代数的集合 V もある有限個の多項式方程式によって定義されることが従う．

ヒルベルトの基底定理の重要な帰結の一つとして次がある．

降鎖条件 2.1. 代数的集合の任意の降下列 $V_1 \supset V_2 \supset V_3 \supset \cdots$ は，有限の段階の後に終了するか，さもなければ安定化 $(V_i = V_{i+1} = V_{i+2} = \cdots)$ しなければならない[補]．

---

* ［原注］代数幾何学では，ある決まった Φ の拡大代数閉体に属する元の m 個の組からなる点も，V の「点」とみなすのが慣習となっている．しかし私はこれには従いたくない．

[1] ［訳注］原著では「$\phi[x_1, \ldots, x_m]$ 加群として」とあるが，これは誤植であろう．

Φ^m における勝手な二つの代数的集合 V と V' の和集合 $V \cup V'$ は，ふたたび代数的集合になることに注意しよう[補].

空でない代数的集合 V が，二つの代数的真部分集合の和集合として表せないとき，**代数多様体**または**既約な代数的集合**と言う．V が既約であるための必要十分条件は，$I(V)$ が素イデアルである[補]ことに注意しよう．V が既約ならば，整域

$$\Phi[x_1, \ldots, x_m]/I(V)$$

の元 f と g の商 f/g からなる商体は，V 上の**有理関数体**と呼ばれる．その Φ 上の超越次数は，Φ 上の V の代数的**次元**と呼ばれる[2].

W が V の真部分代数多様体であるならば，W の次元は V の次元より小さいことに注意しよう．（たとえば，ラング [Lang, *Algebraic Geometry*, p. 29] を参照せよ[補].）

さて，$V \subset \Phi^m$ を任意の空でない代数的集合とする．イデアル $I(V)$ を生成する有限個の多項式 $f_1, \ldots, f_k$ を選び，各 $\boldsymbol{x} \in V$ に対して，$k \times m$ 行列 $(\partial f_i/\partial x_j)$ を点 $\boldsymbol{x}$ で考える．ρ を，V の点でこの行列がとり得る最大階数とする．

定義. 点 $\boldsymbol{x} \in V$ は，行列 $(\partial f_i/\partial x_j)$ が $\boldsymbol{x}$ において最大階数 ρ をとるとき，**非特異**あるいは**単純**であると言う．また，

$$\operatorname{rank}(\partial f_i(\boldsymbol{x})/\partial x_j) < \rho$$

のとき，**特異**である*と言う．

この定義は，$\{f_1, \ldots, f_k\}$ の選び方には依存しないことに注意しよう．(なぜなら，多項式 $f_{k+1} = g_1 f_1 + \cdots + g_k f_k$ を余分に加えても，問題の行列の新しくできる列は，他の列の一次結合となるだけだからである.)

補題 2.2. V のすべての特異点からなる集合 $\Sigma(V)$ は，V の（空集合か

---

[2] ［訳注］体 k の拡大体 K の部分集合 S が，k 上代数的に独立で，S を含む k 上の最小の中間体上 K が代数拡大となるとき，S を k 上の K の**超越基**と言い，その元の個数を**超越次数**と言う．なお，代数的次元の別の定式化については [93, §1.4] を参照.

* ［原注］この定義は，V が代数多様体であるか，あるいはすべてが同じ次元をもつ代数多様体の和集合であるときには確かに正しい定義である．しかし，そうでない場合は直観的期待とはかなりかけ離れている．たとえば，V が一つの点と一つの直線からなるときは，その 1 点のみが非特異である.

もしれない）代数的真部分集合をなす．

なぜなら，V の点 $\boldsymbol{x}$ が $\Sigma(V)$ に属するための必要十分条件は，$(\partial f_i/\partial x_j)$ の任意の $\rho \times \rho$ 小行列式が $\boldsymbol{x}$ において消えることだからである．したがって，$\Sigma(V)$ は多項式の方程式系によって決まることになる．

さて，実あるいは複素代数的集合の場合に特定してみよう．

定理 2.3（ホイットニー）．Φ が実（あるいは複素）数体ならば，V の非特異点全体の集合 $V - \Sigma(V)$ は，空でない可微分多様体をなす．実際，この多様体は実（あるいは複素）解析的であり，Φ 上の次元は $m - \rho$ となる．

定理 2.3 のエレガントな証明としては，ホイットニー [Whitney, *Elementary Structure of Real Algebraic Varieties*] を参照されたい．

V が既約である場合には，ホイットニーは，**解析的多様体** $V - \Sigma(V)$ **の** Φ **上の次元は，**V **の** Φ **上の代数的次元にちょうど等しい**ことを示している．

もう一つ別の基本的結果もある．

定理 2.4（ホイットニー）．実あるいは複素座標空間における代数的集合の任意の対 $V \supset W$ に対して，差集合 $V - W$ は高々有限個の連結成分しかもたない．

たとえば，V そのものは有限個の成分しかもたないし，可微分多様体 $V - \Sigma(V)$ も有限個の成分しかもたない．

定理 2.4 の証明は，ホイットニー [Whitney] の証明とは少し異なる形で，付録 A で与えるつもりである[3]．

三つの例をあげよう（図 3 を参照[4]）．それぞれの例は，原点を唯一の特異点にもつ，実平面内の曲線である．

例 A.　$\mathbf{R}^2$ において

$$y^2 - x^2(1 - x^2) = 0$$

を満たすすべての点 (x, y) からなる代数多様体は，最もよい振る舞いをし，

---

[3] ［訳注］付録 A では本文中の系 2.6，補題 2.7 を使っているので，読者は循環論法に陥らないように注意する必要がある．

[4] ［訳注］以下の三つの例がそこにあげられている性質を実際にもつことを示すには，後の補題 2.5 を用いるとよい．詳細は **1. 各章についての補足**も参照．

かつ容易に理解できる型の特異点である「2重点」，つまり異なる接線をもつ二つの実解析的分枝（この場合，$y = x\sqrt{1-x^2}$ と $y = -x\sqrt{1-x^2}$）が互いに交叉*している点のよい例を与えている．(図 3-A を参照.「分枝」という用語の定義は，補題 3.3 を参照.)

例 B.　図 3-B の 3 次曲線

$$y^2 - x^2(x-1) = 0$$

は，原点を孤立点にもつ．にもかかわらずこの曲線も既約である．

（**注.**　複素数体上では，この種の例は起こり得ない．．実際，リット [RITT] の定理により，複素代数多様体 V の単純点全体からなる多様体は，V で至るところ稠密であるからである．ファン・デル・ヴェルデン [VAN DER WAERDEN, *Zur algebraische Geometrie III* あるいは *Algebraische Geometrie*, p. 134] を参照のこと.）

例 C.　方程式 $y^3 = x^{100}$ は，y について x の 33 階微分可能な関数として解くことができるが，それにもかかわらずこの方程式は，原点を特異点にもつ代数多様体 $V \subset \mathbf{R}^2$ を定める．方程式 $y^3 + 2x^2y - x^4 = 0$ は，図 3-C に描かれているけれども，y に対して x の実解析的関数†として実際に解くことができるが，この方程式はまた，原点を特異点にもつ代数多様体を定める．

x と y が複素数の値をとることも許すならば，この現象はもっと理解しやすくなる．実際，複素曲線 $y^3 = x^{100}$ は，原点の近傍で「結び目」をなしているし（第1章を参照），複素曲線 $y^3 + 2x^2y = x^4$ は[5]，原点を通る異なる3本の非特異分枝をもつ．

注.　複素代数多様体は，特異点の近傍では決して可微分多様体にはなり得ない[6].

---

* ［原注］これはまた，パラメータ表示 $x = \sin\theta$, $2y = \sin 2\theta$（これは曲線が「リサージュ図形」であることを示している）からもわかる．

† ［原注］**証明.**　まず x^2 について，$x^2 = \phi(y) = y + y\sqrt{1+y}$ と解く．このとき，ϕ^{-1} が定義され，区間 $[0, \infty)$ 全体で解析的であることに注意すればよい．

5 ［訳注］原著では $y^2 + 2x^2y = x^4$ と，最初の項が y^2 になっているが，これは y^3 の誤植であろう．

6 ［訳注］正確には「決して部分多様体にはなり得ない」という意味であろう．[169] を参照．

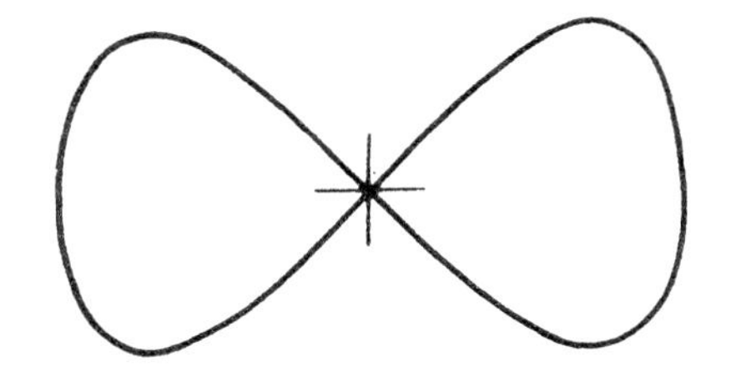

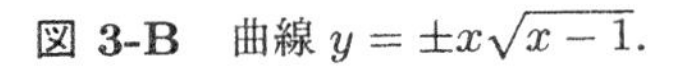

図 **3-B**　曲線 $y = \pm x\sqrt{x-1}$.

図 **3-A**　曲線 $y = \pm x\sqrt{1-x^2}$.

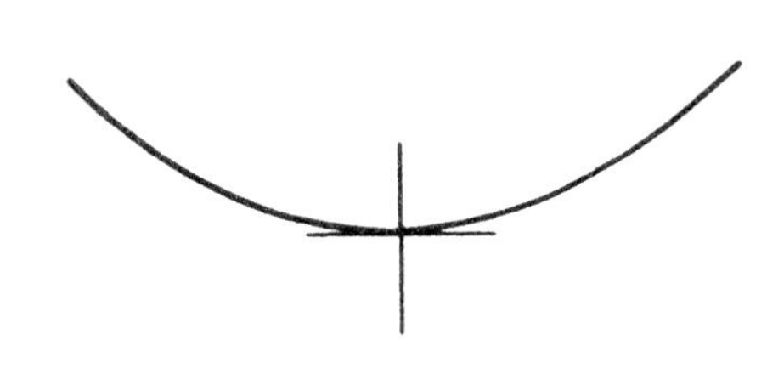

図 **3-C**　曲線 $x^2 = y\left(1+\sqrt{1+y}\right)$.

証明.　複素代数多様体 V が $\mathbf{C}^m$ の原点の近傍 U で C^1 級の可微分多様体であったと仮定しよう．この可微分多様体 $U \cap V$ の，単純点における接空間は，明らかに複素数体上のベクトル空間である．単純点の集合は稠密（上の注を参照）なので，連続性より，任意の点 $\boldsymbol{z}$ で $U \cap V$ の（実）接空間 $T_{\boldsymbol{z}} \subset \mathbf{C}^m$ が，実は複素ベクトル空間であることが従う．（すなわち，$T_{\boldsymbol{z}} = iT_{\boldsymbol{z}}$ となるのである[補].）そこで，U をもっと小さい近傍 U' で置き換え，必要ならば座標の順番を入れ換えると，陰関数定理により，$U' \cap V$ が，$(z_1, \ldots, z_n)$ 座標空間の開部分集合から $(z_{n+1}, \ldots, z_m)$ 座標空間への C^1 級写像 F のグラフと見なせることがわかる[補]．F の各点での微分は複素線形だから，コーシー–リーマンの方程式が満たされ，F は複素解析的であることになる[7]．このこ

---

[7]　［訳注］詳細はたとえば，[110, p. 98] を参照.

とは，$U' \cap V$ が複素多様体であることを示している．次に，$h(\boldsymbol{z})$ を $\mathbf{0}$ の近傍で定義され，V 上で消えるような任意の複素解析的関数とし，$f_1, \ldots, f_k$ を，素イデアル $I(V) \subset \mathbf{C}[z_1, \ldots, z_m]$ を生成する多項式とする．局所解析的零点定理（たとえば，ガニング–ロッシ [Gunning and Rossi, p. 90] を参照）によれば，あるベキ h^s は，解析的関数の芽 $a_1, \ldots, a_k$ に対して，一次結合 $a_1 f_1 + \cdots + a_k f_k$ として表せる．原点における形式的ベキ級数全体からなるより大きい環 $\mathbf{C}[[\boldsymbol{z}]]$ へ移行すれば，h^s が対応するイデアル $\mathbf{C}[[\boldsymbol{z}]]I(V)$ に属することがもちろん従う．しかしこのイデアルは，素イデアルの共通部分として表すことができる（レフシェッツ [Lefschetz, *Algebraic Geometry*, p. 91] を参照）．それゆえ，h 自身もイデアル $\mathbf{C}[[\boldsymbol{z}]]I(V)$ に属さなければならない．このイデアルは $\mathbf{C}[[\boldsymbol{z}]]$ において $f_1, \ldots, f_k$ で生成される．微分をとれば，これは余接ベクトル $dh(\mathbf{0})$ が，余接ベクトル $df_1(\mathbf{0}), \ldots, df_k(\mathbf{0})$ の複素一次結合として表されることを意味する．すると容易に，行列 $(\partial f_i / \partial z_j)$ が $\mathbf{0}$ において階数 $m - n$ をもつことが従う．これは原点が V の特異点にはなり得ないことを示している．■

読者は，例 A, B, C がもつべき性質を実際にもつことを確かめるのに，それほど困難はないであろう．それには次のことを用いればよい．

補題 2.5.　V を，一つの多項式方程式 $f(\boldsymbol{x}) = 0$ によって定義された実あるいは複素代数的集合とする．ただし，f は既約とする．実の場合は，さらに V が f の正則点を含む*と仮定しよう．このとき，V 上で消える任意の多項式は，f で割り切れる．

ゆえに，V は既約であり[補]，その特異点集合 $\Sigma(V)$ は，f の臨界点集合と V の交わりにちょうど一致する．

証明.　複素の場合は，ヒルベルトの零点定理よりただちに従う[補]．実の場合は，$V \subset \mathbf{R}^m$ を代数多様体の和集合 $V_1 \cup \cdots \cup V_k$ と表す．V における正則点の近傍は $m-1$ 次元多様体なので，位相的議論から，V_j のうちの少なくとも一つは次元 $m-1$ をもたなければならないことになる．ゆえに，ホイットニーの結果により，商環（整域）$\mathbf{R}[x_1, \ldots, x_m]/I(V_j)$ は $\mathbf{R}$ 上超越次

* ［原注］この仮定は，$x^2 + y^2 + z^2 = 0$ のような例を避けるために必要である．

数 $m-1$ をもつ．しかし，$\mathbf{R}[x_1,\ldots,x_m]$ の主素イデアル (f) による商環もまた明らかに $\mathbf{R}$ 上超越次数 $m-1$ をもつ．

$$(f) \subset I(V_j)$$

なので，標準的議論から $(f)=I(V_j)$ となることがわかる．(たとえば，ラング [Lang, *Introduction to Algebraic Geometry*, p. 29] を参照[補].)

ゆえに，f の零点集合は，代数多様体 V_j と一致する．これは，$V=V_j$ を示しているので，ゆえに $I(V)$ は主イデアル (f) に一致することになる．■

(注．類似のことが任意の局所コンパクト体上で成り立つが，任意の体上で成り立つわけではない．たとえば，有理数体上の既約多項式 x^2-y-y^3 は，有理平面上臨界点をもたず，しかも一つの有理零点しかもたない.)

さて，ホイットニーの二つの定理の帰結をさらに導いてゆこう．

系 2.6. 任意の実あるいは複素代数的集合 V は，有限個の非交和として

$$V = M_1 \cup M_2 \cup \cdots \cup M_p$$

と表される．ここで，各 M_j は有限個の成分からなる可微分多様体である．同様にして，任意の代数多様体[8]の差集合 $V-W$ はそのような有限和集合として表される．

証明. $M_1 = V - \Sigma(V)$ を V の単純点の集合，$M_2 = \Sigma(V) - \Sigma(\Sigma(V))$ を $\Sigma(V)$ の単純点の集合，等々とする．この構成は有限回で終わる．というのは，列

$$V \supset \Sigma(V) \supset \Sigma(\Sigma(V)) \supset \cdots$$

は，降鎖条件 2.1 により終結しなくてはならないからである．明らかに，V は多様体 M_i の非交和である．

同様にして，$V-W$ も非交和 $M_1' \cup M_2' \cup \cdots \cup M_p'$ として表される．ここで各

$$M_i' = M_i - (W \cap M_i)$$

---

8 [訳注] V, W は単なる代数的集合でよい．

は，定理 2.4 より有限個の成分からなる可微分多様体である． ■

次の補題はしばしば有用である．いつものように，Φ で実数あるいは複素数体を表すとする．

$M_1 = V - \Sigma(V)$ を代数的集合 $V \subset \Phi^m$ の単純点からなる多様体，g を Φ^m 上の多項式関数とする．

補題 2.7. M_1 から Φ への制限関数 $g|M_1$ の臨界点集合*は，M_1 と，行列

$$\begin{bmatrix} \partial g/\partial x_1 & \cdots & \partial g/\partial x_m \\ \partial f_1/\partial x_1 & \cdots & \partial f_1/\partial x_m \\ \vdots & & \vdots \\ \partial f_k/\partial x_1 & \cdots & \partial f_k/\partial x_m \end{bmatrix}$$

の階数が ρ 以下[9]となるような点 $x \in V$ 全体からなる代数的集合 W との共通部分に等しい．ここで $f_1, \ldots, f_k$ は，$I(V)$ を生成する多項式を表す．

証明. M_1 の任意の点の近傍で，Φ^m に対する（実あるいは複素）解析的局所座標系 $u_1, \ldots, u_m$ で，M_1 がちょうど $u_1 = \cdots = u_\rho = 0$ なる場所に対応するようなものが選べる．このとき，$u_{\rho+1}, \ldots, u_m$ が M_1 上の局所座標として選べる．$\partial f_i/\partial u_j$ は，M_1 上の点で値を求めると，$j \geq \rho + 1$ に対して（f_i は M_1 上で消えるので）ゼロとなる．行列 $(\partial f_i/\partial u_j)$ は行列 $(\partial f_i/\partial x_\ell)$ と列同値[10]であり，それゆえ階数 ρ をもつので，$(\partial f_i/\partial u_j)$ の最初の ρ 列は一次独立でなければならないことが従う．

さて，その拡大行列

$$\begin{bmatrix} \partial g/\partial u_1 & \cdots & \partial g/\partial u_m \\ \partial f_1/\partial u_1 & \cdots & \partial f_1/\partial u_m \\ \vdots & & \vdots \\ \partial f_k/\partial u_1 & \cdots & \partial f_k/\partial u_m \end{bmatrix}$$

---

* ［原注］可微分多様体の間の可微分写像の**臨界点**とは，定義域多様体の点で，そこにおいて接空間の間に誘導される線形写像が全射にならないもののことを言う．

[9] ［訳注］ρ の定義については 8 頁の定義を参照．

[10] ［訳注］すなわち，行列の基本変形のうち，列を入れ換える，ある列にゼロでないスカラーを掛ける，ある列のスカラー倍を別の列に足す，といった変形を有限回施して，片方の行列からもう片方の行列に移ることができる，ということ．この変形で，もちろん行列の階数は不変である．なお，このことは合成写像に対する微分公式，いわゆる連鎖律を用いると証明できる．

が同じ階数 ρ をもつための必要十分条件は,

$$\partial g/\partial u_{\rho+1} = \cdots = \partial g/\partial u_m = 0,$$

あるいは別の言い方をすれば,与えられた点が $g|M_1$ の臨界点となることである.この新しい行列は,補題 2.7 で与えられている行列と列同値であるので,これで証明が終わる. ■

系 2.8. $M_1 = V - \Sigma(V)$ 上の多項式関数 g は,高々有限個の臨界値しかもち得ない.

(臨界値 $g(\boldsymbol{x}) \in \Phi$ とは,g による臨界点の像のことである.)

証明. $g|M_1$ の臨界点集合は,代数的集合の差集合 $W - \Sigma(V)$ として表されるので,可微分多様体の有限和

$$W - \Sigma(V) = M'_1 \cup \cdots \cup M'_p$$

で表される.ここで各 M'_i は,高々有限個の成分しかもたない.

各点 $\boldsymbol{x} \in M'_i$ は可微分関数 $g|M_1$ の臨界点であるから,もちろん制限関数 $g|M'_i$ の臨界点でもある.M'_i 上の点はすべて臨界点なので,g は M'_i の各成分上で定数であることが従う.それゆえ,像 $g(M'_i)$ は有限集合である.一方,和集合

$$g(M'_1) \cup \cdots \cup g(M'_p)$$

は,$g|M_1$ の臨界値全体の集合にちょうど一致する.これで証明が終わった. ■

ふたたび V を実あるいは複素代数的集合とする.$\boldsymbol{x}^0$ を,V の単純点,あるいは特異点集合 $\Sigma(V)$ の孤立点とする.

系 2.9. $\boldsymbol{x}^0$ を中心とする半径が十分小さな任意の球面 S_ε は,V と(空集合かもしれない)可微分多様体で交わる*.

* [原注] 証明では,交わりが実際には**横断的**であることも示す[補].すなわち,$V \cap S_\varepsilon$ の点を基点とするどんなベクトルも,V の接ベクトルと S_ε の接ベクトルの和として表される,ということである.

証明. これは，実の場合には，系 2.8 を多項式関数

$$r(\boldsymbol{x}) = ||\boldsymbol{x} - \boldsymbol{x}^0||^2$$

に適用することにより従う．もし，ε^2 が $r|(V - \Sigma(V))$ の任意の正の臨界値より小さければ，ε^2 は正則値となり，ゆえにその逆像

$$r^{-1}(\varepsilon^2) \cap (V - \Sigma(V)) = S_\varepsilon \cap (V - \Sigma(V))$$

は可微分多様体 K となる．一方，ε が十分小さければ，S_ε は $\Sigma(V)$ と交わりをもたないので，K は $S_\varepsilon \cap V$ と等しいことになる．

複素の場合の対応する主張は，$\mathbf{C}^m$ における任意の複素代数多様体が，$\mathbf{R}^{2m}$ における実代数多様体とみなせること[11]からただちに従う．■

D_ε で，$||\boldsymbol{x} - \boldsymbol{x}^0|| \leq \varepsilon$ を満たす $\boldsymbol{x}$ 全体からなる閉円板を表そう．ふたたび $\boldsymbol{x}^0$ を，V の単純点あるいは孤立特異点とする．

定理 2.10. 十分小さな ε に対して，V と D_ε の交わりは，$K = V \cap S_\varepsilon$ 上の錐に同相である．実際，対 $(D_\varepsilon, V \cap D_\varepsilon)$ は，S_ε 上の錐と K 上の錐からなる対に同相となる．

ここで，K 上の**錐**は，記号 $\mathrm{Cone}(K)$ で表されるが，これは点 $\boldsymbol{k} \in K$ と基点 $\boldsymbol{x}^0$ を結ぶ直線分

$$t\boldsymbol{k} + (1-t)\boldsymbol{x}^0, \qquad 0 \leq t \leq 1$$

すべての和集合のことである．集合 $\mathrm{Cone}(S_\varepsilon)$ も同様に定義されるが，もちろんこれは D_ε に一致する．

したがって，多様体 K と，K の S_ε への埋め込まれ方を特定できれば，$\boldsymbol{x}^0$ の近傍での V の位相構造と，座標空間への V の埋め込みを完全に決定したことになる．たとえば，もし K が位相的球面であるならば，V は $\boldsymbol{x}^0$ の近傍で位相多様体にならなければならないということになる．

同様の手法は後に第 4 章，第 5 章，第 11 章において重要となるので，証明を詳しい形で与えることにしよう．

[11] ［訳注］正確には，複素代数的集合の特異点集合が，実代数的集合としての特異点集合に一致する，という事実も必要である．このこと自体は容易に証明できる．

定理 2.10 の証明. これも実の場合のみを考えればよい. ε をふたたび十分小さくとり, 円板 D_ε が $\boldsymbol{x}^0$ 自身以外に V の特異点や $r|(V-\Sigma(V))$ の臨界点を含まないようにする.

穴あき円板 $D_\varepsilon - \boldsymbol{x}^0$ 上に次の二つの性質をもつ可微分ベクトル場 $\boldsymbol{v}(\boldsymbol{x})$ を構成しよう. ベクトル $\boldsymbol{v}(\boldsymbol{x})$ はすべての $\boldsymbol{x}$ に対して, $\boldsymbol{x}^0$ から「離れてゆく」方向を向いている. すなわち, ユークリッド内積

$$\langle \boldsymbol{v}(\boldsymbol{x}), \boldsymbol{x}-\boldsymbol{x}^0 \rangle$$

は真に正となる. そしてベクトル $\boldsymbol{v}(\boldsymbol{x})$ は, $\boldsymbol{x}$ が M_1 に属するときはいつでも多様体 $M_1 = V - \Sigma(V)$ に接する.

まず求めるベクトル場を局所的に構成しよう. $D_\varepsilon - \boldsymbol{x}^0$ の任意の点 $\boldsymbol{x}^\alpha$ が与えられたとき, $\boldsymbol{x}^\alpha$ の近傍 U^α におけるベクトル場 $\boldsymbol{v}^\alpha(\boldsymbol{x})$ で, これら二つの性質を満たすものを構成する.

$\boldsymbol{x}^\alpha$ が V に属さないならば, ある近傍 $U^\alpha \subset \mathbf{R}^m - V$ におけるすべての点 $\boldsymbol{x}$ に対して単に

$$\boldsymbol{v}^\alpha(\boldsymbol{x}) = \boldsymbol{x} - \boldsymbol{x}^0$$

と置くことができる.

$\boldsymbol{x}^\alpha$ が V に, したがって M_1 に属するならば, $\boldsymbol{x}^\alpha$ の近傍における局所座標系 $u_1, \ldots, u_m$ で, M_1 が $u_1 = \cdots = u_\rho = 0$ という場所に対応するようなものを選ぶ. $\boldsymbol{x}^\alpha$ は, $r(\boldsymbol{x}) = \|\boldsymbol{x}-\boldsymbol{x}^0\|^2$ に対して, 関数 $r|M_1$ の臨界点ではないので, 偏微分

$$\partial r/\partial u_{\rho+1}, \ldots, \partial r/\partial u_m$$

のうち少なくとも一つは $\boldsymbol{x}^\alpha$ においてゼロとはならないことが従う. (補題 2.7 の証明を参照.) もしたとえば $\partial r/\partial u_h$ が $\boldsymbol{x}^\alpha$ においてゼロでないならば, U^α を, その上で常に $\partial r/\partial u_h \neq 0$ となるような十分小さな連結近傍とし, $\boldsymbol{v}^\alpha(\boldsymbol{x})$ を, $\boldsymbol{x}$ を通る u_h 座標曲線に接するベクトル

$$\pm(\partial x_1/\partial u_h, \ldots, \partial x_m/\partial u_h)$$

とする. ただし, プラス符号あるいはマイナス符号は, $\partial r/\partial u_h$ が正か負か

に従って選ぶものとする[12]．このベクトル $\boldsymbol{v}^\alpha(\boldsymbol{x})$ は，$\boldsymbol{x} \in M_1$ であれば確かにいつでも M_1 に接する．というのは，u_h 座標曲線が M_1 にすっぽり含まれるからである．さらに，

$$\begin{aligned} 2\langle \boldsymbol{v}^\alpha(\boldsymbol{x}), \boldsymbol{x} - \boldsymbol{x}^0 \rangle &= \sum 2(x_i - x_i^0) v_i^\alpha \\ &= \sum (\partial r / \partial x_i)(\pm \partial x_i / \partial u_h) \end{aligned}$$

は，すべての $\boldsymbol{x} \in U^\alpha$ に対して $\pm \partial r / \partial u_h > 0$ に等しい．

そこで，$D_\varepsilon - \boldsymbol{x}^0$ で可微分な1の分割*$\{\lambda^\alpha\}$ を，$\mathrm{Support}(\lambda^\alpha) \subset U^\alpha$ となるように選ぶ[13]．すると，$D_\varepsilon - \boldsymbol{x}^0$ 上のベクトル場

$$\boldsymbol{v}(\boldsymbol{x}) = \sum \lambda^\alpha(\boldsymbol{x}) \boldsymbol{v}^\alpha(\boldsymbol{x})$$

は明らかに求める性質を満たしている．

そこで

$$\boldsymbol{w}(\boldsymbol{x}) = \boldsymbol{v}(\boldsymbol{x}) / \langle 2(\boldsymbol{x} - \boldsymbol{x}^0), \boldsymbol{v}(\boldsymbol{x}) \rangle$$

と置いて正規化し，微分方程式

$$d\boldsymbol{x}/dt = \boldsymbol{w}(\boldsymbol{x})$$

を考えよう．つまり，たとえば $\alpha < t < \beta$ に対して定義される可微分曲線 $\boldsymbol{x} = \boldsymbol{p}(t)$ で，

$$d\boldsymbol{p}(t)/dt = \boldsymbol{w}(\boldsymbol{p}(t))$$

を満たすものたちをさがすのである．任意の解 $\boldsymbol{p}(t)$ が与えられたとき，合成 $r(\boldsymbol{p}(t))$ の微分が，$\boldsymbol{x} = \boldsymbol{p}(t)$ に対して

---

[12] ［訳注］U^α は連結にとったので，この符号は U^α 上で一定であることに注意しよう．

* ［原注］すなわち，$D_\varepsilon - \boldsymbol{x}^0$ 上で定義された実数値可微分関数の族 λ^α で，

$$\lambda^\alpha(\boldsymbol{x}) \geq 0, \quad \sum_\alpha \lambda^\alpha(\boldsymbol{x}) = 1$$

となり，しかも $D_\varepsilon - \boldsymbol{x}^0$ の各点に対して，ある近傍であって，そこでゼロにならないような λ^α が高々有限個しかないようなものが存在する，といった性質を満たすものを選ぶ，ということである．たとえば，ド・ラーム [DE RHAM, *Variétés différentiables*]，あるいはラング [LANG, *Differentiable manifolds*] を参照．

[13] ［訳注］$\mathrm{Support}(\lambda^\alpha)$ は，集合 $\{\boldsymbol{x} \in D_\varepsilon - \boldsymbol{x}^0 \mid \lambda^\alpha(\boldsymbol{x}) \neq 0\}$ の，$D_\varepsilon - \boldsymbol{x}^0$ における閉包を表し，関数 λ^α の台と呼ばれる．

$$\begin{aligned} dr/dt &= \sum(\partial r/\partial x_i)w_i(\boldsymbol{x}) \\ &= \langle 2(\boldsymbol{x}-\boldsymbol{x}^0), \boldsymbol{w}(\boldsymbol{x})\rangle = 1 \end{aligned}$$

で与えられることに注意しよう．したがって，関数 $r(\boldsymbol{p}(t))$ は $t+$（定数）に等しくなければならない．よって，必要ならばパラメータ t から定数を引いて，

$$r(\boldsymbol{p}(t)) = ||\boldsymbol{p}(t) - \boldsymbol{x}^0||^2 = t$$

と仮定してよい．

この解 $\boldsymbol{p}(t)$ は，確かに区間 $0 < t \leq \varepsilon^2$ 全体に拡張される．

［**証明.** ベクトル場 $\boldsymbol{w}(\boldsymbol{x})$ は，$D_\varepsilon - \boldsymbol{x}^0$ より少しだけ大きな開集合上で構成されていて，D_ε の境界点は何も問題を引き起こさない，と仮定してもよい．ツォルンの補題により，与えられた解 $\boldsymbol{p}(t)$ は，ある極大な開区間 $\alpha' < t < \beta'$ にまで拡張*される．たとえば，$\beta' \leq \varepsilon^2$ と仮定する．このとき，解 $\boldsymbol{p}(t)$ をもう少し広い区間に拡張し，β' の定義に矛盾することを示そう．$\alpha' < t < \beta'$ のとき，点 $\boldsymbol{p}(t)$ はみなコンパクト集合 D_ε に属するので，$t \to \beta'$ とするとき $\{\boldsymbol{p}(t)\}$ の極限点 $\boldsymbol{x}'$ が少なくとも一つは存在する．そして明らかに $r(\boldsymbol{x}') = \beta' \neq 0$ であるので，$\boldsymbol{x}' \in D_\varepsilon - \boldsymbol{x}^0$ である．微分方程式 $d\boldsymbol{x}/dt = \boldsymbol{w}(\boldsymbol{x})$ に対する，$\boldsymbol{x}'$ の近くでの局所解の存在，一意性，そして可微分性定理†を用いよう．この定理は，$\boldsymbol{x}'$ のある近傍 U 内の各点 $\boldsymbol{x}''$ と，β' を含む任意に小さな開区間 I 内の各 t'' に対して，解

$$\boldsymbol{x} = \boldsymbol{q}(t), \quad t \in I$$

で，初期条件 $\boldsymbol{q}(t'') = \boldsymbol{x}''$ を満たすようなものが一意的に存在することを主張する[14]．さらにその解 $\boldsymbol{q}(t)$ は，$\boldsymbol{x}'', t''$ と t に関する可微分関数である．この定理を適用するために，$t'' \in (\alpha', \beta') \cap I$ と選び，$\boldsymbol{x}''$ は $\boldsymbol{p}(t'')$ に等しいとする[15]．局所一意性定理を用いて，共通の定義域 $(\alpha', \beta') \cap I$ 内のすべての t に対して $\boldsymbol{p}(t) = \boldsymbol{q}(t)$ であることが確かめられる．そこで，解 $\boldsymbol{p}$ と $\boldsymbol{q}$ をつな

---

* ［原注］ここではツォルンの補題を用いずに済ますことも容易である．

† ［原注］たとえば，グレーヴズ [Graves, *Real Variables*]，あるいはラング [Lang, *Differentiable Manifolds*] を参照．

14 ［訳注］ここでは解 $\boldsymbol{q}(t)$ の定義域が一斉に I としてとれ，$\boldsymbol{x}''$ や t'' によらないことが非常に大事である．

15 ［訳注］$\boldsymbol{x}'$ の選び方から，$t'' \in I$ を β' に十分近くとれば $\boldsymbol{x}'' \in U$ となることに注意しよう．

ぎ合わせて，より大きな区間 $(\alpha', \beta') \cup I$ 内のすべての t に対して定義される解を構成することができる．この矛盾は，$\beta' > \varepsilon^2$ であることを示している．そして同様の議論で $\alpha' = 0$ を示すことができる.]

また解 $\boldsymbol{p}(t)$, $0 < t \leq \varepsilon^2$ が初期値

$$\boldsymbol{p}(\varepsilon^2) \in S_\varepsilon$$

により一意的に定まることにも注意しよう．各 $\boldsymbol{a} \in S_\varepsilon$ に対して

$$\boldsymbol{p}(t) = P(\boldsymbol{a}, t), \qquad 0 < t \leq \varepsilon^2$$

を，初期条件

$$\boldsymbol{p}(\varepsilon^2) = P(\boldsymbol{a}, \varepsilon^2) = \boldsymbol{a}$$

を満たす一意的な解とする.

明らかにこの関数 P は，直積 $S_\varepsilon \times (0, \varepsilon^2]$ を，穴あき円板 $D_\varepsilon - \boldsymbol{x}^0$ の上に微分同相に写す[補]．さらに，ベクトル場 $\boldsymbol{w}(\boldsymbol{x})$ がすべての $\boldsymbol{x} \in M_1$ において M_1 に接するので，M_1 にぶつかるどの解曲線も M_1 に含まれなければならないことになる．ゆえに，P は直積 $K \times (0, \varepsilon^2]$ を $V \cap (D_\varepsilon - \boldsymbol{x}^0)$ の上に微分同相に写す.

最後に，$P(\boldsymbol{a}, t)$ は $t \to 0$ のとき，$\boldsymbol{x}^0$ に一様収束することに注意しよう．ゆえに，$0 < t \leq 1$ に対して定義される対応

$$t\boldsymbol{a} + (1-t)\boldsymbol{x}^0 \mapsto P(\boldsymbol{a}, t\varepsilon^2)$$

は，$\mathrm{Cone}(S_\varepsilon)$ から D_ε への同相写像に一意的に拡張される．さらにこの同相写像は，$\mathrm{Cone}(K)$ を $V \cap D_\varepsilon$ の上に写す．これで定理 2.10 の証明が終わった.

■

注 2.11.　定理 2.10 は，$\boldsymbol{x}^0$ が V の孤立特異点でなくてもそのまま成り立ちそうである[16]．確かに任意の代数的集合は三角形分割可能であることが知られているので，任意の点に対してその近傍をうまく選ぶと，それは何かの上の錐に同相である．たとえば，ロジャジヴィッチ [ŁOJASIEWICZ, *Triangulation*

16 [訳注] 実際，孤立特異点でなくても成り立つことが，原著出版後に示された．これについては日本語版のための解説の **2.** 解決された予想を参照していただきたい.

of Semi-analytic Sets] を参照のこと[17].

この第 2 章の残りでは, V の非特異点という多少つまらない場合を調べてゆく. これは我々の期待に反するようなことは何も起こらないことを一応確かめておくためである.

補題 2.12. $\boldsymbol{x}^0$ が V の単純点であれば, すべての十分小さな ε に対して, 交わり $K = V \cap S_\varepsilon$ は, S_ε に自明に埋め込まれた球面である.

証明. 明らかに, 可微分関数 $r(\boldsymbol{x}) = \|\boldsymbol{x} - \boldsymbol{x}^0\|^2$ を $M_1 = V - \Sigma(V)$ に制限したものは, $\boldsymbol{x}^0$ を非退化臨界点にもつ[補]. ゆえに, マーストン・モース [Marston Morse] の補題により, $\boldsymbol{x}^0$ の近くで M_1 に対する局所座標系 $u_1, \ldots, u_k$ が存在して

$$r(\boldsymbol{x}) = {u_1}^2 + \cdots + {u_k}^2$$

が成り立つ. (たとえば, ミルナー [Milnor, *Morse Theory*, §2.2] を参照.) このことからただちに, $K = V \cap S_\varepsilon$ が ${u_1}^2 + \cdots + {u_k}^2 = \varepsilon^2$ を満たす $(u_1, \ldots, u_k)$ 全体からなる球面に微分同相であることが従う.

一方で, モースの議論は多様体の対 $M_1 \subset \mathbf{R}^m$ に対しても適用できる. すなわち, $\boldsymbol{x}^0$ の近くで $\mathbf{R}^m$ に対する局所座標系 $u_1, \ldots, u_m$ が存在して

$$r(\boldsymbol{x}) = {u_1}^2 + \cdots + {u_m}^2$$

となり, かつ V が $u_{k+1} = \cdots = u_m = 0$ を満たすところに対応する. この精密化された形のモースの補題の証明は, 直接的な一般化であるので, 読者のために残しておこう[補].

したがって対 (S_ε, K) は, u 座標空間における球面と大部分球面[18]からなる対に微分同相である. これで補題 2.12 が証明できた. ■

さて, 複素超曲面

$$V = f^{-1}(0) \subset \mathbf{C}^{n+1}$$

---

[17] [訳注] ファン・デル・ヴェルデン [van der Waerden, *Einführung in die algebraische Geometrie*] の第 4 章の付録も参考になる.

[18] [訳注] これは “great sub-sphere” の訳である.

の単純点 $\boldsymbol{z}^0$ という特別な場合を考えよう（第1章を参照）．ここでは，$\phi: S_\varepsilon - K \to S^1$ を $\phi(\boldsymbol{z}) = f(\boldsymbol{z})/|f(\boldsymbol{z})|$ で定義するとき，集合

$$F_0 = \phi^{-1}(1) = f^{-1}(\mathbf{R}_+) \cap S_\varepsilon$$

の構造を調べたい．

補題 2.13. S_ε の中心 $\boldsymbol{z}^0$ が f の正則点ならば，この「ファイバー」F_0 は $\mathbf{R}^{2n}$ に微分同相である．

証明. モースの議論を，$\boldsymbol{z}^0$ の近傍で多様体の対 $V \subset f^{-1}(\mathbf{R})$ に適用すると，$f^{-1}(\mathbf{R})$ に対する局所座標 $u_1, \ldots, u_{2n+1}$ で

$$||\boldsymbol{z} - \boldsymbol{z}^0||^2 = {u_1}^2 + \cdots + {u_{2n+1}}^2$$

となり，V が $u_1 = 0$ となるところに対応するようなものが得られる[19]．すると，

$$\phi^{-1}(1) = f^{-1}(\mathbf{R}_+) \cap S_\varepsilon$$

は，開半球面

$$\pm u_1 > 0, \quad {u_1}^2 + {u_2}^2 + \cdots + {u_{2n+1}}^2 = \varepsilon^2$$

に対応し，明らかに $\mathbf{R}^{2n}$ に微分同相である．これで証明が終わった．■

第4章においてひとたびファイブレーション定理を証明してしまえば，写像

$$\phi : S_\varepsilon - K \to S^1$$

が，自明なファイバー束の射影となることがわかる．実際，T. E. スチュアートの定理により，ユークリッド空間に微分同相なファイバーをもつ S^1 上の可微分で向きづけ可能などんな束も自明であることが従う[20]．スチュアート [Stewart, Corollary 1] を参照のこと．あるいは，S^1 上の勝手な可微分束が，ファイバーのある微分同相写像によって特徴づけられ（補題 8.4 を参照），しかもユークリッド空間の任意の微分同相写像は恒等写像か鏡映にアイソト

[19] ［訳注］**1. 各章についての補足の**，補題 2.12 に関する部分の議論を参照.

[20] ［訳注］全空間 $S_\varepsilon - K$ も底空間 S^1 も向きづけ可能であるので，今問題となっているファイバー束は向きづけ可能である.

ピックであることに注意するとよい.(スチュアート [STEWART, Theorem 1] あるいはミルナー [MILNOR, *Topology from the Differentiable Viewpoint*, p. 34] を参照).

これで正則点の場合の議論が終わった.

第3章　曲線選択補題

本章の目的は次を証明することである．

$V \subset \mathbf{R}^m$ を実代数的集合とし，$U \subset \mathbf{R}^m$ を有限個の多項式不等式で定義された開集合，すなわち

$$U = \{\boldsymbol{x} \in \mathbf{R}^m \mid g_1(\boldsymbol{x}) > 0, \ldots, g_\ell(\boldsymbol{x}) > 0\}$$

とする．

補題 3.1. $U \cap V$ が原点にいくらでも近い点を含む（すなわち，$\mathbf{0} \in \mathrm{Closure}(U \cap V)$）ならば[1]，実解析的曲線

$$\boldsymbol{p} : [0, \varepsilon) \to \mathbf{R}^m$$

で，$\boldsymbol{p}(0) = \mathbf{0}$ かつ $t > 0$ に対して $\boldsymbol{p}(t) \in U \cap V$ を満たすものが存在する．

［ブリュアー–カルタン [Bruhat and Cartan] あるいは，ウォリス [Wallace, *Algebraic Approximation*, §18.3] を参照せよ.］

証明[2]**.** 最初に V の次元を 2 以上と仮定する．このとき，代数的真部分集合 $V_1 \subset V$ で，$\mathbf{0} \in \mathrm{Closure}(U \cap V_1)$ となるようなものを構成する．するとこの構成を帰納的に繰り返して，次元が 1 以下の代数的部分集合 V_q で，$\mathbf{0} \in \mathrm{Closure}(U \cap V_q)$ を満たすものを見つけることができる．

---

[1] ［訳注］"Closure"は「閉包」を表す．

[2] ［訳注］V は閉集合であるから，常に原点 $\mathbf{0}$ を含む．したがって，もし U も原点 $\mathbf{0}$ を含めば，$\boldsymbol{p}(t) \equiv \mathbf{0}$ が求めるものである．よって，以下の証明では暗黙のうちに $\mathbf{0} \notin U$ が仮定されている，と考えた方がわかりやすい．

V は既約であると仮定してもよい．というのは，もし V が二つの代数的真部分集合の和集合であれば，これらのうちの一つを V_1 とすればよいからである．

また，開集合 U は，$\mathbf{0}$ のある近傍 D_η 内において，特異点集合 $\Sigma(V)$ の点を全く含まないと仮定してもよい．というのは，もしそうでなければ V_1 を $\Sigma(V)$ と選ぶことができるからである．

微分の言葉を用いると便利である．$\boldsymbol{x}$ における多項式 f の**微分** $df(\boldsymbol{x})$ とは，行ベクトル

$$(\partial f/\partial x_1, \ldots, \partial f/\partial x_m)$$

において $\boldsymbol{x}$ で値をとったものに対応する，双対ベクトル空間

$$\mathrm{Hom}_{\mathbf{R}}(\mathbf{R}^m, \mathbf{R})$$

の元として定義される．

$f_1, \ldots, f_k$ をイデアル $I(V)$ の生成元とする．特異点集合 $\Sigma(V)$ は

$$\mathrm{rank}\{df_1(\boldsymbol{x}), \ldots, df_k(\boldsymbol{x})\} < \rho$$

を満たす点 $\boldsymbol{x} \in V$ 全体の集合であったことを思い出そう．ここで代数多様体 V の次元は $m - \rho$ である．

そこで，次の二つの補助的な関数を用いよう．

$$r(\boldsymbol{x}) = ||\boldsymbol{x}||^2, \qquad g(\boldsymbol{x}) = g_1(\boldsymbol{x})g_2(\boldsymbol{x})\cdots g_\ell(\boldsymbol{x}).$$

V' を，

$$\mathrm{rank}\{df_1(\boldsymbol{x}), \ldots, df_k(\boldsymbol{x}), dr(\boldsymbol{x}), dg(\boldsymbol{x})\} \leq \rho + 1$$

を満たす $\boldsymbol{x} \in V$ 全体の集合とする．そこで次のことを証明しよう．

補題 3.2.　交わり $U \cap V'$ はまた $\mathbf{0}$ にいくらでも近い点を含む．

証明.　仮定により，$U \cap V$ の点を含む，$\mathbf{0}$ を中心とする任意に小さな球面 S_ε が存在する．そのような球面 S_ε を任意に選んで，

$$g_1(\boldsymbol{x}) \geq 0, \ldots, g_\ell(\boldsymbol{x}) \geq 0$$

を満たす $\boldsymbol{x} \in V \cap S_\varepsilon$ 全体からなるコンパクト集合を考える．連続関数 g は，

このコンパクト集合のある点 $\boldsymbol{x}'$ で最大値をとらなければならない．明らかに $\boldsymbol{x}' \in U$ である[3]．

そこで，$\boldsymbol{x}' \in V'$ を示そう．

最初に，S_ε が次元 $m-\rho-1$ の可微分多様体において $U \cap V$ と交わり，しかも $U \cap V \cap S_\varepsilon$ のどの点 $\boldsymbol{x}$ においても

$$\operatorname{rank}\{df_1(\boldsymbol{x}), \ldots, df_k(\boldsymbol{x}), dr(\boldsymbol{x})\} = \rho + 1$$

であることに注意しよう．このことは系 2.9 と補題 2.7 の証明，そして ε が十分小さいならば，$U \cap S_\varepsilon$ が V の特異点を含まない，という事実からただちに従う．

さて補題 2.7 の証明に従えば，$g|U \cap V \cap S_\varepsilon$ の臨界点は，まさに $U \cap V \cap S_\varepsilon$ の点のうち V' 上にあるものに他ならないことがわかる．しかし，$g|U \cap V \cap S_\varepsilon$ は $\boldsymbol{x}'$ において最大値をとる．したがって，$\boldsymbol{x}'$ は確かに臨界点であり，それゆえ V' に属する．

これで補題 3.2 の証明が終わった． ■

こうして，もし V' が V の真部分集合ならば，我々の要請を満たすことになる．$V = V'$ の場合はどうしたらよいのか，という問題がまだ残されている．

g の代わりに，関数

$$(x_1, \ldots, x_m) \mapsto x_i g(x_1, \ldots, x_m)$$

を用いて，上の構成を実行することもできる．V_i' を，

$$\operatorname{rank}\{df_1(\boldsymbol{x}), \ldots, df_k(\boldsymbol{x}), dr(\boldsymbol{x}), d(x_i g)(\boldsymbol{x})\} \leq \rho + 1$$

を満たす点 $\boldsymbol{x} \in V$ 全体の集合とする．このとき，同じような議論で $\mathbf{0} \in \operatorname{Closure}(U \cap V_i')$ が示せる．

したがって

$$V = V' = V_1' = \cdots = V_m'$$

の場合を除いて，適当な代数的部分集合 $V_1 \subset V$ を見つけたことになる．

---

[3] ［訳注］今考えているコンパクト集合は，$U \cap V \cap S_\varepsilon \neq \emptyset$ を含んでおり，g の定義から，g の最大値はこの上でとるので，$\boldsymbol{x}' \in V \cap S_\varepsilon \cap U$ である．

主張. この例外的な場合は，V の次元 $m-\rho$ が1に等しい場合にのみ起こり得る．

証明. 点 $\boldsymbol{x}' \in U \cap V$ で，

$$\mathrm{rank}\{df_1(\boldsymbol{x}'), \ldots, df_k(\boldsymbol{x}'), dr(\boldsymbol{x}')\} = \rho + 1$$

となるものを確かに選ぶことができる（補題3.2の証明を参照）．もし $V = V'$ ならば，$\boldsymbol{x}' \in V'$ であり，ゆえに微分 $dg(\boldsymbol{x}')$ は，

$$\{df_1(\boldsymbol{x}'), \ldots, df_k(\boldsymbol{x}'), dr(\boldsymbol{x}')\}$$

で張られる $\rho+1$ 次元ベクトル空間に属さなければならない．同様に $V = V_i'$ ならば，$d(x_i g)(\boldsymbol{x}')$ がこのベクトル空間に属さなければならない．等式

$$d(x_i g) = (dx_i)g + x_i(dg)$$

と，（$\boldsymbol{x}' \in U$ なので）$g(\boldsymbol{x}') \neq 0$ であるという事実を用いると，$dx_i(\boldsymbol{x}')$ もまたこの $\rho+1$ 次元ベクトル空間に属することがわかる．一方，微分 $dx_1, \ldots, dx_m$ は，$\boldsymbol{x}'$ における微分全体からなる m 次元ベクトル空間の基底をなす．よって，$df_1(\boldsymbol{x}'), \ldots, df_k(\boldsymbol{x}')$ と $dr(\boldsymbol{x}')$ で張られる部分空間は，空間全体に一致しなければならない．そしてその次元 $\rho+1$ は m に等しくなければならない．このことは，V の次元 $m-\rho$ が1に等しいことを示している[4]．■

さて，ここで1次元代数多様体の古典的な局所的記述を用いることができる．

補題 3.3. $\boldsymbol{x}^0$ を実（あるいは複素）1次元代数多様体 V の非孤立点とする．このとき，V における $\boldsymbol{x}^0$ の近傍をうまく選ぶと，それは，$\boldsymbol{x}^0$ においてのみ交わる有限個の「分枝」の和集合である．各分枝は，$|t| < \varepsilon$ で収束するベキ級数

$$\boldsymbol{p}(t) = \boldsymbol{x}^0 + \boldsymbol{a}_1 t + \boldsymbol{a}_2 t^2 + \boldsymbol{a}_3 t^3 + \cdots$$

で与えられる同相写像 $\boldsymbol{x} = \boldsymbol{p}(t)$ により，実数直線上の開区間（あるいは複素

---

[4] ［訳注］以上で補題3.2の証明が終わり，補題3.1の証明が，V が1次元である場合に帰着できたことになる．

平面上の開円板）に同相である．

ノート． k を，V が座標超平面 $x_k =$（定数）に含まれないような，最も小さい番号とする．すると，パラメータ表示 $\boldsymbol{p}$ は，$x_k = p_k(t)$ が，ある $\mu \geq 1$ に対して*

$$p_k(t) = (\text{定数}) \pm t^{\mu}$$

の形の多項式関数であるように，常に選ぶことができる．さらに $\boldsymbol{p}$ は，指数の集合 $\{i \mid \boldsymbol{a}_i \neq \boldsymbol{0}\}$ が最大公約数 1 をもつように，常に選ぶことができる．するとベキ級数 $\boldsymbol{p}$ は，パラメータ t の符号を除いて（複素数の場合は，t に 1 のベキ根を掛けることは除いて）一意的に定まる[5]．

証明． $\mathbf{C}^2$ 内の複素曲線に対しては，たとえばファン・デル・ヴェルデン [VAN DER WAERDEN, *Algebraische Geometrie*, §14] で証明されている．$m > 2$ なる $\mathbf{C}^m$ 内の複素曲線の場合もまったく同様に扱うことができる．

実 1 次元代数多様体 $V \subset \mathbf{R}^m$ の場合は，次のように扱うことができる．$V_{\mathbf{C}}$ を，V を含む $\mathbf{C}^m$ における最も小さな複素代数的集合とする．$V_{\mathbf{C}}$ は既約であり，複素 1 次元で，しかも $V_{\mathbf{C}}$ における実点の集合 $\mathbf{R}^m \cap V_{\mathbf{C}}$ が V に等しいことが容易に確かめられる[6]．さて，$V_{\mathbf{C}}$ の各分枝に対して，複素パラメータ表示

$$\boldsymbol{x} = \boldsymbol{p}(t) = \boldsymbol{x}^0 + (0, \ldots, 0, t^{\mu}, \sum_i a_{k+1,i} t^i, \ldots, \sum_i a_{mi} t^i)$$

を構成することができる．このとき，次のことが問題となる．複素パラメータ t がどんな値のときに，ベクトル $\boldsymbol{p}(t)$ は実となるか？ 明らかに，k 番目の成分 t^{μ} が実となるための必要十分条件は，t が 1 の 2μ 乗根 ξ と実数 s との積として表されることである．一方，ξ の各選び方に対して，ベキ級数 $\boldsymbol{p}$ において

---

* ［原注］これはピュイズー分数ベキ級数展開

$$\boldsymbol{x} = \boldsymbol{p}((\pm(x_k - x_k^0))^{1/\mu})$$

と密接な関係にある．

5 ［訳注］このあたりのことについては代数幾何学の本，たとえばファン・デル・ヴェルデン [VAN DER WAERDEN, *Einführung in die algebraische Geometrie*] の §13, §14, [41, 第 7 章], [180, §1] などを参照．

6 ［訳注］このあたりのことについては，ホイットニー [WHITNEY, *Elementary Structure of Real Algebraic Varieties*, §10] に詳しく述べられているので，参照して欲しい．

$t = \xi s$ を代入すると，実変数 s に対する新たな複素ベキ級数 $\boldsymbol{x}^0 + \sum(\boldsymbol{a}_i\xi^i)s^i$ が得られる．もし係数 $\boldsymbol{a}_i\xi^i$ がすべて実ならば，明らかに $\boldsymbol{p}(\xi s) \in \mathbf{R}^m$ である．しかしもしある係数ベクトル $\boldsymbol{a}_i\xi^i$ が実でなければ，ゼロでない小さな s の値すべてに対して $\boldsymbol{p}(\xi s) \notin \mathbf{R}^m$ となる．したがって，$V_{\mathbf{C}}$ の各分枝は，$\mathbf{R}^m$ と，実代数多様体 V の高々有限個の分枝（実際は高々1個の分枝）で交わる[7]．これで補題 3.3 が証明された[8]．■

［注．おそらく補題 3.3 は，任意の局所コンパクト体上でもそのまま成り立つと思われる．しかし上の証明はそのままでは適用できない．］

さて，これで曲線選択補題 3.1 の証明を終える準備ができた．V が $\mathbf{0}$ にいくらでも近い点 $\boldsymbol{x} \in U$，すなわち

$$g_1(\boldsymbol{x}) > 0, \ \ldots, \ g_\ell(\boldsymbol{x}) > 0$$

となる点 $\boldsymbol{x}$ を含み，V が1次元であると仮定しよう．このとき，$\mathbf{0}$ を通る V の有限個の分枝のうちの一つは，$\mathbf{0}$ にいくらでも近い U の点を含まなくてはならない．そこで，

$$\boldsymbol{x} = \boldsymbol{p}(t), \qquad |t| < \varepsilon$$

をこの分枝の実解析的パラメータ表示とする．各 g_i に対して，実解析的関数 $g_i(\boldsymbol{p}(t))$ はある区間 $0 < t < \varepsilon'$ 内のすべての t に対して正であるか，あるいは $0 < t < \varepsilon'$ なるすべての t に対してゼロ以下であることに注意しよう[補]．したがって，半分枝[9] $\boldsymbol{p}(0, \varepsilon')$ は，十分小さな ε' に対して，U に含まれるか，あるいは U と交わらないことになる．同様に，半分枝 $\boldsymbol{p}(-\varepsilon', 0)$ についても，U に含まれるかあるいは U と交わらない．

しかし，$\boldsymbol{p}(-\varepsilon, \varepsilon)$ は $\mathbf{0}$ にいくらでも近い U の点を含むと仮定したので，これら二つの半分枝のうちの少なくとも一方は U に含まれなければならない．これで補題 3.1 の証明が終わった．■

第3章を終えるに当たって，第11章で役に立つ，補題 3.1 の典型的な応

7 ［訳注］V の高々1個の分枝で交わることの証明は，**1. 各章についての補足**（143頁）を参照して欲しい．
8 ［訳注］$\boldsymbol{x}^0$ が V の孤立点ではないという仮定より，少なくとも一つの $V_{\mathbf{C}}$ の分枝が，$\mathbf{R}^m$ と，V の一つの分枝に沿って交わることに注意しよう．
9 ［訳注］"half-branch"の訳である．

用を与えることにしよう．

系 3.4. $f \geq 0$ と $g \geq 0$ を，$\boldsymbol{x}^0$ で消える $\mathbf{R}^m$ 上の非負多項式関数とすると，$\boldsymbol{x}^0$ のある近傍 D_ε に属する任意の $\boldsymbol{x}$ に対して，二つの微分 $df(\boldsymbol{x})$ と $dg(\boldsymbol{x})$ は，それらのうちの少なくとも一つが消えるときを除き，ちょうど反対向きになることはあり得ない．

証明． U を，内積

$$\sum_i (\partial f(\boldsymbol{x})/\partial x_i)\,(\partial g(\boldsymbol{x})/\partial x_i)$$

が負となるような $\boldsymbol{x}$ 全体からなる開集合とし，V を

$$\mathrm{rank}\{df(\boldsymbol{x}), dg(\boldsymbol{x})\} \leq 1$$

となる $\boldsymbol{x}$ 全体からなる代数的集合とする．したがって $U \cap V$ は，$df(\boldsymbol{x})$ と $dg(\boldsymbol{x})$ がちょうど反対向きになるような $\boldsymbol{x}$ 全体からなる集合となる．

もし $U \cap V$ が $\boldsymbol{x}^0$ にいくらでも近い点を含むならば，全体で実解析的な曲線

$$\boldsymbol{x} = \boldsymbol{p}(t), \qquad 0 \leq t < \varepsilon$$

で，$\boldsymbol{x}^0 = \boldsymbol{p}(0)$ を除いてそのような点のみからなるものが存在することになる．

各 $\boldsymbol{x} \in U$ に対して，$f(\boldsymbol{x}) > 0$ かつ $g(\boldsymbol{x}) > 0$ であることに注意しよう．なぜならば，非負関数 f が $\boldsymbol{x}$ で消えるとすると，その微分 $df(\boldsymbol{x})$ もまた消えなければならないことから，$\boldsymbol{x}$ が U に属し得ないことになってしまうからである．それゆえ

$$t > 0 \text{ に対して } f(\boldsymbol{p}(t)) > 0$$

であり，$f \circ \boldsymbol{p}$ は実解析的なので，このことは正数 t が小さければ $df(\boldsymbol{p}(t))/dt > 0$ となることを意味している．同様に，正数 t が小さければ $dg(\boldsymbol{p}(t))/dt$ は正となる．一方，

$$df/dt = \sum (\partial f/\partial x_i) dp_i/dt, \quad dg/dt = \sum (\partial g/\partial x_i) dp_i/dt$$

となる．ここで行ベクトル $(\partial f/\partial x_1, \ldots, \partial f/\partial x_m)$ は，すべての $t > 0$ に対して，$(\partial g/\partial x_1, \ldots, \partial g/\partial x_m)$ の負のスカラー倍である．したがって，df/dt

と dg/dt は反対の符号をもたねばならない.

この矛盾は，最初の仮定が誤りでなければならないこと，すなわち，$\boldsymbol{x}^0$ が $U \cap V$ の集積点にはなり得ないことを示している. ■

第4章　ファイブレーション定理

m 変数の複素解析的関数 $f(z_1, \ldots, z_m)$ の**勾配**[1]を，j 番目が $\partial f/\partial z_j$ の複素共役である m 個の組

$$\boldsymbol{grad}\, f = \left(\overline{\partial f/\partial z_1}, \ldots, \overline{\partial f/\partial z_m}\right)$$

として定義する．この定義は，道 $\boldsymbol{z} = \boldsymbol{p}(t)$ に沿った f の微分に対する連鎖律が，

$$df(\boldsymbol{p}(t))/dt = \langle d\boldsymbol{p}/dt, \boldsymbol{grad}\, f\rangle$$

という形をとるように選んである．ここでエルミート内積

$$\langle \boldsymbol{a}, \boldsymbol{b}\rangle = \sum \boldsymbol{a}_j \overline{\boldsymbol{b}}_j$$

を用いている．言い換えれば，点 $\boldsymbol{z}$ における，ベクトル $\boldsymbol{v}$ に沿った f の**方向微分**が，内積 $\langle \boldsymbol{v}, \boldsymbol{grad}\, f(\boldsymbol{z})\rangle$ に等しいということである．

さて K を，f の零点集合[2]と，$\|\boldsymbol{z}\| = \varepsilon$ を満たす $\mathbf{C}^m$ の点 $\boldsymbol{z}$ 全体からなる球面 S_ε との交わりとする．補集合 $S_\varepsilon - K$ を単位円周 S^1 へ，対応

$$\phi(\boldsymbol{z}) = f(\boldsymbol{z})/|f(\boldsymbol{z})|$$

により写像する．

補題 4.1.　この写像 $\phi : S_\varepsilon - K \to S^1$ の臨界点はベクトル $i\, \boldsymbol{grad} \log f(\boldsymbol{z})$

---

1 ［訳注］"gradient"の訳である．

2 ［訳注］ここでは，f が多項式とは必ずしも仮定されていないことに注意しよう．

がベクトル $\boldsymbol{z}$ の実数倍となるような点 $\boldsymbol{z} \in S_\varepsilon - K$ に他ならない．

（f の対数はもちろん多価関数であるが，局所的には一価関数として定義することができる．そしてその勾配

$$\boldsymbol{grad} \log f(\boldsymbol{z}) = (\boldsymbol{grad}\, f(\boldsymbol{z}))/\bar{f}(\boldsymbol{z})$$

は，至るところできちんと定義される．同様の注意は，次に考える関数 $\theta(\boldsymbol{z})$ についてもあてはまる．）

補題 4.1 の証明． $f(\boldsymbol{z})/|f(\boldsymbol{z})| = e^{i\theta(\boldsymbol{z})}$ と置くと，角度 $\theta(\boldsymbol{z})$ は $-i\log f(\boldsymbol{z})$ の実部として記述することができることに注意しよう．（これを確かめるには，式

$$i\theta = \log(f/|f|) = \log f - \log|f|$$

に $-i$ を掛けて，両辺の実部をとればよい．）式

$$\theta = \mathcal{R}(-i\log f)$$

を[3]曲線 $\boldsymbol{z} = \boldsymbol{p}(t)$ に沿って微分すると，

$$\begin{aligned} d\theta(\boldsymbol{p}(t))/dt &= \mathcal{R}(d(-i\log f)/dt) \\ &= \mathcal{R}\langle d\boldsymbol{p}/dt, \boldsymbol{grad}(-i\log f)\rangle \\ &= \mathcal{R}\langle d\boldsymbol{p}/dt, i\,\boldsymbol{grad}\log f\rangle \end{aligned}$$

を得る．言い換えれば，関数 $\theta(\boldsymbol{z})$ の，$\boldsymbol{v} = d\boldsymbol{p}/dt$ 方向への方向微分が，

$$\mathcal{R}\langle \boldsymbol{v}, i\,\boldsymbol{grad}\log f(\boldsymbol{z})\rangle$$

に等しいということになる．

さて，エルミート・ベクトル空間[4] $\mathbf{C}^m$ はまた，二つのベクトル $\boldsymbol{a}$ と $\boldsymbol{b}$ のユークリッド内積を，実部

$$\mathcal{R}\langle \boldsymbol{a}, \boldsymbol{b}\rangle = \mathcal{R}\langle \boldsymbol{b}, \boldsymbol{a}\rangle$$

として定義することにより，実数体上の（次元 $2m$ の）ユークリッド・ベク

---

[3] ［訳注］“$\mathcal{R}$” は複素数の「実部」を表す．

[4] ［訳注］エルミート内積の入った複素ベクトル空間を，エルミート・ベクトル空間と言う．

トル空間[5]とも考えられることに注意しよう．たとえば，ベクトル $\boldsymbol{v}$ が $\boldsymbol{z}$ において S_ε に接するためには，実内積 $\mathcal{R}\langle \boldsymbol{v}, \boldsymbol{z}\rangle$ がゼロとなることが必要十分であることに注意しよう．

さて，もしベクトル $i\,\boldsymbol{grad}(\log f(\boldsymbol{z}))$ がたまたま $\boldsymbol{z}$ の実数倍になったとすると（つまりこのベクトルが S_ε に直交したとすると），$\boldsymbol{z}$ において S_ε に接する各ベクトル $\boldsymbol{v}$ に対して，$\boldsymbol{v}$ 方向への θ の方向微分

$$\mathcal{R}\langle \boldsymbol{v}, i\,\boldsymbol{grad}\log f(\boldsymbol{z})\rangle$$

は確かにゼロとなる．ゆえに $\boldsymbol{z}$ は写像 ϕ の臨界点である．

一方，もしベクトル $i\,\boldsymbol{grad}\log f(\boldsymbol{z})$ と $\boldsymbol{z}$ が実数体上一次独立であれば，我々のユークリッド・ベクトル空間にあるベクトル $\boldsymbol{v}$ が存在して，

$$\mathcal{R}\langle \boldsymbol{v}, \boldsymbol{z}\rangle = 0$$

$$\mathcal{R}\langle \boldsymbol{v}, i\,\boldsymbol{grad}\log f(\boldsymbol{z})\rangle = 1$$

を満たす．したがって $\boldsymbol{v}$ は S_ε に接し，$\boldsymbol{v}$ に沿った θ の方向微分は $+1 \neq 0$ である．ゆえに $\boldsymbol{z}$ は ϕ の臨界点ではない．これで補題 4.1 の証明が終わる．■

ここで，f が原点で消える多項式であると仮定する．

我々は，それに付随した写像

$$\phi : S_\varepsilon - K \to S^1$$

が，十分小さな ε に対して臨界点を全くもたないことを証明したい．補題 4.1 により，次のことを証明しなくてはならない．V で，超曲面 $f^{-1}(0) \subset \mathbf{C}^m$ を表すとする．

補題 4.2. 原点に十分近い任意の点 $\boldsymbol{z} \in \mathbf{C}^m - V$ に対して，二つのベクトル $\boldsymbol{z}$ と $i\,\boldsymbol{grad}\log f(\boldsymbol{z})$ は $\mathbf{R}$ 上一次独立である．

実は，我々はもう少し精密な主張を証明する．

補題 4.3. 原点で消える任意の多項式 f が与えられたとき，ある数 $\varepsilon_0 > 0$

[5] ［訳注］ユークリッド内積（いわゆる普通の内積）の入った実ベクトル空間を，**ユークリッド・ベクトル空間**と言う．

が存在して，$||\boldsymbol{z}|| \leq \varepsilon_0$ を満たすすべての $\boldsymbol{z} \in \mathbf{C}^m - V$ に対して，二つのベクトル $\boldsymbol{z}$ と $\boldsymbol{grad} \log f(\boldsymbol{z})$ が複素数体上一次独立であるか，あるいは，偏角*の絶対値がたとえば $\pi/4$ より小さな，ゼロでない複素数 λ に対して，

$$\boldsymbol{grad} \log f(\boldsymbol{z}) = \lambda \boldsymbol{z}$$

となる．

言い換えれば，λ は正の実軸を中心とする複素平面の開四分平面[6]内にあるということである．**このことから**

$$\mathcal{R}(\lambda) > 0$$

であり，λ が純虚数にはなり得ないことが従う． ゆえに，補題 4.3 から補題 4.2 が従うことになる．

補題 4.3 の証明には，第 3 章の曲線選択補題と，次の事実を用いる．

補題 4.4. $\boldsymbol{p} : [0, \varepsilon) \to \mathbf{C}^m$ を[7]，$\boldsymbol{p}(0) = \mathbf{0}$ を満たす実解析的な道で，各 $t > 0$ に対して，数 $f(\boldsymbol{p}(t))$ がゼロにならず，ベクトル $\boldsymbol{grad} \log f(\boldsymbol{p}(t))$ が複素数倍 $\lambda(t)\boldsymbol{p}(t)$ であるようなものとする．このとき，複素数 $\lambda(t)$ の偏角は，$t \to 0$ のとき 0 に収束する．

言い換えれば，$\lambda(t)$ は，t が十分小さな正の値をとるときゼロではなく，$\lim_{t\to 0} \lambda(t)/|\lambda(t)| = 1$ ということである．

証明. テイラー展開

$$\begin{aligned} \boldsymbol{p}(t) &= \boldsymbol{a}t^{\alpha} + \boldsymbol{a}_1 t^{\alpha+1} + \boldsymbol{a}_2 t^{\alpha+2} + \cdots, \\ f(\boldsymbol{p}(t)) &= bt^{\beta} + b_1 t^{\beta+1} + b_2 t^{\beta+2} + \cdots, \\ \boldsymbol{grad} f(\boldsymbol{p}(t)) &= \boldsymbol{c}t^{\gamma} + \boldsymbol{c}_1 t^{\gamma+1} + \boldsymbol{c}_2 t^{\gamma+2} + \cdots \end{aligned}$$

を考えよう．ここで最初の項の係数 $\boldsymbol{a}, b, \boldsymbol{c}$ はゼロではない．(等式 $df/dt =$

---

* ［原注］$\lambda \neq 0$ の偏角とは，$\lambda/|\lambda| = e^{i\theta}$ によって一意的に定まる数 $\theta \in (-\pi, \pi]$ のことである．

6 ［訳注］ここでは，不等式 $-x < y < x$ を満たす，(x, y) 平面内の点全体からなる領域のことである．

7 ［訳注］原著では "$\rho : [0, \varepsilon) \to \mathbf{C}^m$" となっているが，$\rho$ は $\boldsymbol{p}$ の誤植である．

$\langle d\boldsymbol{p}/dt, \boldsymbol{grad}\, f\rangle$ は，$\boldsymbol{grad}\, f(\boldsymbol{p}(t))$ が恒等的にゼロになることはあり得ないことを示している.）最初の項のベキ α, β, γ は，$\alpha \geq 1$, $\beta \geq 1$, $\gamma \geq 0$ なる整数である．これらの級数は，たとえば $|t| < \varepsilon'$ に対していずれも収束する．

各 $t > 0$ に対して

$$\boldsymbol{grad} \log f(\boldsymbol{p}(t)) = \lambda(t)\boldsymbol{p}(t)$$

となるので，

$$\boldsymbol{grad}\, f(\boldsymbol{p}(t)) = \lambda(t)\boldsymbol{p}(t)\bar{f}(\boldsymbol{p}(t)),$$

すなわち

$$(\boldsymbol{c}t^{\gamma} + \cdots) = \lambda(t)\left(\boldsymbol{a}\bar{b}t^{\alpha+\beta} + \cdots\right)$$

となる．そこで，これら二つのベクトル値関数の対応する成分を比べれば，$\lambda(t)$ が実解析的関数の商であり，それゆえ

$$\lambda(t) = \lambda_0 t^{\gamma-\alpha-\beta}(1 + k_1 t + k_2 t^2 + \cdots)$$

なる形のローラン級数展開をもつことがわかる．さらに，最初の項の係数が，式

$$\boldsymbol{c} = \lambda_0 \boldsymbol{a}\bar{b}$$

を満たさなくてはならない．そこで，等式

$$df/dt = \langle d\boldsymbol{p}/dt, \boldsymbol{grad}\, f\rangle$$

のベキ級数展開にこの式を代入して，

$$\begin{aligned}(\beta b t^{\beta-1} + \cdots) &= \left\langle \alpha \boldsymbol{a} t^{\alpha-1} + \cdots, \lambda_0 \boldsymbol{a}\bar{b}t^{\gamma} + \cdots\right\rangle \\ &= \alpha||\boldsymbol{a}||^2 \bar{\lambda}_0 b t^{\alpha-1+\gamma} + \cdots\end{aligned}$$

を得る．最初の項の係数を比べて，

$$\beta = \alpha||\boldsymbol{a}||^2\bar{\lambda}_0$$

を得るが，これは λ_0 が正の実数であることを示している．ゆえに，

$$\lim_{t\to 0} \operatorname{argument} \lambda(t) = 0$$

となり[8]，これで補題 4.4 の証明が終わる． ■

補題 4.3 の証明． 最初に，原点にいくらでも近い点 $\boldsymbol{z} \in \mathbf{C}^m - V$ で，

$$\boldsymbol{grad} \log f(\boldsymbol{z}) = \lambda \boldsymbol{z} \neq \mathbf{0}$$

を満たし，$|\text{argument}\,\lambda|$ が $\pi/4$ より真に大きいものが存在すると仮定する．言い換えれば，λ が開半平面

$$\mathcal{R}((1+i)\lambda) < 0$$

または開半平面

$$\mathcal{R}((1-i)\lambda) < 0$$

にあると仮定する．我々はこれらの条件を，第3章の曲線選択補題が適用できるように，多項式による等式と不等式によって表したい．

W を，$\mathbf{C}^m$ における点 $\boldsymbol{z}$ で，ベクトル $\boldsymbol{grad}\, f(\boldsymbol{z})$ と $\boldsymbol{z}$ が一次従属であるようなもの全体からなる集合とする．したがって，$\boldsymbol{z} \in W$ であるためには，方程式系

$$z_j \overline{(\partial f/\partial z_k)} = z_k \overline{(\partial f/\partial z_j)}$$

が満たされることが必要十分である．$z_j = x_j + iy_j$ と置いて，実部と虚部をとると，実変数 x_j と y_j に関する実多項式の方程式の集まりが得られる．これは，$W \subset \mathbf{C}^m$ が実代数的集合であることを示している．

点 $\boldsymbol{z} \in \mathbf{C}^m - V$ が W に属するためには，ある複素数 λ に対して，

$$(\boldsymbol{grad}\, f(\boldsymbol{z}))/\bar{f}(\boldsymbol{z}) = \lambda \boldsymbol{z}$$

が成り立つことが必要十分であることに注意しよう．$\bar{f}(\boldsymbol{z})$ を掛けて，$\bar{f}(\boldsymbol{z})\boldsymbol{z}$ との内積をとると，

$$\langle \boldsymbol{grad}\, f(\boldsymbol{z}), \bar{f}(\boldsymbol{z})\boldsymbol{z} \rangle = \lambda ||\bar{f}(\boldsymbol{z})\boldsymbol{z}||^2$$

を得る．言い換えれば，数 λ は，正の実数を掛けると，

$$\lambda'(\boldsymbol{z}) = \langle \boldsymbol{grad}\, f(\boldsymbol{z}), \bar{f}(\boldsymbol{z})\boldsymbol{z} \rangle$$

---

8 ［訳注］"argument"は「偏角」を表す．

に等しくなる．ゆえに，

$$\text{argument}\,\lambda = \text{argument}\,\lambda'$$

である．明らかに λ' は，実変数 x_j と y_j に関する（複素数値の）多項式関数である．

そこで，U_+（または U_-）を，実多項式による不等式

$$(*) \qquad \mathcal{R}((1+i)\lambda'(\boldsymbol{z})) < 0$$

（あるいは

$$\mathcal{R}((1-i)\lambda'(\boldsymbol{z})) < 0 \quad)$$

を満たす $\boldsymbol{z}$ 全体からなる開集合とする．

我々は，原点にいくらでも近い点 $\boldsymbol{z}$ で，$\boldsymbol{z} \in W \cap (U_+ \cup U_-)$ となるものが存在することを仮定していたのであった．ゆえに補題 3.1 より，実解析的道

$$\boldsymbol{p} : [0, \varepsilon) \to \mathbf{C}^m$$

で，$\boldsymbol{p}(0) = \mathbf{0}$ であり，すべての $t > 0$ に対して

$$\boldsymbol{p}(t) \in W \cap U_+$$

であるか，あるいはすべての $t > 0$ に対して

$$\boldsymbol{p}(t) \in W \cap U_-$$

であるものが存在しなくてはならないことになる．どちらの場合にも，各 $t > 0$ に対して，

$$\boldsymbol{grad} \log f(\boldsymbol{p}(t)) = \lambda(t)\boldsymbol{p}(t)$$

かつ

$$|\text{argument}\,\lambda(t)| > \pi/4$$

となるが，これは補題 4.4 に矛盾する．

この矛盾により補題 4.3 の証明が完了するわけではない．$W - (V \cap W)$ が，原点にいくらでも近い点 $\boldsymbol{z}$ で，$\lambda'(\boldsymbol{z}) = 0$ あるいは

$$|\text{argument}\,\lambda'(\boldsymbol{z})| = \pi/4$$

を満たすものを含む可能性がまだ残っているのである．しかしこの場合には，多項式による等式

$$\mathcal{R}((1+i)\lambda'(\boldsymbol{z}))\mathcal{R}((1-i)\lambda'(\boldsymbol{z}))=0$$

を用い，さらに不等式 $(*)$ には多項式による不等式

$$||f(\boldsymbol{z})||^2>0$$

を代入することにより，本質的に同じ議論を行うことができる．そしてふたたび補題 4.4 に矛盾する道 $\boldsymbol{p}(t)$ が得られることになるのである[補]．この矛盾により，補題 4.3 と補題 4.2 の証明が終わったことになる． ■

さて，補題 4.1 と補題 4.2 を合わせることにより，次を証明したことになる．

系 4.5. もし $\varepsilon \le \varepsilon_0$ ならば，写像

$$\phi : S_\varepsilon - K \to S^1$$

は臨界点を全くもたない．

このことから，各 $e^{i\theta} \in S^1$ に対して，逆像

$$F_\theta = \phi^{-1}(e^{i\theta}) \subset S_\varepsilon - K$$

が，$2m-2$ 次元の可微分多様体であることが従う[9]．

ϕ が実際に，局所自明なファイブレーションの射影になっていることを証明するには，$\boldsymbol{z}$ を ϕ が定義されていない集合 K に近づけるとき，$\phi(\boldsymbol{z})$ の振る舞いを注意深く制御するために，補題 4.3 をより精密に用いる必要がある．

補題 4.6. もし $\varepsilon \le \varepsilon_0$ ならば，$S_\varepsilon - K$ 上の可微分接ベクトル場 $\boldsymbol{v}(\boldsymbol{z})$ が存在して，各 $\boldsymbol{z} \in S_\varepsilon - K$ に対して，複素内積

$$\langle \boldsymbol{v}(\boldsymbol{z}), i\,\boldsymbol{grad} \log f(\boldsymbol{z})\rangle$$

がゼロとならず，しかもその偏角の絶対値が $\pi/4$ より小さくなる．

証明. 定理 2.10 の証明のように，ある与えられた点 $\boldsymbol{z}^\alpha$ の近傍において，

---

[9] ［訳注］正確には，ϕ が全射であることも示す必要がある．

上のようなベクトル場を局所的に構成すれば十分である.

場合 1. もしベクトル $\boldsymbol{z}^\alpha$ と $\boldsymbol{grad}\log f(\boldsymbol{z}^\alpha)$ が $\mathbf{C}$ 上一次独立であれば, 一次方程式

$$\langle \boldsymbol{v}, \boldsymbol{z}^\alpha \rangle = 0,$$

$$\langle \boldsymbol{v}, i\,\boldsymbol{grad}\log f(\boldsymbol{z}^\alpha) \rangle = 1$$

を同時に満たす解 $\boldsymbol{v}$ がある. 最初の式は, $\mathcal{R}\langle \boldsymbol{v}, \boldsymbol{z}^\alpha \rangle = 0$ が成り立ち, したがって $\boldsymbol{v}$ が $\boldsymbol{z}^\alpha$ において S_ε に接することを保証している.

場合 2. もし $\boldsymbol{grad}\log f(\boldsymbol{z}^\alpha)$ が $\boldsymbol{z}^\alpha$ のスカラー倍 $\lambda\boldsymbol{z}^\alpha$ に等しいならば, $\boldsymbol{v} = i\boldsymbol{z}^\alpha$ と置く. 明らかに

$$\mathcal{R}\langle i\boldsymbol{z}^\alpha, \boldsymbol{z}^\alpha \rangle = 0$$

であり, 補題 4.3 により数

$$\langle i\boldsymbol{z}^\alpha, i\,\boldsymbol{grad}\log f(\boldsymbol{z}^\alpha) \rangle = \bar{\lambda}||\boldsymbol{z}^\alpha||^2$$

は, 絶対値が $\pi/4$ より小さい偏角をもつ.

どちらの場合も, $\boldsymbol{z}^\alpha$ において構成された値 $\boldsymbol{v}$ をとるように, 局所接ベクトル場 $\boldsymbol{v}^\alpha(\boldsymbol{z})$ を選ぶことができる. またこのとき, 条件

$$|\arg\langle \boldsymbol{v}^\alpha(\boldsymbol{z}), i\,\boldsymbol{grad}\log f(\boldsymbol{z}) \rangle| < \pi/4$$

は[10], 確かに $\boldsymbol{z}^\alpha$ の近傍全体において満たされる. そこで, 1 の分割を使えば, 同じ性質をもつ大域的なベクトル場 $\boldsymbol{v}(\boldsymbol{z})$ が得られる. これで補題 4.6 の証明が終わる. ■

次に,

$$\boldsymbol{w}(\boldsymbol{z}) = \boldsymbol{v}(\boldsymbol{z}) / \mathcal{R}\langle \boldsymbol{v}(\boldsymbol{z}), i\,\boldsymbol{grad}\log f(\boldsymbol{z}) \rangle$$

と置いて正規化する. こうして, $S_\varepsilon - K$ 上の可微分接ベクトル場 $\boldsymbol{w}$ で, 次の二つの条件を満たすものが得られることになる. **内積**

$$\langle \boldsymbol{w}(\boldsymbol{z}), i\,\boldsymbol{grad}\log f(\boldsymbol{z}) \rangle$$

[10] [訳注] “arg”は「偏角」を表す.

の実部は恒等的に 1 に等しい．かつ対応する虚部は

$$|\mathcal{R}\langle \boldsymbol{w}(\boldsymbol{z}), \boldsymbol{grad}\log f(\boldsymbol{z})\rangle| < 1$$

を満たす．

そこで，微分方程式 $d\boldsymbol{z}/dt = \boldsymbol{w}(\boldsymbol{z})$ の解曲線を考えよう．

補題 4.7.　任意の $\boldsymbol{z}^0 \in S_\varepsilon - K$ が与えられたとき，可微分な道

$$\boldsymbol{p} : \mathbf{R} \to S_\varepsilon - K$$

が一意的に存在して，微分方程式

$$d\boldsymbol{p}/dt = \boldsymbol{w}(\boldsymbol{p}(t))$$

と初期条件 $\boldsymbol{p}(0) = \boldsymbol{z}^0$ を満たす．

証明.　確かにそのような解 $\boldsymbol{z} = \boldsymbol{p}(t)$ は局所的には存在し，実数直線のある極大な開区間上に拡張される．したがって唯一の問題は，$S_\varepsilon - K$ が非コンパクトであるがゆえに生じるのであるが，t をある有限の極限 t_0 に近づけたとき，$\boldsymbol{p}(t)$ が K に向かって近づかないことを確かめることである．(定理 2.10 の証明も参照せよ.) すなわち，$t \to t_0$ のとき，$f(\boldsymbol{p}(t))$ がゼロに収束し得ないこと，あるいは，

$$\mathcal{R}\log f(\boldsymbol{p}(t)) \to -\infty$$

とはなり得ないことを確かめなければならない．ところが，微分

$$\begin{aligned} d\mathcal{R}\log f/dt &= \mathcal{R}\langle d\boldsymbol{p}/dt, \boldsymbol{grad}\log f\rangle \\ &= \mathcal{R}\langle \boldsymbol{w}(\boldsymbol{p}(t)), \boldsymbol{grad}\log f\rangle \end{aligned}$$

の絶対値は 1 より小さい．ゆえに $|f(\boldsymbol{p}(t))|$ は，t が勝手な有限極限に近づくとき，ゼロにはならず，下に有界である．これで補題 4.7 の証明が終わる．■

$\phi(\boldsymbol{z}) = e^{i\theta(\boldsymbol{z})}$ と置くと，補題 4.1 の証明と同様に，

$$d\theta(\boldsymbol{p}(t))/dt = \mathcal{R}\langle d\boldsymbol{p}/dt, i\,\boldsymbol{grad}\log f\rangle$$

が恒等的に 1 に等しいことに注意しよう．ゆえに，

$$\theta(\boldsymbol{p}(t)) = t + (\text{定数})$$

となる．つまり道 $\boldsymbol{p}(t)$ は，ϕ により，単位円周上を正の方向へ速度 1 でまわる道に射影される[11]．

明らかに点 $\boldsymbol{p}(t)$ は，t と初期値

$$\boldsymbol{z}^0 = \boldsymbol{p}(0)$$

の両方に関する可微分関数である．そこで，それらの変数に関する従属性を，

$$\boldsymbol{p}(t) = \boldsymbol{h}_t(\boldsymbol{z}^0)$$

と置くことによって表そう．このとき各 $\boldsymbol{h}_t$ は，$S_\varepsilon - K$ をそれ自身に写す微分同相写像であり，各ファイバー $F_\theta = \phi^{-1}(e^{i\theta})$ を，ファイバー $F_{\theta+t}$ の上に写す．こうして次の**ファイブレーション定理**が難なく証明される．

定理 4.8. $\varepsilon \leq \varepsilon_0$ に対して，空間 $S_\varepsilon - K$ は S^1 上の可微分ファイバー束であり，射影は $\phi(\boldsymbol{z}) = f(\boldsymbol{z})/|f(\boldsymbol{z})|$ で与えられる[12]．

証明. 与えられた $e^{i\theta} \in S^1$ に対して，U を $e^{i\theta}$ の小さな近傍とする．このとき，$|t| <$（定数）と $\boldsymbol{z} \in F_\theta$ に対して

$$(e^{i(t+\theta)}, \boldsymbol{z}) \mapsto \boldsymbol{h}_t(\boldsymbol{z})$$

で定義される対応は，直積 $U \times F_\theta$ を $\phi^{-1}(U)$ の上に微分同相に写す[13]．これで定理 4.8 が証明できた[14]． ■

---

[11] ［訳注］したがって特に ϕ は全射である．

[12] ［訳注］この可微分ファイバー束の同型類（**1. 各章についての補足**の §1.1.1 を参照）は，$\varepsilon > 0$ が小さい限り，そのとり方によらないことが知られている．詳細は **1. 各章についての補足**の §1.5.9 を参照．

[13] ［訳注］しかも，この対応と ϕ の合成が，第 1 成分への射影に一致することにも注意しよう．**1. 各章についての補足**の §1.1.1 を参照．

[14] ［訳注］第 1 章のファイブレーション定理では，ファイバーが平行化可能であることにも言及されているが，このことは第 5 章で証明される．

第5章　ファイバーとKのトポロジー

原点で消える複素多項式$f(z_1, \ldots, z_m)$に付随した局所自明ファイブレーション

$$\phi : S_\varepsilon - K \to S^1$$

の考察を続けよう．$m = n + 1 \geq 1$と置くと，第4章より，各ファイバー

$$F_\theta = \phi^{-1}(e^{i\theta})$$

が（実）$2n$次元の可微分多様体であることが従う．本章では，F_θとKのトポロジーを調べるために，モース理論を適用することにする．二つの主な結果は以下の通りである．

定理 5.1.　各ファイバーF_θは平行化可能であり，n次元の有限CW複体のホモトピー型をもつ．

定理 5.2.　空間$K = V \cap S_\varepsilon$は$n-2$連結である．

したがって，$n \geq 2$に対してKは連結であり，$n \geq 3$のときは単連結である．($n = 1$に対しては，同様の議論でわかるのはKが空集合ではないということだけである[1].)

この章の最後に，ファイバーのもう一つ別の記述を次のように与える．**各F_θは，$\|z\| < \varepsilon$かつ$f(z) =$（定数）を満たすz全体からなる，非特異複素超曲面の開部分集合と微分同相である．**

---

[1]　［訳注］詳細は，**1. 各章についての補足**の §1.5.5 を参照．

定理 5.1 の証明は，F_θ 上の実数値可微分関数 $|f|$ に付随したモース理論の考察を用いて行われる．定理 5.2 の証明には，全空間 $S_\varepsilon - K$ 全体の上での可微分関数 $|f|$ に関する，平行した議論を用いる．いずれの場合にも，任意の臨界点における $|f|$ のモース指標*が n 以上であることを示すことになる．

最初のステップとして，まず臨界点を特定することが必要となる．そこで，

$$a_\theta(\boldsymbol{z}) = a(\boldsymbol{z}) = \log|f(\theta)|$$

で定義される可微分関数 $a_\theta : F_\theta \to \mathbf{R}$ と $a : S_\varepsilon - K \to \mathbf{R}$ を用いると，むしろ都合がよい．明らかに，$S_\varepsilon - K$ 上で a の臨界点は，$|f|$ の臨界点と同じであり，同様に a_θ の臨界点は，$|f|$ を F_θ に制限したものの臨界点と一致する．

補題 5.3.　F_θ 上の実数値可微分関数 $a_\theta(\boldsymbol{z}) = \log|f(\boldsymbol{z})|$ の臨界点は，ベクトル $\boldsymbol{grad}\log f(\boldsymbol{z})$ が $\boldsymbol{z}$ の複素数倍となるような点 $\boldsymbol{z} \in F_\theta$ である．

証明.　補題 4.1 の証明に従うと，関数

$$\log|f(\boldsymbol{z})| = \mathcal{R}\ \log f(\boldsymbol{z})$$

の勝手な方向 $\boldsymbol{v}$ への方向微分が，実内積

$$\mathcal{R}\,\langle \boldsymbol{v}, \boldsymbol{grad}\log f(\boldsymbol{z})\rangle$$

に等しいことがわかることに注意しよう．したがって，$\boldsymbol{z}$ がこの関数を F_θ に制限したものの臨界点になるためには，ベクトル $\boldsymbol{grad}\log f(\boldsymbol{z})$ が $\boldsymbol{z}$ において F_θ に垂直になることが必要十分である．(ここで「垂直になる」とは，実内積を用いて,「すべての接ベクトルに直交する」ことを意味する.)

しかし，補題 4.1 の証明を照らし合わせると，実余次元 2 の部分多様体 $F_\theta \subset \mathbf{C}^m$ に対する法ベクトル全体の空間は，二つの一次独立なベクトル $\boldsymbol{z}$ と $i\,\boldsymbol{grad}\log f(\boldsymbol{z})$ で張られることがわかる[補]．したがって，$\boldsymbol{z}$ が a_θ の臨界点となるためには，ベクトル $\boldsymbol{grad}\log f(\boldsymbol{z})$, $\boldsymbol{z}$, $i\,\boldsymbol{grad}\log f(z)$ の間に実線形関係式が存在することが必要十分である．明らかにこれで補題 5.3 の証明が終わる[補],[2]．　■

---

* ［原注］たとえば，ミルナー [MILNOR, *Morse Theory*, §2] を参照.

[2] ［訳注］補題 5.3 では，F_θ 上の関数 a_θ の臨界点の特徴づけのみが記述されているが，$S_\varepsilon - K$ 上の関数 a の臨界点の特徴づけも同様に得られる．詳細は **1. 各章についての補足**の補題 1.5.4 を参照.

注 5.4. a_θ の臨界点 $\boldsymbol{z}$ における F_θ の接空間は，実は $\langle \boldsymbol{v}, \boldsymbol{z} \rangle = 0$ を満たす $\boldsymbol{v}$ 全体からなる複素ベクトル空間であることに注意しよう．というのは，もし $i\,\boldsymbol{grad}\log f(\boldsymbol{z})$ が $\boldsymbol{z}$ の複素数倍ならば，ベクトル $\boldsymbol{v}$ が $\boldsymbol{z}$ と $i\,\boldsymbol{grad}\log f(\boldsymbol{z})$ の両方に実内積で直交するためには，それが複素内積で $\boldsymbol{z}$ に直交することが必要十分だからである[補]．

次にモース指標を計算するため，可微分関数 a_θ の臨界点におけるヘッシアンを調べなくてはならない．ヘッシアンの次のような解釈を用いることにしよう．臨界点 $\boldsymbol{z}$ における接ベクトル $\boldsymbol{v}$ が与えられたとき，可微分な道

$$\boldsymbol{p} : \mathbf{R} \to F_\theta$$

で，$\boldsymbol{p}(0) = \boldsymbol{z}$ における速度ベクトルが $d\boldsymbol{p}/dt = \boldsymbol{v}$ であるものを選ぶ．このとき，$t = 0$ における 2 階微分

$$\ddot{a}_\theta = d^2 a_\theta(\boldsymbol{p}(t))/dt^2$$

は，$\boldsymbol{v}$ の 2 次形式として表され，この 2 次形式がヘッシアンである[3]．

補題 5.5. $t = 0$ における $a_\theta(\boldsymbol{p}(t))$ の 2 階微分は

$$\ddot{a}_\theta = \sum \mathcal{R}(b_{jk} v_j v_k) - c||\boldsymbol{v}||^2$$

の形で与えられる．ここで (b_{jk}) は複素行列であり，c はある正の実数である．

証明. 最初に，我々の道 $\boldsymbol{p}(t)$ は，$f/|f| = e^{i\theta}$ がその上で定数となるような多様体 F_θ の中にあることに注意しよう．等式

$$a_\theta(\boldsymbol{p}(t)) = \log|f(\boldsymbol{p}(t))| = \log f(\boldsymbol{p}(t)) - i\theta$$

を微分して，

$$\dot{a}_\theta = d\log f/dt = \sum (\partial \log f/\partial z_j)(dp_j/dt)$$

を得る[4]．ふたたび微分すると，

---

[3] ［訳注］詳細は，たとえばミルナー [MILNOR, *Morse Theory*] を参照．
[4] ［訳注］ここでは，$\boldsymbol{p}(t) = (p_1(t), \ldots, p_m(t))$ と置いている．また，$\mathbf{C}^m$ の座標系を $(z_1, \ldots, z_m)$ としている．

$$\begin{aligned}\ddot{a}_\theta &= \sum(\partial \log f/\partial z_j)(d^2 p_j/dt^2)\\ &+ \sum(\partial^2 \log f/\partial z_j \partial z_k)(dp_j/dt)(dp_k/dt)\end{aligned}$$

となる．$t=0$ と置き，(補題 5.3 により)

$$\boldsymbol{grad} \log f(\boldsymbol{z}) = \lambda \boldsymbol{z}$$

と置いて，さらに省略記号

$$D_{jk} = \partial^2 \log f/\partial z_j \partial z_k$$

を導入すると，上式は

$$\ddot{a}_\theta = \langle \ddot{\boldsymbol{p}}, \lambda \boldsymbol{z} \rangle + \sum D_{jk} v_j v_k$$

と表される．ここで左辺の $\ddot{a}_\theta$ は明らかに実数である．そこで両辺に λ を掛けて，その実部をとると，

$$\ddot{a}_\theta \mathcal{R}(\lambda) = |\lambda|^2 \mathcal{R} \langle \ddot{\boldsymbol{p}}, \boldsymbol{z} \rangle + \sum \mathcal{R}(\lambda D_{jk} v_j v_k)$$

を得る．式

$$\langle \boldsymbol{p}(t), \boldsymbol{p}(t) \rangle = (\text{定数})$$

を 2 回微分して得られる等式

$$\mathcal{R} \langle \ddot{\boldsymbol{p}}, \boldsymbol{z} \rangle = -||\boldsymbol{v}||^2$$

をこれに代入すると，

$$\ddot{a}_\theta \mathcal{R}(\lambda) = \sum \mathcal{R}(\lambda D_{jk} v_j v_k) - ||\lambda \boldsymbol{v}||^2$$

が得られる．補題 4.3 より $\mathcal{R}(\lambda)$ は正となるので，それで両辺を割れば，補題 5.5 の証明が終わる． ■

さて，これで指標の評価が容易にできる．

補題 5.6. $a_\theta : F_\theta \to \mathbf{R}$ の臨界点におけるモース指標は n 以上である．したがって，$a : S_\varepsilon - K \to \mathbf{R}$ の任意の臨界点におけるモース指標もまた n 以上である．

証明. $\boldsymbol{z}$ における F_θ の接空間上を動く $\boldsymbol{v}$ に対する 2 次形式

$$H(\boldsymbol{v}) = \mathcal{R}\left(\sum b_{jk}v_j v_k\right) - c||\boldsymbol{v}||^2$$

のモース指標 I は，H がその上で負定値となる線形部分空間の最大次元として定義される．

ゼロでないベクトル $\boldsymbol{v}$ に対して $H(\boldsymbol{v}) \geq 0$ ならば，$H(i\boldsymbol{v}) < 0$ となることに注意しよう．なぜなら，$H(\boldsymbol{v})$ に対するこの表示の最初の項は符号を変え，2 番目の項は負のままだからである．注 5.4 により，$i\boldsymbol{v}$ もまた F_θ の接ベクトルであることに注意しよう．

さて，$\boldsymbol{z}$ における接空間を実空間の直和 $T_0 \oplus T_1$ に分解する．ただし，ヘッシアン H は T_0 上で負定値であり，T_1 上で半正定値[5]とする．明らかに，T_0 の次元がモース指標 I に等しい．

しかし，H は iT_1 上でも負定値である．それゆえ，

$$I \geq \dim(iT_1) = \dim T_1 = 2n - I$$

となる．つまり $I \geq n$ であり，補題 5.6 の前半部分が証明された．

$a : S_\varepsilon - K \to \mathbf{R}$ に関する対応する結論はただちに従う．関数 a の各臨界点はまた適当な a_θ の臨界点でもあり，$\boldsymbol{z}$ における a の指標は，明らかに $\boldsymbol{z}$ における a_θ の指標より大きいかまたは等しい．これで補題 5.6 の証明が終わる． ■

次に，すべての臨界点が，F_θ の（あるいは $S_\varepsilon - K$ の）コンパクト部分集合の中に含まれることを確かめなくてはならない．

補題 5.7. ある定数 $\eta_\theta > 0$ が存在して，a_θ の臨界点はすべて F_θ のコンパクト部分集合 $|f(\boldsymbol{z})| \geq \eta_\theta$ の中にある．また同様に，$\eta > 0$ が存在して，a の臨界点 $\boldsymbol{z}$ はすべて $|f(\boldsymbol{z})| \geq \eta$ を満たす．

これは系 2.8 あるいは補題 3.1 を用いて証明される．たとえば，F_θ 上定義された $a_\theta = \log|f|$ の臨界点 $\boldsymbol{z}$ で，$|f(\boldsymbol{z})|$ がいくらでもゼロに近いものが存

[5] ［訳注］“positive semi-definite”の訳である．すべてのベクトルに対して，その値が 0 以上になる 2 次形式を半正定値と言う．

在するならば，これらの臨界点はコンパクト集合 S_ε 上で極限点 $\boldsymbol{z}^0$ をもつことになる．すると曲線選択補題より，ある可微分な道

$$\boldsymbol{p}:(0,\varepsilon')\to F_\theta$$

で，臨界点だけからなり，しかも

$$t\to 0 \quad \text{のとき} \quad \boldsymbol{p}(t)\to \boldsymbol{z}^0$$

となるものが存在することになる[補]．明らかに，関数 a_θ はこの道に沿って定数であるので，$|f|$ も定数であり，$|f(\boldsymbol{z}^0)|=0$ には収束し得ない．この矛盾は補題 5.7 を証明している[6]． ■

補題 5.8.　可微分写像

$$s_\theta: F_\theta\to \mathbf{R}_+$$

であって，s_θ のすべての臨界点が非退化で，モース指標が n 以上であり，$|f(\boldsymbol{z})|$ がゼロに十分近いときはいつでも

$$s_\theta(\boldsymbol{z})=|f(\boldsymbol{z})|$$

となるものが存在する．同様に，$S_\varepsilon - K$ から正の実数全体への可微分写像 s で，すべての臨界点が非退化で，指標が n 以上であり，$|f(\boldsymbol{z})|$ がゼロに十分近いときはいつでも

$$s(\boldsymbol{z})=|f(\boldsymbol{z})|$$

となるものが存在する．

証明.　モース [MORSE, Theorem 8.7, p. 178][7]により，s_θ（あるいは s）をうまく選んで，臨界点集合を含むコンパクト近傍上を除いて $|f|$ に一致し，非退化臨界点しかもたず，しかも任意のコンパクトな座標近傍上で，s_θ の1階微分と2階微分が対応する $|f|$ の微分を一様に近似するようにできる．$|f|$ の臨界点はすべて指標が n 以上なので[8]，近似を十分近くとれば，s_θ の臨界

6　[訳注] 正確にはまだ前半しか証明されていない．後半部分の証明については，**1. 各章についての補足**を参照．

7　[訳注] [109, §2.2(c)] や，[176, §5.1] も参照．

8　[訳注] $|f|$ の臨界点と $\log|f|$ の臨界点が一致し，そこでの指標も一致することについては，**1. 各章についての補足**を参照．あとは補題 5.6 を用いればよい．

点の指標も n 以上であることが従う.（たとえば，ミルナー [MILNOR, *Morse Theory*, 補助定理 22.4] を参照.）これで補題 5.8 の証明が終わった[9]. ■

s_θ の臨界点は孤立していて[10]，すべてあるコンパクト集合内にあることに注意しよう．ゆえに，臨界点は有限個である[11].

さて，定理 5.1 と定理 5.2 を証明する準備が整った.

定理 5.1 の証明. モース理論を通常の形で適用するために，非退化写像 $g : F_\theta \to \mathbf{R}$ で[12]，任意の定数 c に対して，$g(\boldsymbol{z}) \le c$ となる点 $\boldsymbol{z}$ の集合がコンパクトであるという性質をもつものが必要となる.（言い換えれば，g が固有[13]かつ下に有界でなければならないということである.）明らかに，関数

$$g(\boldsymbol{z}) = -\log s_\theta(\boldsymbol{z})$$

はこれらの条件を満たす.

臨界点における s_θ の指標 I，すなわち $\log s_\theta$ の指標は[14]，n 以上である．ゆえに，$-\log s_\theta$ の指標は，$2n - I \le n$ である．するとモース理論の主定理（ミルナー [MILNOR, *Morse Theory*, 定理 3.5] を参照）により，多様体 F_θ は，g の各臨界点に胞体が一つずつ対応するような，次元 n 以下の CW 複体と同じホモトピー型をもつことになる．これで定理 5.1 の前半が証明された[15].

特に $n \ge 1$ ならば，ホモロジー群 $H_{2n}(F_\theta; \mathbf{Z}_2)$ がゼロになることが従う．したがって $2n$ 次元多様体 F_θ は，コンパクト成分をまったくもたない[16].

定理 5.1 の証明を完了するには，あとは F_θ が平行化可能であることを確

---

9 ［訳注］s_θ や s の像が $\mathbf{R}_+$ に入るようにできることは，$|f|$ を近似するときに，微分だけではなく，関数の値も近似できることと，補題 5.7 の結果から従う.

10 ［訳注］たとえば，ミルナー [MILNOR, *Morse Theory*, 系 2.3] を参照.

11 ［訳注］これを示すには，臨界点集合が閉集合であることにも注意する必要がある．このことは，その補集合である正則点の集合が開集合であることから容易に従う.

12 ［訳注］すべての臨界点が非退化であるような可微分関数のことを指す.

13 ［訳注］連続写像で，コンパクト集合の逆像が常にコンパクトとなるものを**固有**であると言う.

14 ［訳注］**1. 各章についての補足**の補題 1.5.5 を参照.

15 ［訳注］定理 5.1 の主張では，次元がちょうど n になるように書かれているが，もし次元が n より本当に小さければ，$n-1$ 次元胞体と n 次元胞体を，ホモトピー型を変えないように貼りつけることができるので，問題はない.

16 ［訳注］もしコンパクト成分をもてば，その成分の $2n$ 次元ホモロジー群が $\mathbf{Z}_2$ に同型となるからである．詳細はホモロジー群の標準的な教科書，たとえば，[174, 第 6 章] を参照.

かめればよい．ところが F_θ は，球面 S_ε に法束が自明になるように埋め込まれているので，座標空間 $\mathbf{C}^{n+1}$ にも法束が自明になるように埋め込まれている[17]．F_θ はコンパクト成分をもたないので，F_θ が平行化可能であることが従う（ケルヴェア–ミルナー [Kervaire and Milnor, Lemma 3.4] を参照[18]）．これで証明が終わった[19]．■

注． 同様の議論により，全空間 $S_\varepsilon - K$ が次元 $n+1$ の有限複体と同じホモトピー型をもつことが示される．

定理 5.2 の証明． $N_\eta(K)$ で，$|f(\boldsymbol{z})| \leq \eta$ を満たす $\boldsymbol{z} \in S_\varepsilon$ 全体からなる K の近傍を表そう．補題 5.7 より，十分小さな η に対して，$N_\eta(K)$ が境界をもつ可微分多様体であることが従う．$S_\varepsilon - \mathrm{Interior}\, N_\eta(K)$ 上の[20]可微分で非退化な実数値関数 s を用いると，球面 S_ε 全体が，$N_\eta(K)$ から出発して，s の指標 I の各臨界点に対して I 次元胞体が一つずつ対応するように，次元 n 以上の胞体を有限個貼り合わせて得られる複体と同じホモトピー型をもつことがわかる．(ミルナー [Milnor, *Morse Theory*, §3] を参照．実はスメイル [Smale] によると，可微分多様体 S_ε は，$N_\eta(K)$ に有限個の「ハンドル」で，各ハンドルの指標が n 以上であるものを貼り合わせることによって得られる，というより精密な記述をもつ[21].)

明らかに，次元 n 以上の胞体を貼り合わせても，次元 $n-2$ 以下のホモトピー群は変わらない[補]．それゆえ，$i \leq n-2$ に対して，

$$\pi_i(N_\eta(K)) \cong \pi_i(S_\varepsilon) = 0$$

となる．

証明を完了するために，K が絶対近傍レトラクトであるという事実を用いなければならない[補]．実は K は実代数的集合であり，ゆえにロジャジヴィッ

---

[17] ［訳注］補題 5.3 の証明で示されているように，F_θ の $\mathbf{C}^{n+1}$ における法空間は，各点 $\boldsymbol{z}$ において二つのベクトル $\boldsymbol{z}$ と $i\,\boldsymbol{grad}\log f(\boldsymbol{z})$ で張られる，実 2 次元ベクトル空間である．これらは可微分ベクトル場になるので，これを使って具体的に法束の自明化を作ることも可能である．

[18] ［訳注］[176, 補助定理 11.4] も参照．

[19] ［訳注］ここでは $n \geq 1$ を仮定して証明がしてあるが，$n = 0$ のとき F_θ は 0 次元であるので，平行化可能であるのは明らかである．

[20] ［訳注］"Interior"は「内部」を意味する．

[21] ［訳注］[176, §5.2] も参照．

チ [ŁOJASIEWICZ] により実際三角形分割可能である.

それゆえ，η が十分小さい限り，K は近傍 $N_\eta(K)$ のレトラクトである*[補].
よって，$i \leq n-2$ に対して，$\pi_i(K)$ もまた自明であることが従うので，定理 5.2 の証明が終わる[補]. ■

第 5 章を終える前に，ファイバーのもう一つ別の記述の仕方を与えておこう．最初に二つの補題を準備する．D_ε で，S_ε を境界にもつ閉円板を表すことにする．

補題 5.9. $D_\varepsilon - V$ 上に，ある可微分ベクトル場 $\boldsymbol{v}$ が存在して，内積

$$\langle \boldsymbol{v}(\boldsymbol{z}), \boldsymbol{grad} \log f(\boldsymbol{z}) \rangle$$

は，$D_\varepsilon - V$ 内のすべての $\boldsymbol{z}$ に対して正の実数となり，内積 $\langle \boldsymbol{v}(\boldsymbol{z}), \boldsymbol{z} \rangle$ の実部は正となる．

証明は補題 4.6 と同様であるので，読者の演習としよう[補].

さて，$D_\varepsilon - V$ 上の微分方程式

$$d\boldsymbol{p}/dt = \boldsymbol{v}(\boldsymbol{p}(t))$$

の解を考えよう．

$$\langle d\boldsymbol{p}/dt, \boldsymbol{grad} \log f(\boldsymbol{p}(t)) \rangle$$

が正の実数であるという条件から，$f(\boldsymbol{p}(t))$ の偏角が定数であり，$|f(\boldsymbol{p}(t))|$ が t に関する狭義の単調増加関数であることがわかる．条件

$$2\mathcal{R} \langle d\boldsymbol{p}/dt, \boldsymbol{p}(t) \rangle = d||\boldsymbol{p}(t)||^2/dt > 0$$

から，$||\boldsymbol{p}(t)||$ が t に関して狭義の単調増加関数であることがわかる．

したがって，$D_\varepsilon - V$ の任意の内点 $\boldsymbol{z}$ から出発して，$\boldsymbol{z}$ を通る解曲線に沿って進めば，$|f|$ が増加する方向に，原点を「離れる」ことになり，最後に $S_\varepsilon - K$ 上のある点 $\boldsymbol{z}'$ に到達するが，これは

$$f(\boldsymbol{z}')/|f(\boldsymbol{z}')| = f(\boldsymbol{z})/|f(\boldsymbol{z})|$$

* [原注] たとえば，フー [HU] を参照せよ．

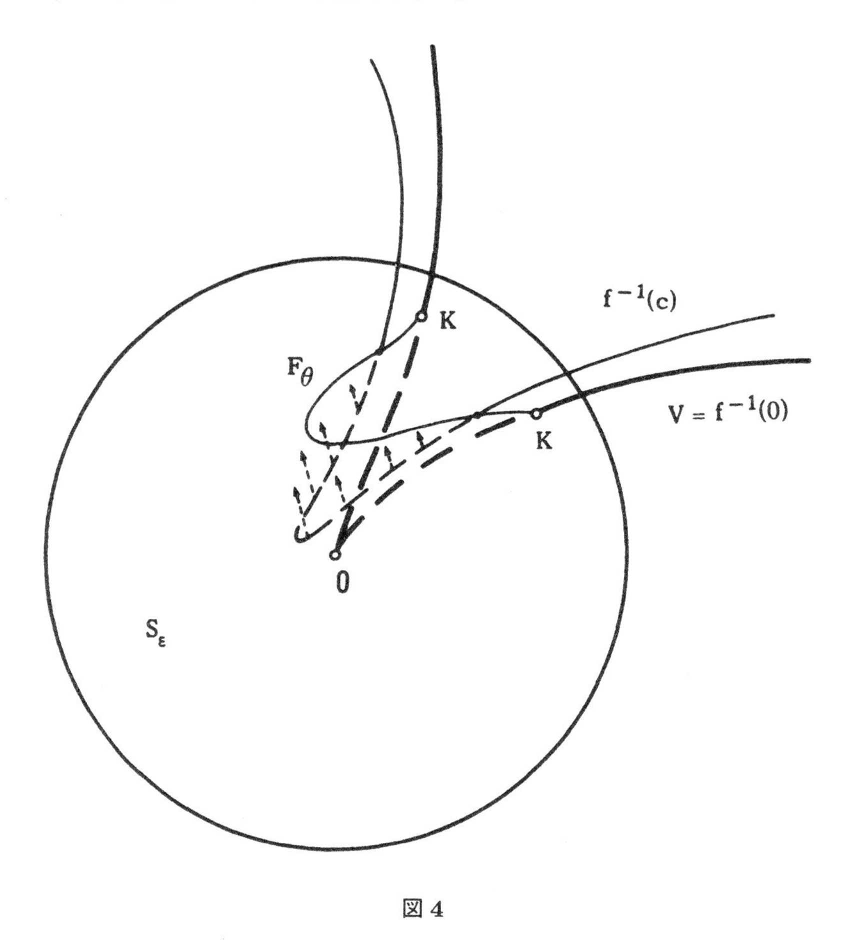

図4

を満たさなくてはならない[22].

この対応 $\boldsymbol{z} \mapsto \boldsymbol{z}'$ を用いると，明らかに次のことを証明したことになる[補].
c を十分小さな複素数の定数とし，$c/|c| = e^{i\theta}$ とする（図4を参照）.

補題 5.10.　超平面 $f^{-1}(c)$ と開 ε 円板との交わりは，不等式 $|f(\boldsymbol{z})| > |c|$ で定義されるファイバー F_θ の部分集合に微分同相である.

しかし，もし $|c|$ が十分小さければ，補題 5.7 より，この F_θ の部分集合が

22　[訳注]　$f(\boldsymbol{p}(t))$ の偏角が一定だからである.

F_θ 全体に微分同相であることが従う（ミルナー [MILNOR, *Morse Theory*, 定理 3.1] を参照）．こうして，次のことが証明された[補].

定理 5.11. 複素数 $c \neq 0$ が十分ゼロに近ければ，複素超曲面 $f^{-1}(c)$ と開 ε 円板との交わり[23]は，ファイバー F_θ に微分同相な可微分多様体である[24].

注. 定理 5.11，およびアンドレオッティ–フランケル [ANDREOTTI and FRANKEL] による，$f^{-1}(c)$ 上の実数値可微分関数 $||z||^2$ に対するモース理論の解析を組み合わせると，定理 5.1 の別証明を得ることができるであろう[25].

23 ［訳注］これは複素多様体の構造をもつことに注意しよう．

24 ［訳注］実はファイブレーションに関してもっと精密なことが知られている．詳細は **1. 各章についての補足**の §1.5.9 を参照．

25 ［訳注］ミルナー [MILNOR, *Morse Theory*, §6, §7] を参照．

第6章　孤立臨界点の場合

さて，多項式 $f(z_1, \ldots, z_{n+1})$ が原点の近傍において，ひょっとしたら原点自身を除いて，臨界点をもたないという仮定を加えよう．したがって，原点は超曲面 $V = f^{-1}(0)$ の孤立特異点であるか，あるいは非特異点である．(補題 2.5 を参照[補].) また，$n \geq 1$ と仮定する．

系 2.9 によると，交わり $K = V \cap S_\varepsilon$ は，ε が十分小さいときに $2n-1$ 次元多様体になる．このことは，次のように精密化される．

補題 6.1. 十分小さな ε に対して，S_ε における各ファイバー F_θ の閉包は，境界をもつ $2n$ 次元可微分多様体であり，この多様体の内部が F_θ となり，境界がちょうど K に一致する．

証明. 最初に，十分小さな ε に対して，$\mathbf{C}$ への写像 $f|S_\varepsilon$ が K 上に臨界点をもたないことに注意しよう．(つまり，数ゼロが $f|S_\varepsilon$ の正則値であるということである.) このことは，系 2.9 の証明からもわかることであるが，曲線選択補題を使うと次のようにも証明できる．$f|S_\varepsilon$ の臨界点は，明らかに，(ゼロでない) ベクトル $\boldsymbol{grad}\, f(\boldsymbol{z})$ が $\boldsymbol{z}$ の複素数倍となるような S_ε の点 $\boldsymbol{z}$ である[補]．そのような臨界点だけからなる，可微分ではない道[1]

$$\boldsymbol{p} : [0, \varepsilon') \to \mathbf{C}^{n+1}$$

で，

[1] ［訳注］原著では "non-smooth path" となっているが，これは「可微分な道」の間違いであろう．

$$\boldsymbol{p}(0) = \mathbf{0} \quad \text{かつ} \quad f(\boldsymbol{p}(t)) \equiv 0$$

となるものが与えられると，

$$\langle d\boldsymbol{p}/dt, \boldsymbol{grad}\, f\rangle = df(\boldsymbol{p}(t))/dt \equiv 0$$

となるので，

$$2\mathcal{R}\,\langle d\boldsymbol{p}/dt, \boldsymbol{p}(t)\rangle = d\|\boldsymbol{p}(t)\|^2/dt \equiv 0$$

を得，それゆえ $\boldsymbol{p}(t) \equiv \mathbf{0}$ となって仮定に矛盾する[補].

さて，$\boldsymbol{z}^0$ を K の任意の点とする．$\boldsymbol{z}^0$ の近傍 U における S_ε の（実）局所座標 $u_1, \ldots, u_{2n+1}$ を，すべての $\boldsymbol{z} \in U$ に対して

$$f(\boldsymbol{z}) = u_1(\boldsymbol{z}) + iu_2(\boldsymbol{z})$$

が成り立つように選ぶ[2]．U の点がファイバー $F_0 = \phi^{-1}(1)$ に属するためには，

$$u_1 > 0, \quad u_2 = 0$$

となることが必要十分であることに注意しよう．ゆえに，閉包 $\overline{F}_0$ は，U と，集合

$$u_1 \geq 0, \quad u_2 = 0$$

において交わる．明らかにこれは，内部が $F_0 \cap U$ で，境界が $K \cap U$ の $2n$ 次元可微分多様体である．

他のファイバー F_θ に対する議論も同様である．これで証明が終わった[3]．■

系 6.2.　コンパクトで境界つきの多様体 $\overline{F}_\theta$ は，S_ε に，その補空間 $S_\varepsilon - \overline{F}_\theta$ が自分自身と同じホモトピー型をもつように埋め込まれている．

なぜならば，補空間は可縮な多様体 $S^1 - (e^{i\theta})$ 上の局所自明なファイバー空間であり，したがって，$S_\varepsilon - \overline{F}_\theta$ は他の勝手なファイバー $F_{\theta'}$ を変形レトラクトにもつが，$F_{\theta'}$ は F_θ に微分同相であるから，$\overline{F}_\theta$ と同じホモトピー型をもつことになるからである．

---

[2]［訳注］$\boldsymbol{z}^0$ は $f|S_\varepsilon$ の正則点なので，陰関数定理よりそのような座標がとれる．

[3]［訳注］本文5頁の図2を参照.

系 6.3. ファイバー F_θ は，n より小さい次元で 1 点と同じホモロジー群をもつ．

（ファリー [FARY, p. 31] を参照.）

これは被約* ホモロジー群 $\widetilde{H}_i(S_\varepsilon - \overline{F}_\theta)$ が[4]，被約コホモロジー群 $\widetilde{H}^{2n-i}(\overline{F}_\theta)$ に同型である，というアレキサンダー双対定理[補] と，定理 5.1 よりこの被約コホモロジー群が $2n-i>n$ に対してゼロであることから従う．

これは次のように精密化することができる．

補題 6.4. ファイバー F_θ は，実は $n-1$ 連結である．

証明. 系 6.3 により，$n \geq 2$ のとき F_θ が単連結であることを確かめれば十分である[補].

これは，$n \geq 3$ に対しては補題 5.8 を用いて証明することができる．$\overline{F}_\theta$ 上の可微分関数 s_θ を用いると[5]，$\overline{F}_\theta$ が，境界の近傍 $K \times [0, \eta]$ から出発して[6]，s_θ の各臨界点に対して一つずつのハンドルが対応するように，指標が n 以上のハンドルを貼り合わせることによって得られることに注意しよう．(定理 5.2 の証明を参照[7].) そのようなハンドルを貼り合わせても，次元 $n-2$ 以下のホモトピー群は変わらない[8]から，定理 5.2 を用いて，$i \leq n-2$ に対して

$$\pi_i(\overline{F}_\theta) \cong \pi_i(K \times [0, \eta]) = 0$$

となることが従う．

$n=2$ の場合にも適用できるもっとうまい議論がある．$\overline{F}_\theta$ 上のモース関数 $-s_\theta$ を用いる[9]と，$\overline{F}_\theta$ が，円板 D_0^{2n} から出発して，指標 n 以下のハンドル

---

* ［原注］被約群 $\widetilde{H}_i X$ は，自然な準同型 $H_i X \to H_i(1\text{ 点})$ の核として定義される．同様に，$\widetilde{H}^i X$ は，$H^i(1\text{ 点}) \to H^i X$ の余核である．

4 ［訳注］系 6.2 より，この被約ホモロジー群は $\widetilde{H}_i(F_\theta)$ に同型であることに注意しよう．

5 ［訳注］正確には，s_θ は $\partial\overline{F}_\theta$ 上で可微分ではない．したがって正確には，境界の近くで少し関数を修正する必要がある．詳細は **1. 各章についての補足**を参照.

6 ［訳注］実際は「境界の近傍 $\widetilde{N}_\eta(K) = \{\boldsymbol{z} \in \overline{F}_\theta \mid |f(\boldsymbol{z})| \leq \eta\}$ から出発して」とする方がより正確であろう．ただし，**1. 各章についての補足**で示しているように，$\widetilde{N}_\eta(K) \cong K \times [0, \eta]$ となることを証明することができるので，実際は問題ない．

7 ［訳注］[176, §5.2] も参照.

8 ［訳注］このことは，**1. 各章についての補足**の補題 1.5.6 と同様にして証明できる．

9 ［訳注］正確には，それを境界上で少し修正したものを用いる必要がある．詳細は **1. 各章についての補足**を参照.

を次々に貼り合わせることによって得られることに注意しよう．これらのハンドルは，それを含む空間である S_ε 内ですべて貼り合わせられる．ところが，補空間 $S_\varepsilon - D_0^{2n}$ は確かに単連結であり，指標 $\dim(S_\varepsilon) - 3 = 2n - 2$ 以下のハンドルを貼り合わせても，この補空間の基本群は変わらない[補]．したがって帰納的に，$n \leq 2n - 2$ である限り，補空間 $S_\varepsilon - \overline{F}_\theta$ もまた単連結であることが従う．系 6.2 と合わせて，証明が終わる．■

定理 6.5.　各ファイバーは，球面のブーケ $S^n \vee S^n \vee \cdots \vee S^n$ と同じホモトピー型をもつ．

証明.　ホモロジー群* $H_n(F_\theta)$ は，自由アーベル群でなければならない．というのは，どんなねじれ元[10]も次元 $n+1$ のコホモロジー類を引き起こす[11]ので，それは定理 5.1 に矛盾するからである．ゆえに，フレヴィッチの定理を用い，かつ $n \geq 2$ と仮定すれば，$\pi_n(F_\theta) \cong H_n(F_\theta)$ が自由アーベル群であることがわかる．よって，基底を代表する有限個の写像

$$(S^n, (\text{基点})) \longrightarrow (F_\theta, (\text{基点}))$$

を選ぶことができる．これらを合わせて，写像

$$S^n \vee \cdots \vee S^n \to F_\theta$$

で，ホモロジー群の同型を誘導するものが得られ，したがってホワイトヘッドの定理[補]により，これはホモトピー同値写像になる．以上で $n \geq 2$ の場合の証明が終わった．$n = 1$ の場合の証明は読者にまかせよう[補]．■

第 7 章で，このブーケにおける球面の個数が，原点が f の正則点でない限り決してゼロにはならないことを見よう．

$n \neq 2$ に対しては，さらにより精密な記述が可能である．

定理 6.6.　$n \neq 2$ に対して，多様体 $\overline{F}_\theta$ は，円板 D^{2n} に，指標がちょうど n に等しいハンドルをいくつか同時に貼り合わせて得られるハンドル体に

---

*　[原注] 特に断らない限り，すべてのホモロジー群は整数係数をもつとする．
10　[訳注] 位数が有限の非自明な元のことを指す．
11　[訳注] 普遍係数定理による（たとえば [55], [83] 等を参照）．

微分同相である．

証明． これは，スメイル [SMALE, *On the Structure of 5-manifolds*, Theorem 1.2] の結果に，我々の定理 5.2 と補題 6.4 とを合わせると証明できる[12]．

■

このようなハンドル体の議論の詳細に関しては，ウォール [WALL] を参照して欲しい．

定理 6.6 は $n = 2$ のときにもそのまま成り立つと予想される[13]．

---

[12] [訳注] $\partial \overline{F}_\theta = K \neq \emptyset$ となることが必要だが，これについては **1. 各章についての補足**の 149 頁を参照していただきたい．

[13] [訳注] 実際，$n = 2$ のときにも成り立つことが，原著出版後に示された．これについては**日本語版のための解説**の **2. 解決された予想**の部分を参照していただきたい．

第7章　ファイバーの中間次元ベッチ数

複素多項式 $f(z_1, \ldots, z_m)$ の孤立臨界点 $\boldsymbol{z}^0$ が**非退化**であるとは，$\boldsymbol{z}^0$ におけるヘッセ行列 $(\partial^2 f/\partial z_j \partial z_k)$ が正則のときを言う．そうでなければ，$\boldsymbol{z}^0$ は**退化**臨界点であると言う．

本章では，臨界点 $\boldsymbol{z}^0$ における退化の度合いを測る正の整数 μ を導入する．この整数 μ は，多項式の連立方程式

$$\partial f/\partial z_1 = \cdots = \partial f/\partial z_m = 0$$

に対する解としての $\boldsymbol{z}^0$ の重複度として記述される[1]．

最初に，いくぶんより一般的な設定を考えよう．

$$g_1(\boldsymbol{z}), \ldots, g_m(\boldsymbol{z})$$

を，複素 m 変数の勝手な解析的関数とし，$\boldsymbol{z}^0$ を連立方程式

$$g_1(\boldsymbol{z}) = \cdots = g_m(\boldsymbol{z}) = 0$$

のある孤立解とする．このとき単に，$\boldsymbol{z}^0$ は写像 $\boldsymbol{g} : \mathbf{C}^m \to \mathbf{C}^m$ の孤立「零点」である，と言うことにしよう．

定義． 孤立零点 $\boldsymbol{z}^0$ の重複度 μ とは，$\boldsymbol{z}^0$ を中心とする半径の小さな球面 S_ε から $\mathbf{C}^m$ の単位球面への写像

[1] ［訳注］付録の補題 B.1 で示すように（121 頁の注も参照），非退化臨界点では $\mu = 1$ となる．

$$z \mapsto g(z)/\|g(z)\|$$

の写像度[2]のことを言う.

おそらくこの定義は，代数幾何学者たちによって使われている様々な定義と一致する.（たとえば，ファン・デル・ヴェルデン [VAN DER WAERDEN, *Algebraische Geometrie*, §38]，またはホッジ–ペドゥー [HODGE and PEDOE, p. 120–129] を参照.）しかし，位相的な定義の方が我々の目的にはずっと便利である.

次の結果は，この定義の正当化を支える.

定理 7.1（レフシェッツ）**.** 重複度 μ は，常に正の整数である.

定理 7.1 の証明と μ に関する更なる議論は，付録 B で与えるつもりである（レフシェッツ [LEFSCHETZ, *Topology*, p. 382] も参照）.

さて，第6章の状況に戻ろう．原点を，多項式 $f(z_1, \ldots, z_{n+1})$ の孤立臨界点かつ零点であるとする．したがって，連立方程式

$$\partial f/\partial z_1 = \cdots = \partial f/\partial z_{n+1} = 0$$

は，孤立解 $z = 0$ をもつ．μ をこの解の重複度とする．前章までと同様に，$2n$ 次元多様体

$$F_0 = \{z \in S_\varepsilon \mid f(z) > 0\}$$

を典型ファイバーにもつ，付随したファイブレーションを考える．本章の主結果は次の定理である.

定理 7.2. ファイバー F_0 の中間次元ベッチ数は，重複度 μ に等しい．したがって，中間次元ホモロジー群 $H_n F_0$ は，階数 μ の自由アーベル群である[3].

（**注.** 最近ブリスコーンは，ここで述べる証明とは全く異なる，定理 7.2 の簡単な証明を与えた[4].）

---

[2] [訳注] 詳細はたとえば，[MILNOR, *Topology from the Differentiable Viewpoint*], [174, §21], [110] 等を参照.

[3] [訳注] 重複度 μ は，現代ではミルナー数と呼ばれている.

[4] [訳注] [18] の Appendix のことを指しているのであろうか.

定理 7.1 により $\mu > 0$ なので，このことは次を示している．

系 7.3. 原点が f の孤立臨界点であれば，ファイバー F_θ たちは可縮ではなく，多様体 $K = V \cap S_\varepsilon$ は，S_ε に自明に埋め込まれた球面ではない．

（これは，原点が f の正則点であるときはいつでも F_θ が可縮であり，$K \subset S_\varepsilon$ が自明に埋め込まれた球面であるという補題 2.13 と補題 2.12 の結果と対照的である.）

なぜなら，K が S_ε に位相的に自明に埋め込まれた球面ならば，$S_\varepsilon - K$ は円周と同じホモトピー型をもつことになる[補]．すると，ファイブレーション[5]に対するホモトピー完全系列

$$\cdots \to \pi_{n+1}(S^1) \to \pi_n(F_0) \to \pi_n(S_\varepsilon - K) \to \cdots$$

から[6], ($n = 1$ の場合でさえ[補]) 矛盾が導かれることになる．

定理 7.2 を証明するには，球面からそれ自身への可微分写像

$$\boldsymbol{v} : S^k \to S^k$$

の写像度を，$\boldsymbol{v}$ の不動点を通して計算する道具立てが必要となる．M を，球面 $S^k \subset \mathbf{R}^{k+1}$ 上の，可微分な境界をもつコンパクトな領域とし，M の各境界点 $\boldsymbol{x}$ に対して，$\boldsymbol{n}(\boldsymbol{x})$ で，$\boldsymbol{x}$ で S^k に接し，∂M に垂直で，M の内部に向かう単位ベクトルとして一意的に定まる**内向き法ベクトル**を表すことにする．

補題 7.4. もし，(1) 写像 $\boldsymbol{v} : S^k \to S^k$ の各不動点が M の内部にあり，(2) M のどの点 $\boldsymbol{x}$ も，$\boldsymbol{v}$ によりその対蹠点 $-\boldsymbol{x}$ に写されることがなく，(3) ユークリッド内積 $\langle \boldsymbol{v}(\boldsymbol{x}), \boldsymbol{n}(\boldsymbol{x}) \rangle$ が，各点 $\boldsymbol{x} \in \partial M$ に対して正となるならば，オイラー数 $\chi(M)$ は，$\boldsymbol{v}$ の写像度 d と，等式

$$\chi(M) = 1 + (-1)^k d$$

が成り立つ関係にある．

証明. $\boldsymbol{v}$ を少し摂動することにより，$\boldsymbol{v}$ の不動点はすべて孤立していると

---

5 ［訳注］第 4 章で証明されたファイブレーション定理に登場するファイバー束のことを指す．
6 ［訳注］たとえばスチーンロッド [Steenrod, §17] を参照．

仮定してよい[補]．レフシェッツ不動点定理より，各不動点に対して指数[7] $\iota(\boldsymbol{x})$ を割り当てて，指数の総和がレフシェッツ数

$$\sum(-1)^j \mathrm{Trace}(\boldsymbol{v}_* : H_j(S^k) \to H_j(S^k)) = 1 + (-1)^k d$$

に等しくなるようにできる[8]（アレキサンドロフ–ホップ [ALEXANDROFF and HOPF] を参照[9]）．

そこで，

$$\boldsymbol{v}_t(\boldsymbol{x}) = ((1-t)\boldsymbol{x} + t\boldsymbol{v}(\boldsymbol{x}))/||(1-t)\boldsymbol{x} + t\boldsymbol{v}(\boldsymbol{x})||$$

で定義される，写像の1パラメータ族

$$\boldsymbol{v}_t : M \to S^k$$

を考えよう．この定義式は，$\boldsymbol{x} \in M$ に対して $\boldsymbol{v}(\boldsymbol{x}) = -\boldsymbol{x}$ なので意味をもつ．明らかに $\boldsymbol{v}_0$ は恒等写像であり，t の値が小さければ，$\boldsymbol{v}_t$ は，恒等写像にホモトピックな写像によって M をそれ自身の中に写す．したがって，

$$\boldsymbol{v}_t : M \to M$$

のレフシェッツ数は，たとえば $0 < t \leq \varepsilon$ に対しては，オイラー数 $\chi(M)$ に等しくなければならない[補]．

ところが $\boldsymbol{v}_t$ の不動点[10]は，$t > 0$ に対して，$\boldsymbol{v} : S^k \to S^k$ の不動点とちょうど一致する[補]．$\boldsymbol{v}_t$ の不動点 $\boldsymbol{x}$ のレフシェッツ指数は，t に関して連続的に変化する整数なので，$\boldsymbol{v}_\varepsilon$ のレフシェッツ数 $\chi(M)$ は，$\boldsymbol{v}$ のレフシェッツ数 $1 + (-1)^k d$ に等しくなければならないことになる[11]．これで補題 7.4 が証明できた．■

---

[7] ［訳注］これを**レフシェッツ指数**と言う．

[8] ［訳注］"Trace"は，ある有限次元ベクトル空間（あるいは有限生成自由アーベル群）からそれ自身への線形写像（あるいは準同型写像）のある基底に関する「**トレース**」を表す．これはもちろん基底のとり方には依存しない．なお我々の状況では，$j = 0$ のときトレースが1となり，$j = k$ のときトレースが d となり，それ以外の j に対してはゼロとなることに注意しよう．

[9] ［訳注］[120, §3.4] も参照．

[10] ［訳注］ここでは $\boldsymbol{v}_t : M \to S^k$ だと思っており，任意の $t > 0$ を考えている．

[11] ［訳注］レフシェッツの不動点定理より，$\boldsymbol{v}$ の各不動点でのレフシェッツ指数の総和が，$\boldsymbol{v}$ のレフシェッツ数に等しいからである．

定理 7.2 の証明. M を，不等式

$$\mathcal{R}f(z) \geq 0$$

を満たす点 $z \in S_\varepsilon$ 全体からなる領域とする．言い換えれば，M は，θ が区間 $[-\pi/2, \pi/2]$ を動くときのファイバー F_θ たちと，それらの共通の境界 K の和集合である．明らかに，

$$\partial M = F_{-\pi/2} \cup K \cup F_{\pi/2}$$

は可微分多様体である．(補題 6.1 の証明を参照[12].)

M は F_θ と同じホモトピー型をもつことに注意しよう．実際，M の内部は，ファイバーとして F_θ をもつ，開半円周上のファイブレーションの構造をもつ．

球面 S_ε からそれ自身への可微分関数

$$\boldsymbol{v}(\boldsymbol{z}) = \varepsilon\, \boldsymbol{grad}\, f(\boldsymbol{z}) / \| \boldsymbol{grad}\, f(\boldsymbol{z}) \|$$

を考える．$\boldsymbol{v}$ が補題 7.4 の三つの仮定を満たすことを示そう．

仮定 (1). 明らかに，$\boldsymbol{z}$ が $\boldsymbol{v} = \varepsilon\, \boldsymbol{grad}\, f / \| \boldsymbol{grad}\, f \|$ の不動点であるための必要十分条件は，$\boldsymbol{grad}\, f(\boldsymbol{z})$ が $\boldsymbol{z}$ の正の実数倍となることである．しかし，もし

$$\boldsymbol{grad}\, f(\boldsymbol{z}) = c\boldsymbol{z}, \qquad c > 0$$

とすると，$f(\boldsymbol{z}) \neq 0$ であり（補題 6.1 の証明を参照），

$$\boldsymbol{grad} \log f(\boldsymbol{z}) = c\boldsymbol{z} / \bar{f}(\boldsymbol{z})$$

となるが，ここで係数 $c/\bar{f}(\boldsymbol{z})$ は補題 4.3 により正の実部をもたなくてはならない．ゆえに，$\mathcal{R}f(\boldsymbol{z}) > 0$ であり，$\boldsymbol{z}$ は M の内点である．

仮定 (2). これは同様の議論で確かめられる[13].

仮定 (3). M の任意の境界点 $\boldsymbol{z}$ が与えられたとき，M の中へ向かうよ

---

[12] ［訳注］**1. 各章についての補足の補題** 1.6.7 も参照.

[13] ［訳注］$\boldsymbol{v}(\boldsymbol{z}) = -\boldsymbol{z}$ となるには，$\boldsymbol{grad}\, f(\boldsymbol{z}) = c\boldsymbol{z}, c < 0$ となることが必要十分であるが，そのような $\boldsymbol{z}$ は M 内には存在しないことがわかる.

うに境界を横切る可微分な道 $\boldsymbol{p}(t)$ で，$\boldsymbol{p}(0) = \boldsymbol{z}$ における速度ベクトルが，$d\boldsymbol{p}/dt = \boldsymbol{n}(\boldsymbol{z})$ となるものを選ぶことができる．M の定義より明らかに，$\mathcal{R}f(\boldsymbol{p}(t))$ の微分は，$t=0$ において正である．よって等式

$$d\mathcal{R}f/dt = \mathcal{R}\left\langle d\boldsymbol{p}/dt, \boldsymbol{grad}\, f\right\rangle$$

は，ユークリッド内積 $\mathcal{R}\left\langle \boldsymbol{n}(\boldsymbol{z}), \boldsymbol{v}(\boldsymbol{z})\right\rangle$ が正であることを示している．

したがって補題 7.4 を適用することができ，S_ε の次元 $2n+1$ は奇数なので，公式

$$\chi(F_\theta) = \chi(M) = 1 - \mathrm{degree}(\boldsymbol{v}) \tag{1}$$

が得られる[14]．

しかし $\boldsymbol{v}$ の写像度は，多項式による連立方程式

$$\partial f/\partial z_1 = \cdots = \partial f/\partial z_{n+1} = 0$$

の解としての原点の重複度 μ の $(-1)^{n+1}$ 倍に等しい．というのは，$\boldsymbol{g}(\boldsymbol{z})$ を $\boldsymbol{grad}\, f(\boldsymbol{z})$ の複素共役としたとき，μ は S_ε 上の写像

$$\boldsymbol{z} \mapsto \boldsymbol{g}(\boldsymbol{z})/||\boldsymbol{g}(\boldsymbol{z})||$$

の写像度として定義されていて，共役をとる写像

$$(g_1, \ldots, g_{n+1}) \to (\bar{g}_1, \ldots, \bar{g}_{n+1})$$

は，明らかに S_ε をそれ自身の上に写像度 $(-1)^{n+1}$ で写すからである[15]．

この事実を公式 (1) に代入して，

$$\chi(F_\theta) = 1 + (-1)^n \mu$$

を得る．一方定義より，オイラー数 $\chi(F_\theta)$ は，

$$\sum (-1)^j \mathrm{rank}\, H_j(F_\theta) = 1 + (-1)^n \mathrm{rank}\, H_n(F_\theta)$$

に等しい．それゆえ

$$\mu = \mathrm{rank}\, H_n(F_\theta)$$

となり，これで証明が終わった．■

---

[14] ［訳注］“degree”は「写像度」を表す．
[15] ［訳注］[120, §2.2C, 定理 8] を参照．

第8章　K は位相的球面か？

ふたたび，$n \geq 1$ の多項式 $f(z_1, \ldots, z_{n+1})$ が原点を孤立臨界点にもつとしよう．コンパクト $2n-1$ 次元多様体 $K = f^{-1}(0) \cap S_\varepsilon$ が位相的球面[1]かどうか，どのようにしたら判定できるのであろうか？

補題 8.1. $n \neq 2$ であれば，K が球面 S^{2n-1} に同相であるためには，K が球面のホモロジーをもつことが必要十分である．

というのは，もし $n \geq 3$ であれば，定理 5.2 より K は単連結であって次元は 5 以上なので，スメイル [SMALE] とストーリングス [STALLINGS] によって証明されて正しいことが確認されている，一般化されたポアンカレ予想を適用することができるからである[2]．$n = 1$ に対して主張は明らかに正しいので，これで証明が終わる． ■

注. $n = 2$ に対しては，対応する主張は明らかに間違いである．実際，マンフォード [MUMFORD] は，この場合基本群 $\pi_1(K)$ が決して自明にならないことを示している（ヒルツェブルフ [HIRZEBRUCH, *The Topology of Normal Singularities*] も参照）．たとえば例として，ブリスコーンによって考えられたタイプの多項式

$$f(z_1, z_2, z_3) = {z_1}^2 + {z_2}^3 + {z_3}^5$$

---

[1] ［訳注］標準的な球面に同相となる多様体のことを**位相的球面**と言う．

[2] ［訳注］詳しくは，[114] を参照するとよい．なお，単連結な k 次元多様体 $(k \geq 2)$ が S^k のホモロジーをもてば，S^k とホモトピー同値であることについては，**1. 各章についての補足**を参照．

を考えよう．ヒルツェブルフによると，対応する3次元多様体 K はホモロジー球面であるが，$\pi_1(K)$ は位数120の完全群[3]であって，$SL(2, \mathbf{Z}_5)$ に同型である（例9.8を参照のこと）．このポアンカレ多様体[4] K は，(q, r) 型トーラス結び目[5]に沿って分岐した，3次元球面の p 重分岐被覆空間として，結び目理論研究者たちには知られている．ここで，p, q, r は $2, 3, 5$ を勝手に並び替えたものである[6]．

補題8.1の判定基準は次のように精密化できる．

補題 8.2.　$n \neq 2$ に対して，多様体 K が位相的球面であるためには，被約ホモロジー群 $\widetilde{H}_{n-1}K$ が自明であることが必要十分である．

というのは，もしこの群が自明であれば，ポアンカレ双対定理と K が $n-2$ 連結であることを使うと，K がホモロジー球面であることが容易に確かめられるからである[7]．

さて，$2n$ 次元の向きづけ可能多様体 F_θ の向きを選ぼう[8]．すると，F_θ の勝手な二つの n 次元ホモロジー類 α, β に対して，交叉数 $s(\alpha, \beta)$ が定まることに注意しよう．

補題 8.3.　多様体 K がホモロジー球面であるためには，交叉形式

$$s : H_n F_\theta \otimes H_n F_\theta \to \mathbf{Z}$$

が行列式 ± 1 をもつことが必要十分である．

証明.　このことは，空間対 $(\overline{F}_\theta, K)$ に対するホモロジー完全系列

$$H_n \overline{F}_\theta \xrightarrow{\ j_*\ } H_n(\overline{F}_\theta, K) \xrightarrow{\ \partial\ } \widetilde{H}_{n-1}K \longrightarrow 0$$

3　［訳注］群 G が完全群であるとは，その交換子部分群 $[G, G]$ が群 G 自身に一致するときを言う．

4　［訳注］これはポアンカレが構成したもので，3次元球面と同じホモロジーをもつけれども，単連結ではない．この多様体は，正12面体の表面を適当に貼り合わせても構成できる等，いろいろな記述の仕方があることが知られている．詳細は [82] を参照．

5　［訳注］$(2, 3)$ 型トーラス結び目は，2頁の図1に描いてある．

6　［訳注］ブリスコーン型の3次元多様体については，[115] に詳しい記述があるので参照するとよい．

7　［訳注］$n > 2$ のとき，K は単連結であるので，向きづけ可能である．(たとえば，[50, §22.15] を参照.）したがってポアンカレ双対定理が適用できる．

8　［訳注］F_θ は定理5.1より平行化可能であるので，特に向きづけ可能であることに注意しよう．

から従う．ここで，最初の群は階数 μ の自由アーベル群であることがわかっている．ポアンカレ双対定理より，$H_n(\overline{F}_\theta, K)$ も階数 μ の自由アーベル群であり[9]，交叉形式

$$s' : H_n(\overline{F}_\theta, K) \otimes H_n\overline{F}_\theta \to \mathbf{Z}$$

は行列式 ± 1 をもつ．等式

$$s(\alpha, \beta) = s'(j_*\alpha, \beta)$$

を用いると，j_* が同型であるためには，s が行列式 ± 1 をもつことが必要十分であることがわかる．これで補題 8.3 が証明できた． ■

$\widetilde{H}_{n-1}K$ に対する別のアプローチの仕方を紹介しよう．円周上の勝手なファイバー束

$$\phi : E \to S^1$$

に対して，$\pi_1(S^1)$ の生成元が，ファイバーのホモロジーに自然に作用するが，それは自己同型

$$\boldsymbol{h}_* : H_*F_0 \to H_*F_0$$

によって記述される．ここで，$\boldsymbol{h}$ はファイバー $F_0 = \phi^{-1}(1)$ の**特性同相写像**を表す．これは，被覆ホモトピー定理[10]を用いて，同相写像の連続な 1 パラメータ族

$$\boldsymbol{h}_t : F_0 \to F_t$$

$(0 \leq t \leq 2\pi)$ を構成することによって得られる．ここで，$\boldsymbol{h}_0$ は恒等写像であり，$\boldsymbol{h} = \boldsymbol{h}_{2\pi}$ が求める特性同相写像である[11]．

補題 8.4（ワン）．上のようなファイブレーションに対して，

$$\cdots \longrightarrow H_{j+1}E \longrightarrow H_jF_0 \xrightarrow{\boldsymbol{h}_* - \boldsymbol{I}_*} H_jF_0 \longrightarrow H_jE \longrightarrow \cdots$$

9 ［訳注］いわゆるポアンカレ–レフシェッツの双対定理と普遍係数定理を用いるとよい．なおこのことから，j_* が全射となることと同型となることが同値になることが従うことに注意しよう．

10 ［訳注］たとえばスチーンロッド [Steenrod] の §11.3 を参照するとよい．

11 ［訳注］特性同相写像はアイソトピーを除いて一意的に定まる．詳細は **1. 各章についての補足**を参照．

なる形の完全系列が付随する．ここで，$\boldsymbol{I}$ は F_0 の恒等写像を表し，$\boldsymbol{h}$ は特性同相写像を表す．

［証明の概略は以下の通りである．被覆ホモトピー $\{\boldsymbol{h}_t\}$ は写像

$$F_0 \times [0, 2\pi] \to E$$

を誘導し，これにより相対ホモロジー群の間の同型

$$H_j(F_0 \times [0, 2\pi], F_0 \times [0] \cup F_0 \times [2\pi]) \xrightarrow{\cong} H_j(E, F_0)$$

が引き起こされる[12]．左辺の群を $H_{j-1}F_0$ と同一視し[13]，これを空間対 (E, F_0) の完全系列に代入すると，求めるワン [WANG] 系列を得る．］

さて，これを第 6 章のファイブレーション $\phi : S_\varepsilon - K \to S^1$ に適用しよう．$\Delta(t)$ で，線形変換

$$\boldsymbol{h}_* : H_n F_0 \to H_n F_0$$

の特性多項式

$$\Delta(t) = \det(t\boldsymbol{I}_* - \boldsymbol{h}_*)$$

を表そう．したがって $\Delta(t)$ は

$$t^\mu + a_1 t^{\mu-1} + \cdots + a_{\mu-1} t \pm 1$$

の形をした，整数係数の多項式である．

定理 8.5.　$n \neq 2$ に対して，多様体 K が位相的球面であるためには，整数

$$\Delta(1) = \det(\boldsymbol{I}_* - \boldsymbol{h}_*)$$

が ± 1 に等しいことが必要十分である[14]．

証明.　$n > 1$ に対しては，このことは，ワン系列

$$H_n F_0 \xrightarrow{\boldsymbol{h}_* - \boldsymbol{I}_*} H_n F_0 \longrightarrow H_n(S_\varepsilon - K) \longrightarrow 0$$

12　［訳注］ホモロジーに対する切除定理を用いるとよい（たとえば [55], [83] 等を参照）．

13　［訳注］キュネスの定理を用いるとよい（たとえば [55], [83] 等を参照）．

14　［訳注］$n = 2$ のとき，これは K がホモロジー 3 次元球面になるための必要十分条件にはなっている．

とアレキサンダー双対同型

$$H_n(S_\varepsilon - K) \cong H^n K$$

とポアンカレ双対同型

$$H^n K \cong H_{n-1} K$$

からただちに従う（補題 8.2 を参照せよ）．$n=1$ に対しては同様の議論により証明できる[補]． ■

注 8.6. 多項式 $\Delta(t)$ は別の方法でも得ることができる．F_0 の自己同相写像 $\boldsymbol{h}$ の代わりに，補空間 $E = S_\varepsilon - K$ の無限巡回被覆空間 $\tilde{E}$ の被覆変換を用いることができる（レヴィン [LEVINE] を参照）．$\tilde{E}$ が $F_0 \times \mathbf{R}$ と同相であり，被覆変換群の適当な生成元が，$F_0 \times \mathbf{R}$ の同相写像

$$(\boldsymbol{z}, r) \mapsto (\boldsymbol{h}(\boldsymbol{z}), r - 2\pi)$$

に対応することが容易に確かめられる．これにより，少なくとも K が連結のときは，$\Delta(t)$ が $S_\varepsilon - K$ の位相不変量であることがわかる[15]．この不変量は，結び目のアレキサンダー多項式の n 次元に対する一般化を代表するものとなっている（補題 10.1 を参照）．

注 8.7. K が実際に位相的球面となったとき，それがどの微分構造をもっているのかを問うてみるのは面白い問題である．K は $n-1$ 連結で平行化可能な多様体 $\overline{F}_0$ の境界となるので，K の微分同相類は，n が偶数ならば交叉形式

$$H_n F_0 \otimes H_n F_0 \to \mathbf{Z}$$

の符号数[16]によって，n が奇数ならばケルヴェア不変量

$$c(F_0) \in \mathbf{Z}_2$$

---

[15] ［訳注］K が連結のときはアレキサンダー双対定理より $H_1(S_\varepsilon - K) \cong \mathbf{Z}$ となるので，可換化準同型 $\pi_1(S_\varepsilon - K) \to H_1(S_\varepsilon - K)$ の核に対応する被覆として無限巡回被覆空間が一意的に構成できるからである．なおこの準同型は，$\phi_* : \pi_1(S_\varepsilon - K) \to \pi_1(S^1) \cong \mathbf{Z}$ と同一視できる．

[16] ［訳注］交叉形式を行列で表したときの固有値のうち，正のものの（重複度込みでの）個数から，負のもののそれを引いてできる整数を**符号数**と言う．

によって完全に決定される.（ケルヴェアーミルナー [Kervaire and Milnor] の §7.5 と §8.5 を参照のこと．$n=2$ の場合はふたたび除外されなければならない[17].）

n が奇数のときは，レヴィン [Levine] による注目すべき結果は，ケルヴェア不変量が

$$c(F_0)=0 \quad (\Delta(-1)\equiv \pm 1 \pmod 8 \text{ のとき}),$$
$$c(F_0)=1 \quad (\Delta(-1)\equiv \pm 3 \pmod 8 \text{ のとき})$$

で与えられることを主張している．したがって，n が奇数ならば，少なくとも K が位相的球面のとき，特性多項式 $\Delta(t)$ が K の微分構造を完全に決定することになる[18].

17　[訳注] [176, §11.5] も参照するとよい.
18　[訳注] 具体例については **1. 各章についての補足**を参照して欲しい.

第9章　ブリスコーン代数多様体と擬斉次多項式

整数 $a_1, \ldots, a_{n+1} \geq 2$ に対して多項式

$$f(z_1, \ldots, z_{n+1}) = (z_1)^{a_1} + (z_2)^{a_2} + \cdots + (z_{n+1})^{a_{n+1}}$$

を考えよう．明らかに，原点が f の唯一の臨界点で，$V = f^{-1}(0)$ と S_ε の交わりは次元 $2n-1$ の可微分多様体 K である．それに付随した，次元 $2n$ のファイバー F_θ をもつファイブレーション $\phi\colon S_\varepsilon - K \to S^1$ を考えよう．

定理 9.1（ブリスコーン–ファム）．群 $H_n F_\theta$ は階数

$$\mu = (a_1 - 1)(a_2 - 1)\cdots(a_{n+1} - 1)$$

の自由アーベル群である．線形変換

$$\boldsymbol{h}_*\colon H_n(F_0; \mathbf{C}) \to H_n(F_0; \mathbf{C})$$

の特性根は，積 $\omega_1\omega_2\cdots\omega_{n+1}$ で与えられる．ここで，各 ω_j は 1 以外の 1 の a_j 乗根すべてを渡るものとする．したがって，特性多項式は

$$\Delta(t) = \prod(t - \omega_1\omega_2\cdots\omega_{n+1})$$

で与えられる．

$\Delta(t)$ の別の表現を定理 9.6 で紹介する．

たとえば，指数

$$a_1 = \cdots = a_n = 2,\ a_{n+1} = 3$$

に対応する，一般化された三葉結び目 $K \subset S_\varepsilon$ を考えよう[1]．すると

$$\omega_1 = \cdots = \omega_n = -1,\ \omega_{n+1} = (-1 \pm \sqrt{-3})/2$$

となるので，

$$\Delta(t) = t^2 - t + 1 \quad (n \text{ が奇数のとき})$$
$$\Delta(t) = t^2 + t + 1 \quad (n \text{ が偶数のとき})$$

となる[2]．したがって n が奇数のとき $\Delta(1) = 1$ となって，K は次元 $2n-1 = 1, 5, 9, 13, \ldots$ の位相的球面になる．K の次元が1または5のときは，これらの次元のエキゾチック球面は存在しない[3]ので，もちろん K は標準的球面に微分同相である．しかし $2n-1=9$ ならば，多様体 K はケルヴェア [KERVAIRE] の9次元エキゾチック球面に微分同相となる（注 8.7 を参照）．

他の次元 $7, 11, 15, \ldots$ におけるエキゾチック，非エキゾチック球面の類似した例がヒルツェブルフ [HIRZEBRUCH] とブリスコーン [BRIESKORN] によって与えられている．余次元2で埋め込めるエキゾチック球面はすべてこの方法で得られるのである[4]．

定理 9.1 によりいくつかの疑問が生じる．勝手に与えられた孤立臨界点に付随した特性多項式 $\Delta(t)$ を計算するためのアルゴリズムはあるのだろうか？ $\Delta(t)$ はいつでも円分多項式の積になるのであろうか？[*,補] ファイバー束の構造群はいつでも有限群（あるいは少なくともコンパクト群）に還元できるのであろうか？[5]

（$n=1$ の古典的な場合には，アレキサンダー多項式[6]が，結び目 K が連結

1　[訳注] $n=1$ のときは，2 頁の図 1 を参照．

2　[訳注] これらはもちろん円分多項式（または円周等分多項式とも言う）になっている．Φ_n で第 n 円分多項式を表すと，n が偶数のとき $\Delta(t) = \Phi_6$ であり，奇数のとき $\Delta(t) = \Phi_3(t)$ となる．円分多項式については，ファン・デル・ヴェルデン [VAN DER WAERDEN, *Modern Algebra*] の §36 等を参照するとよい．

3　[訳注] [176, 第 11 章] などを参照．

4　[訳注] 詳しくは，ブリスコーン [BRIESKORN, *Beispiele zur Differentialtopologie von Singularitäten*] を参照．なお，ここではエキゾチック球面の次元はもちろん奇数のみを考えている．

*　[原注] 補遺．$\Delta(t)$ が円分多項式の積にならなければならないことの証明が最近 A. グロタンディエクによって与えられた．関連した結果が，グロタンディエクによって，1968 年，ビュールでの代数幾何学セミナーにおいて記述された．

5　[訳注] ファイバー束の構造群やその還元については，スチーンロッド [STEENROD] を参照．なお，もしこのことが正しければ，特性同相写像が等長写像となるようなリーマン計量がファイバーに入ることに注意しよう．

6　[訳注] 補題 10.1 を参照．

のときザリスキー [ZARISKI] によって，K が高々2成分からなるときビューラウ [BURAU] によって計算されている．これらの場合，$\Delta(t)$ は常に円分多項式の積になる.)

定理 9.1 の証明. $m = n+1$ と置くと便利である.

まず,(多項式 f の特別な形を使って) ファイブレーション $\phi : S_\varepsilon - K \to S^1$ が，局所自明ファイブレーション

$$\psi : \mathbf{C}^m - V \to S^1$$

に拡張することに注意しよう．ここで ψ は，ϕ と同様に，式

$$\psi(\boldsymbol{z}) = f(\boldsymbol{z})/|f(\boldsymbol{z})|$$

で定義される.

$$\boldsymbol{h}_t(z_1, \ldots, z_m) = (e^{it/a_1} z_1, \ldots, e^{it/a_m} z_m)$$

によって定義される微分同相写像の1パラメータ群

$$\boldsymbol{h}_t : \mathbf{C}^m - V \to \mathbf{C}^m - V$$

を使うことにより，ψ が局所自明であることが容易に確かめられる[補]. $\boldsymbol{h}_t$ が，各ファイバー $\psi^{-1}(y)$ を，ファイバー $\psi^{-1}(e^{it}y)$ の上に微分同相に写すことに注意しよう．我々は，特性同相写像 $\boldsymbol{h}_{2\pi}$ に特に興味がある.

また，各ファイバー $\psi^{-1}(y)$ が，対応

$$(\boldsymbol{z}, r) \mapsto (e^{r/a_1} z_1, \ldots, e^{r/a_m} z_m)$$

(ただし，$\boldsymbol{z} \in S_\varepsilon - K, r \in \mathbf{R}$ である）によって，$\phi^{-1}(y) \times \mathbf{R}$ に微分同相であることにも注意しよう[補]．したがって，新しいファイブレーションは，もとのファイブレーションと同じファイバー・ホモトピー型[7]をもつことになる.

Ω_a で，1の a 乗根全体からなる有限巡回群を表そう．そして J で,

$$t_1 \geq 0, \ldots, t_m \geq 0, \quad t_1 + \cdots + t_m = 1$$

[7] [訳注] ファイバー・ホモトピー型の定義については，[83, 第3章, §2] を参照.

と $\omega_j \in \Omega_{a_j}$ すべてに渡った，

$$(t_1\omega_1, t_2\omega_2, \ldots, t_m\omega_m)$$

なる形の線形結合全体からなるジョイン

$$J = \Omega_{a_1} * \Omega_{a_2} * \cdots * \Omega_{a_m} \subset \mathbf{C}^m$$

を表そう．J が $\psi^{-1}(1)$ に含まれることに注意して欲しい．

補題 9.2（ファム）．このジョイン J はファイバー $\psi^{-1}(1)$ の変形レトラクトである．

証明. 任意の点 $\boldsymbol{z} \in \psi^{-1}(1)$ が与えられたとき，各座標 z_j を，z_j の a_j 乗が，実数直線上でそれに最も近い点 $\mathcal{R}(z_j^{a_j})$ への直線分上を動くように，$\mathbf{C}$ 上の道に沿ってまず変形する．したがって，ベクトル $\boldsymbol{z}$ は，各 j に対して $(z_j')^{a_j} \in \mathbf{R}$ を満たすようなベクトル $\boldsymbol{z}'$ に移される．関数値 $f(\boldsymbol{z}) > 0$ がこの変形で不変であることは明らかであるので[8]，この変形をしても，各点はファイバー $\psi^{-1}(1)$ の中に留まっている．次に，$(z_j')^{a_j} < 0$ なる各 j に対して，z_j' をゼロに向かう直線分に沿って動かす．ただし，$(z_j')^{a_j} \geq 0$ なる z_j' は動かさないものとする．こうして，ベクトル $\boldsymbol{z}'$ は，直線分上を動いて，各 j に対して $(z_j'')^{a_j} \geq 0$ を満たすベクトル $\boldsymbol{z}'' \in \psi^{-1}(1)$ に移される．よって，各座標 z_j'' が，ある $t_j \geq 0$ とある $\omega_j \in \Omega_{a_j}$ に対して $t_j\omega_j$ の形となることが従う．最後に，$\boldsymbol{z}''$ を，点

$$\boldsymbol{z}''/(t_1 + \cdots + t_{n+1}) \in J$$

に向かう直線分に沿って動かす．

この変形を通して J の点は動かないので，これで補題 9.2 の証明が終わる．■

勝手なジョイン $A * B$ のホモロジーは，$\widetilde{H}_* A$ がねじれをもたない限り，テンソル積の直和に自然に同型となる．すなわち，

$$\widetilde{H}_{k+1}(A * B) \cong \sum_{i+j=k} \widetilde{H}_i A \otimes \widetilde{H}_j B$$

[8] ［訳注］各 $(z_j)^{a_j}$ の虚部が，パラメータ $t \in [0,1]$ に対して $1-t$ 倍されるように，各座標で同時に変形を行えばよい．

となる．(たとえば，ミルナー [MILNOR, *Universal Bundles, II*] を参照[9].) 各 Ω_{a_j} は次元ゼロにのみホモロジーをもつので，帰納法により

$$\widetilde{H}_{m-1}J = \widetilde{H}_0\Omega_{a_1} \otimes \cdots \otimes \widetilde{H}_0\Omega_{a_m}$$

であり，かつ J の他のすべての次元の被約ホモロジー群が自明となることがわかる．

さて，特性同相写像

$$\boldsymbol{h} = \boldsymbol{h}_{2\pi} : \psi^{-1}(1) \to \psi^{-1}(1)$$

が公式

$$\boldsymbol{h}_{2\pi}(\boldsymbol{z}) = (e^{2\pi i/a_1}z_1, \ldots, e^{2\pi i/a_m}z_m)$$

によって与えられることを思い出そう．明らかに，この同相写像は J をそれ自身の中に写し，$\boldsymbol{h}_{2\pi}|J$ はジョイン

$$r_{a_1} * \cdots * r_{a_m} : J \to J$$

として記述される．ここで r_a は，公式

$$r_a(\omega) = e^{2\pi i/a}\omega$$

によって与えられる，Ω_a の角度 $2\pi/a$ だけの回転を表している．

被約ホモロジー群の間の誘導準同型写像

$$r_{a*} : \widetilde{H}_0(\Omega_a; \mathbf{C}) \to \widetilde{H}_0(\Omega_a; \mathbf{C})$$

を考えよう．r_{a*} の固有値は明らかに，1 を除く 1 の a 乗根である．[証明．1 と $a-1$ の間の各整数 ν に対して，Ω_a の各点 ω に係数 $\omega^\nu \in \mathbf{C}$ を対応させる $\widetilde{H}_0(\Omega_a; \mathbf{C})$ のホモロジー類[10]を考えると，これは r_{a*} の固有ベクトルであり，対応する固有値は $e^{-2\pi i\nu/a}$ である.]

よって，テンソル積準同型

$$(\boldsymbol{h}_{2\pi}|J)_* = r_{a_1*} \otimes \cdots \otimes r_{a_m*}$$

---

[9] [訳注] [83, 第 5 章, 系 5.20] も参照.

[10] [訳注] これらの係数の総和はゼロとなるので，これは 0 次元被約ホモロジー群の元を代表するサイクルとなる．

の固有値は積 $\omega_1\omega_2\cdots\omega_m$ となる．ここで，各 ω_j は，1を除く1の a_j 乗根すべてを渡って動く．これで定理 9.1 の証明が終わった[11]．■

ブリスコーン多項式とほとんど同じくらい扱い易い，もっと広い多項式のクラスがある．$a_1,\ldots,a_m$ を正の有理数とする．

定義 9.3.　多項式 $f(z_1,\ldots,z_m)$ が型 $(a_1,\ldots,a_m)$ の**擬斉次多項式**であるとは，

$$i_1/a_1+\cdots+i_m/a_m=1$$

を満たすような単項式 $z_1^{i_1}\cdots z_m^{i_m}$ の線形結合として表せるときを言う[12]．これは，各複素数 c に対して

$$f(e^{c/a_1}z_1,\ldots,e^{c/a_m}z_m)=e^cf(z_1,\ldots,z_m)$$

となることを要請することと同値である[補]．

補題 9.4.　多項式 f が擬斉次であるならば，第4章のファイバー F は，非特異超曲面

$$F'=\{\boldsymbol{z}\in\mathbf{C}^m\,|\,f(\boldsymbol{z})=1\}$$

に微分同相である．F'（あるいは F）からそれ自身への特性同相写像としては，周期的なユニタリー変換

$$\boldsymbol{h}(z_1,\ldots,z_m)=(e^{2\pi i/a_1}z_1,\ldots,e^{2\pi i/a_m}z_m)$$

を選ぶことができる．

これは直接的に証明できる[補]．

$\boldsymbol{h}^j:F'\to F'$ で，$\boldsymbol{h}$ を j 回合成した写像を表そう．$\boldsymbol{h}^j$ の不動点集合は明らかに，F' と，$z_{i_1}=\cdots=z_{i_k}=0$ の形の式で定義される $\mathbf{C}^m$ の線形部分空間 L_j との共通部分となる．この不動点集合 $F'\cap L_j$ それ自身が L_j の非特異超曲面であることを確かめるのは，それほど難しくない[補]．

補題 9.5.　写像 $\boldsymbol{h}^j:F'\to F'$ のレフシェッツ数は，$\boldsymbol{h}^j$ の不動点多様体の

11　[訳注] 位相的球面との関連については **1. 各章についての補足**の §1.9.3 を参照して欲しい．

12　[訳注] 各 a_i のことを**重み**と言う．

オイラー数に等しい.

以後，このオイラー（あるいはレフシェッツ）数を χ_j で表す.

証明. まず，コンパクトなリーマン多様体の勝手な等長写像のレフシェッツ数が，その不動点多様体のオイラー数に等しいというより一般的な原理に注意しよう（小林 [KOBAYASHI] を参照）．というのは，コンパクト多様体からそれ自身への任意の写像 f のレフシェッツ数は，その不動点集合の近傍での f の振る舞いにのみ依存するので，等長写像という特別な場合には，全体の多様体をまず不動点集合の管状近傍 T で置き換えることができ，そこでレフシェッツの公式を制限写像 $f|T$ に適用することができるからである[補].

そこで証明は次のようになる．コンパクト多様体として，F' と，原点を中心とする十分大きな円板の交わりをとろう*．系 2.8 を用いると，$D \cap F'$ が F' の変形レトラクトであることがわかる[13]．同様に，不動点集合 $D \cap F' \cap L_j$ は，$F' \cap L_j$ の変形レトラクトである．あとは補題 9.5 の主張が容易に従う[14].
■

次に，写像 $\boldsymbol{h}$ に対するヴェイユのゼータ関数

$$\zeta(t) = \exp \sum_{j=1}^{\infty} \chi_j t^j / j$$

を考えよう（ミルナー [MILNOR, *Infinite Cyclic Coverings*] を参照）．写像 $\boldsymbol{h}$ は周期的なので，たとえばその周期を p とすると，直接的な計算により，$\zeta(t)$ が積

$$\zeta(t) = \prod_{d|p} (1 - t^d)^{-r_d}$$

の形で表されることがわかる．ここで指数 $-r_d$ は，公式

$$\chi_j = \sum_{d|j} d r_d$$

---

* ［原注］これはもちろん境界つきの多様体である．しかし，少し注意すれば，境界の点は何も困難を引き起こさない．

13 ［訳注］ミルナー [MILNOR, *Morse Theory*] を参照.

14 ［訳注］特性同相写像 $\boldsymbol{h}$ はユニタリー変換であったので，等長写像となることに注意しよう．なお，ここに登場する多様体には，$\mathbf{C}^m$ の部分多様体としての自然なリーマン計量を入れて考えている.

によって帰納的に計算される[補]. (r_d は整数であって，d が周期 p の約数でない限りはゼロとなることがわかる[補].)

ヴェイユ [WEIL] によると，このゼータ関数は，多項式の交代積

$$\zeta(t) = P_0(t)^{-1} P_1(t) P_2(t)^{-1} \cdots P_{m-1}(t)^{\pm 1}$$

として書き表せる．ここで，$P_i(t)$ は線形変換

$$(\boldsymbol{I}_* - t\boldsymbol{h}_*) : H_i F' \to H_i F'$$

の行列式である[補].

原点が多項式 f の孤立臨界点であり，したがってファイバー F' が次元 0 と $m-1$ のみにホモロジーをもつと仮定しよう[15]．すると明らかに $P_0(t) = 1-t$ となり，$P_{m-1}(t)$ は符号を除いて，第8章の特性多項式 $\Delta(t)$ そのものに一致する．(これは，$\Delta(t)$ の係数が対称的になっているという考察によっているが，このことは，$\Delta(t)$ が周期的線形変換の特性多項式であることから明らかである[補].) よって次を得る．

定理 9.6.[16]　反復写像 $\boldsymbol{h}^d : F' \to F'$ たちの不動点多様体のオイラー数 χ_d は，m が奇数のとき

$$\Delta(t) = (t-1)^{-1} \prod_{d|p} (t^d - 1)^{r_d},$$

m が偶数のとき

$$\Delta(t) = (t-1) \prod_{d|p} (t^d - 1)^{-r_d}$$

という公式によって，特性多項式 $\Delta(t)$ と関係づけられる．ここで，$\chi_j = \sum_{d|j} d r_d$ である．

例を二つあげよう．

例 9.7.　多項式

$$z_1{}^2 z_2 + z_2{}^4 = (z_1{}^2 + z_2{}^3) z_2$$

15　[訳注] 定理 6.5 を参照．

16　[訳注] 実は，現在ではもっと実用的な公式が知られている．詳細は **1. 各章についての補足**の §1.9.11 を参照．

は，型 $(8/3,4)$ の擬斉次多項式である．$u=e^{2\pi i/8}$ と置くと，線形変換

$$\boldsymbol{h}(z_1,z_2)=(u^3z_1,u^2z_2)$$

は周期 8 をもつ．$\boldsymbol{h}$ と $\boldsymbol{h}^2$ は非自明な不動点をもたないが，$\boldsymbol{h}^4$ は F' 上に四つの不動点（方程式 ${z_1}^2z_2+{z_2}^4=1, z_1=0$ の四つの解）をもつことに注意しよう．計算により，$\mu=5$ であり[補]，$\boldsymbol{h}^8$ の不動点集合 F' のオイラー数 $1-\mu$ が -4 に等しいことがわかる．したがって，

$$\chi_1=0,\ \chi_2=0,\ \chi_4=4,\ \chi_8=-4$$

であるので，

$$r_1=0,\ r_2=0,\ r_4=1,\ r_8=-1$$

となり，よって

$$\Delta(t)=(t-1)(t^4-1)^{-1}(t^8-1)=(t-1)(t^4+1)$$

となる．

注． 球面 S_ε 上の ${z_1}^2z_2+{z_2}^4$ のすべての零点からなる多様体 K は，三葉結び目と，それに絡み数 2 で絡む[17]円周からなる[18]．この絡み目のアレキサンダー多項式は ${t_1}^3t_2+1$ に等しい（補題 10.1 を参照）．

例 9.8. （クライン [KLEIN]，ヒルツェブルフ [HIRZEBRUCH]，カルタン [CARTAN] を参照.）G を特殊ユニタリー群 $SU(2)$ の勝手な有限部分群とする．すると，G は座標空間 $\mathbf{C}^2$ に作用するが，原点以外に不動点をもたない[19]．

主張． G の作用で不変な 2 変数多項式全体からなる環は，三つの多項式で生成される．それらをたとえば p_1,p_2,p_3 と書こう．これらの多項式は，様々な次数の斉次多項式であり，一つの多項式関係

$$f(p_1,p_2,p_3)=0$$

[17] ［訳注］絡み数については，[170]，[80] 等を参照．
[18] ［訳注］この絡み目は，[148] の巻末にある絡み目表の 7^2_7 にあたる．その本の p. 196, Exercise 11 も参考になる．
[19] ［訳注］$SU(2)$ の非自明な元が原点以外に不動点をもったとすると，それは固有値として 1 をもつことになって，行列式の議論からもう一つの固有値も 1 となり，矛盾する．ここではもちろん G は自明でないと仮定している．

をもつ．ここで f は擬斉次多項式である．こうして得られる関数 $\boldsymbol{p}: \mathbf{C}^2 \to \mathbf{C}^3$ は，軌道空間 $\mathbf{C}^2/G$ を，超曲面 $V = f^{-1}(0) \subset \mathbf{C}^3$ の上に同相に写す[20]．

このことから，基本群が G に同型な 3 次元多様体 S^3/G が，共通部分 $K = V \cap S_\varepsilon$ に微分同相な，V の部分多様体の上に同相に写されることが容易に従う．

たとえば，G が 2 重正 20 面体群（全射 $SU(2) \to SO(3)$ による，正 20 面体群の逆像[21]）ならば，多項式 p_1, p_2, p_3 はそれぞれ次数 $30, 20, 12$ の斉次多項式となる．$\mathbf{C}^2$ 内の原点を通る複素直線全体からなる射影空間[22]内での p_3 の零点集合は，正 20 面体の 12 個の頂点をなす．さらに，p_2 の零点集合は，この正 20 面体の 20 個の面の重心をなし，p_1 の零点集合は，30 個の辺の中点をなす．これらの三つの多項式は，式

$$
{p_1}^2 + {p_2}^3 + {p_3}^5 = 0
$$

によって関係づけられている．したがって，軌道空間 $\mathbf{C}^2/G$ は，ブリスコーン代数多様体 $V(2,3,5)$ に同型であり，ポアンカレ多様体 S^3/G は交わり $K = V(2,3,5) \cap S_\varepsilon$ に微分同相となる（第 8 章を参照）．

（面白いことに，G による作用の，$\mathbf{C}^2$ 内における自明でない各軌道は，各面が正 4 面体となるようなある正 600 面体の頂点全体の集合とみなすことができる．コクセター [Coxeter, *Regular Polytopes*, New York, 1963, Plates IV, VII] を参照.）

同様に，もし G が位数 k の巡回群であるならば，レンズ空間 S^3/G は，多様体 $V(2,2,k) \cap S_\varepsilon$ に微分同相となる[23]．もし G が四元数群であるならば，$S^3/G \cong V(2,3,3) \cap S_\varepsilon$ となる．さらに，もし G が 2 重正 4 面体群であるならば，$S^3/G \cong V(2,3,4) \cap S_\varepsilon$ となる．

位数 48 の 2 重正 8 面体群に対しては，軌道空間 $\mathbf{C}^2/G$ は，擬斉次多項式による方程式

$$
{z_1}^2 + {z_2}^3 + z_2{z_3}^3 = 0
$$

20　［訳注］この主張の証明，およびこの例 9.8 全般については，本文の最初にあげられている文献の他に，[37], [115], [35], [82], [144], [11], [167] も参考になる．

21　［訳注］2 重被覆 $SU(2) \to SO(3)$ の詳細については，たとえば，[177, §3.1] を参照.

22　［訳注］これは複素射影直線 $\mathbf{C}P^1$ のことを指すが，これは S^2 と同一視できる．

23　［訳注］レンズ空間については，たとえば [174] を参照.

で定義される代数多様体に同型となる．最後に，位数 $4k$ の 2 重 2 面体群に対しては，代数多様体

$$z_1{}^2 + z_2{}^2 z_3 + z_3{}^{k+1} = 0$$

を得る．($k = 2$ の特別な場合には，この代数多様体が $V(2,3,3)$ に同型となることに注意しよう.）これで $SU(2)$ の有限部分群すべてに対する記述が終わる[24].

注. 上であげた擬斉次多項式の型 (a_1, a_2, a_3) は，すべて不等式 $1/a_1 + 1/a_2 + 1/a_3 > 1$ を満たすことに注意しよう．もし $1/a_1 + 1/a_2 + 1/a_3 \leq 1$ ならば，3 次元多様体 $K = V \cap S_\varepsilon$ の基本群の位数は無限であり，3 次元開胞体を普遍被覆空間にもつであろうと予想される．さらに，この無限群がベキ零になるためには，$1/a_1 + 1/a_2 + 1/a_3 = 1$ となることが必要であろうと予想される[25]．ブリスコーン代数多様体 $V(3,3,3), V(2,4,4), V(2,3,6)$ に対しては実際そうなる（ブリスコーン [Brieskorn, *Rationale Singularitäten komplexer Flächen, Inventions math.*, *4* (1968), 336–358] を参照）．

---

[24] ［訳注］$SU(2)$ の有限部分群については，[119, §3.8] 等を参照するとよい．

[25] ［訳注］これらの予想が実際に正しいことは，原著出版後に示された．これについては **2. 解決された予想**の部分を参照していただきたい．

第10章　古典的な場合：$\mathbf{C}^2$ 内の曲線

この章では，複素曲線の特異点に付随した代数幾何と，それに対応する結び目理論を比較する．(ブラウナー [BRAUNER]，ケーラー [KÄHLER]，ザリスキー [ZARISKI]，ビューラウ [BURAU]，リーヴ [REEVE] を参照[1].) 特に，絡み目 $K = V \cap S_\varepsilon$ のアレキサンダー多項式と，第8章の特性多項式 $\Delta(t)$ を比べ，公式

$$2\delta = \mu + r - 1$$

を証明する．これは，原点における「2重点の個数」δ を，第7章で調べた重複度 μ と，原点を通る V の分枝の個数 r に関係づけるものである．

$f(z_1, z_2)$ を，$\mathbf{0}$ で消える複素2変数多項式で，平方自由*であるものとする．曲線 $V = f^{-1}(0)$ の特異点集合 $\Sigma(V)$ は，V の点であって，そこで

$$\partial f/\partial z_1 = \partial f/\partial z_2 = 0$$

が成り立つもの全体からなる（補題 2.5 を参照せよ[補]）．V の各既約成分は，他の既約成分上にない単純点を少なくとも一つは含むので，このことから $\Sigma(V)$ の次元が1より本当に小さく，よって有限集合となることが従う[補]．よって，原点は単純点であるか，あるいは孤立特異点であるかのいずれかであり，第6章，第7章，第8章の結果が適用できる．

r を，原点を通る V の局所解析的分枝の個数とする（補題 3.3 を参照）．す

---

1 ［訳注］[91], [180], [93], [39] も参考になる．

* ［原注］言い換えれば，f は既約であるか，あるいは異なる既約多項式の積に書けているということである．

ると，交わり $K = V \cap S_\varepsilon$ は，r 個の成分からなるコンパクトな可微分1次元多様体，つまり3次元球面 S_ε 内の**絡み目**になる．(系2.9，定理2.10を参照．一つの成分からなる絡み目は**結び目**と呼ばれる．)

補題 10.1.　もし $r = 1$ ならば，第8章の特性多項式 $\Delta(t)$ は，結び目 K のアレキサンダー多項式に等しい[2]．もし $r \geq 2$ ならば，$\Delta(t)$ と K のアレキサンダー多項式 $\Delta(t_1, \ldots, t_r)$ の間には等式

$$\pm t^i \Delta(t) = (t-1)\Delta(t, \ldots, t)$$

が成り立つ．

($\Delta(t_1, \ldots, t_r)$ は，単項式 $\pm t_1^{i_1} \cdots t_r^{i_r}$ による積を除いてのみ定義されるので，$\pm t^i$ の項が含まれる必要がある．)

補題10.1の証明はこの章の最後に与えられる．

例．代数的集合

$$z_1{}^p + z_2{}^{pq} = 0$$

は，p 個の非特異分枝からなり，どの二つも原点において交叉重複度 q で交わる．(各分枝は，$z_1 = \omega z_2{}^q$ なる形の多項式方程式で定義される．ここで $\omega^p = -1$ である[補]．) 対応する $K = V \cap S_\varepsilon$ は p 個の結ばれていない円周からなるトーラス絡み目であり，どの二つの成分も絡み数 q をもつ[3]．($p = 3, q = 2$ の場合を描いた図5を参照．) 計算により，$p \geq 2$ のとき

$$\Delta(t_1, \ldots, t_p) = ((t_1 \cdots t_p)^q - 1)^{p-1}/(t_1 \cdots t_p - 1)$$

となることがわかる．したがって

$$\Delta(t) = (t-1)(t^{pq} - 1)^{p-1}/(t^p - 1)$$

となり，この次数 μ は $(p-1)(pq-1)$ に等しくなる．この主張は，定理9.1，定理9.6ともちろん一致する[補]．

2　[訳注] 結び目・絡み目のアレキサンダー多項式については，クロウェル–フォックス [Crowell and Fox] や，[182]，[183]，[80] 等を参照して欲しい．
3　[訳注] 絡み数と交叉重複度の関係については，リーヴ [Reeve] の §4 で詳述されている．

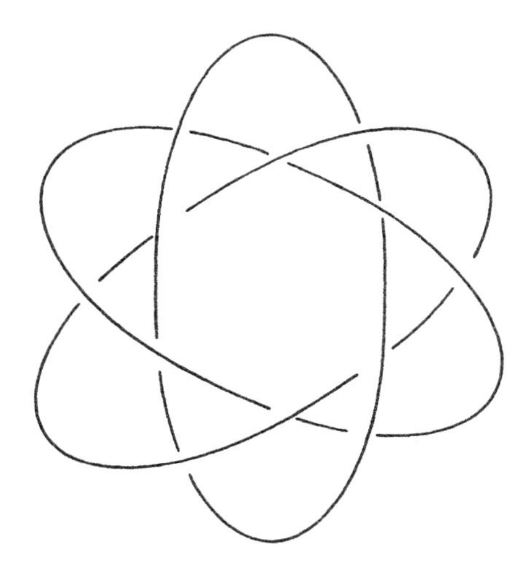

図5　$z_1{}^3 + z_2{}^6 = 0$ に付随した絡み目 K.

結び目補空間のファイブレーションについてはストーリングス [STALLINGS] とニューワース [NEUWIRTH] によって精密な研究がなされている*．彼らは次のことを示している．

ニューワース–ストーリングスの定理． 3 次元球面内の馴れた結び目[4] k に対して次の 3 条件は同値である．

(1) 補空間 $S^3 - k$ は，ファイバー F が連結な曲面であるような，円周上のファイバー束の全空間である．

(2) 結び目群 $G = \pi_1(S^3 - k)$ の交換子部分群 G' は自由群である[5]．

(3) 交換子部分群 G' は有限生成群である．

さらに，もし結び目 k がこれらの条件を満たすならば，次が成り立つ．

---

* ［原注］高次元における同様の結果はブラウダー–レヴィン [BROWDER and LEVINE] によって得られている．

[4] ［訳注］3 次元球面から 1 点を除いたものを $\mathbf{R}^3$ と自然に同一視したとき，$\mathbf{R}^3$ 内の有限個の線分からなる結び目と同値になる結び目のことを，**馴れた結び目**と言う．

[5] ［訳注］基本群，交換子部分群，自由群，有限生成群などに関しては，クロウェル–フォックス [CROWELL and FOX] を参照するとよい．

(4) k のアレキサンダー多項式の最高次係数は ± 1 であり，次数をたとえば μ とすると，それは自由群 G' の階数に等しい．

(5) ファイバー F はちょうど一つのエンドをもつ種数 $\mu/2$ の向きづけ可能な曲面である*．

(6) 整数 $\mu/2$ は結び目の種数に等しい．

（結び目 k の**種数**は，S^3 内で k が張る向きづけ可能曲面の最小種数として定義される．）

この結果を我々のファイブレーションに適用すると次を得る[6]．

系 10.2.　もし複素曲線 V の，原点を通る分枝が一つしかなければ，$K = V \cap S_\varepsilon$ はニューワース–ストーリングス結び目である．$\pi_1(S_\varepsilon - K)$ の交換子部分群は階数 μ の自由群であり，K の種数は，それが張る曲面 $\overline{F}_\theta$ の種数 $\mu/2$ に等しい．

（これから，この整数 μ が定理 7.2 の重複度 μ に一致することがただちに従う．）

注．　すべてのニューワース–ストーリングス結び目がこのように得られるわけではない．たとえば,「8 の字結び目」（アレキサンダー–ブリッグス [Alexander-Briggs] の結び目表でいうところの 4_1）はニューワース–ストーリングス結び目である[7]が，そのアレキサンダー多項式[8] $t^2 - 3t + 1$ が円分多項式の積になっていないので，複素特異点に付随した結び目 $V \cap S_\varepsilon$ として現れることはできない．(第 9 章の議論を参照せよ[9]．)

---

* ［原注］言い換えれば，F は種数 $\mu/2$ のコンパクト曲面から 1 点を取り除くことによって得られる．F がちょうど一つのエンドしかもたないことの証明は，そうでなければ $S^3 - k$ の有限巡回被覆空間をうまく選ぶと，それもまた複数個のエンドをもつことになってしまって矛盾する，という議論による．

[6] ［訳注］補題 6.4 より，ファイバー F_θ が連結であることに注意しよう．

[7] ［訳注］たとえば，[148, p. 337] などを参照．

[8] ［訳注］8 の字結び目のアレキサンダー多項式については，クロウェル–フォックス [Crowell and Fox] の第 VIII 章，§4.3 を参照．

[9] ［訳注］8 の字結び目は，複素多項式の孤立臨界点に付随した結び目としては現れないが，実多項式写像の（第 11 章の意味での）孤立特異点に付随した結び目としては現れることが知られている．詳細は，[140]，あるいは，ルドルフによるその論文のレビュー (Math. Reviews 84d:57005) を参照して欲しい．**2. 解決された予想**の §2.5 にも関連した記述がある．

ニューワース–ストーリングスの定理を証明するつもりはないが，簡単な議論で済む部分について概略を述べておこう．つまり，

$$(1) \Longrightarrow (2) \Longrightarrow (3), (4)$$

の証明である．もし $S^3 - k$ が，連結なファイバー F をもつ S^1 上のファイバー束となれば，完全系列

$$\pi_2(S^1) \to \pi_1(F) \to \pi_1(S^3 - k) \to \pi_1(S^1) \to 1$$

により，$\pi_1(F)$ が $G = \pi_1(S^3 - k)$ の交換子部分群 G' と同一視できることがわかる[10]．任意の開曲面の基本群は自由であるので，(2) が確かめられる．ラパポート–クロウェル [Rapaport and Crowell] によると，任意の結び目群の交換子部分群の可換化 G'/G'' は，有限階数でねじれをもたない*．よって (2) から (3) が従う．実際彼らは，G'/G'' の階数はアレキサンダー多項式の次数に等しいが，この群[11]が実際に有限生成となるのはアレキサンダー多項式の最高次係数が ± 1 のときのみであることを示している．したがって，(2) より (4) が従う．

では我々の特異点の代数幾何を見てみよう．曲線 $V \subset \mathbf{C}^2$ の任意の特異点 $\boldsymbol{z}$ に対して，直観的には，$\boldsymbol{z}$ に集中している V の 2 重点の個数を測るような整数 $\delta_{\boldsymbol{z}} > 0$ が付随する（注 10.9 を参照）．正確な定義についてはセール [Serre] の 68 頁を参照されたい[12]．

我々の目的のため，この整数 $\delta_{\boldsymbol{z}}$ を二つの性質によって特徴づけることができる．

性質 10.3. 整数 $\delta_{\boldsymbol{z}}$ は局所解析的不変量である．すなわち，もし $\boldsymbol{z}$ の開近傍で定義された複素解析的同相写像が，V を局所的にある別の代数曲線 V'

---

10 ［訳注］$\pi_1(S^3 - k)$ の可換化（交換子部分群による商群）はフレヴィッチの定理（たとえば [83, 第 7 章, 定理 1.4], [174] 等を参照）より $H_1(S^3 - k)$ に同型となるが，このホモロジー群はアレキサンダー双対定理より無限巡回群となる．さらに，可換化準同型写像 $\pi_1(S^3 - k) \to H_1(S^3 - k) \cong \mathbf{Z}$ は，上の完全系列の中の $\pi_1(S^3 - k) \to \pi_1(S^1) \cong \mathbf{Z}$ と自然に同一視されるのである．

* ［原注］ねじれをもたないアーベル群の**階数**とは，線形独立な元の最大個数のことである．

11 ［訳注］G' のことを指す．

12 ［訳注］ファン・デル・ヴェルデン [van der Waerden, *Einführung in die algebraische Geometrie*] の §26, [41] の付録の A.5.2, [61] の §6.3.2, [180, p. 889], [14, §3] 等も参考になる．

に写し，$\boldsymbol{z}$ を $\boldsymbol{z}'$ に写すならば，整数 $\delta_{\boldsymbol{z}}(V)$ は $\delta_{\boldsymbol{z}'}(V')$ に等しい．実は，V' と V が形式的ベキ級数による座標変換で写り合いさえすれば，同じことが成り立つ．

性質 10.4.[13]　もし Γ が，複素射影平面内の次数 d で種数 g の既約曲線であるならば，

$$\frac{1}{2}(d-1)(d-2) = g + \sum \delta_{\boldsymbol{z}}$$

が成り立つ．ここで上の和は，Γ の特異点 $\boldsymbol{z}$ すべてに渡ってとるものとする．

これら二つの性質はセール [Serre] によって証明されている（それぞれ68頁と74頁を参照）．

注． 代数幾何学者にとっての曲線の「種数」とは，有理関数体のある不変量を意味し，トポロジストの「種数」とは一見してかなり異なったものに見える．しかしある古典的定理は，これら二つの定義が，非特異複素曲線の場合には一致することを主張している．(たとえばシュプリンガー [Springer] またはシュヴァレー [Chevalley] を参照[14].)

定理 10.5.　曲線 V に対し，r 個の分枝が原点を通ると仮定しよう．すると，整数 $\delta = \delta_{\mathbf{0}}(V)$ と，第7章の重複度 μ との間には等式

$$2\delta = \mu + r - 1$$

が成り立つ．

たとえば $r=1$ のときは，$2\delta = \mu$ となり，したがって δ は結び目 $K = V \cap S_\varepsilon$ の種数に等しいことを，上のことは言っている．

注． 定理10.5の主張は純代数的であり，標数ゼロの他の体上の曲線に対してももちろん成り立つはずである．しかし，証明は位相幾何学的であり，複素数体の場合にのみ適用できる．

定理 10.5 の証明．　V 上で消える多項式全体のなすイデアルの生成元を

13　[訳注] これはプリュッカーの公式と呼ばれる．

14　[訳注] [41, 第9章] も参考になるであろう．

$f(z_1, z_2)$ とする[15]．$f(z_1, z_2)$ の次数が d ならば，対応する斉次方程式

$$z_0^d f(z_1/z_0, z_2/z_0) = 0$$

は，複素射影平面内の曲線 $\overline{V}$ を定義する．そして，$\overline{V}$ と有限平面[16] $\mathbf{C}^2$ の共通部分は V に等しい．

場合 1. 完備化された曲線 $\overline{V}$ が既約であって，もともとの特異点 $\mathbf{0} \in V$ 以外に特異点をもたないと仮定しよう．

するとプリュッカーの公式 10.4 より[17]

$$\text{(1)} \qquad \frac{1}{2}(d-1)(d-2) = g + \delta$$

となる．ここで g は $\overline{V}$ の種数であり，$\delta = \delta_{\mathbf{0}}(V)$ である．

そこで小さい定数 c を選び，V_c を代数多様体

$$\{(z_1, z_2) \mid f(z_1, z_2) = c\}$$

とする．するとサードの定理，あるいはベルティーニの定理より[18]，ほとんどすべての c に対して，V_c がまったく特異点をもたないことがわかる．明らかに，完備化された代数多様体 $\overline{V}_c$ も特異点をもたず[補]，したがって

$$\text{(2)} \qquad \frac{1}{2}(d-1)(d-2) = g_c$$

となることがわかる[19]．ここで g_c は $\overline{V}_c$ の種数を表す．(2) 式から (1) 式を引くと，

$$\text{(3)} \qquad \delta = g_c - g$$

を得る．

ここで，この状況のトポロジーを見てみよう．V がある適当な球面 S_ε と横断的に交わり，その交わりが r 個の互いに交わらない円周からなる可微分

---

[15] ［訳注］**1. 各章についての補足**の補題 1.6.2 を参照．

[16] ［訳注］$z_0 \neq 0$ で定義される $\mathbf{C}P^2$ 内の開部分集合を表し，これは $\mathbf{C}^2$ に自然に同型となる．なお $z_0 = 0$ で定義される集合は**無限遠直線**と呼ばれる．

[17] ［訳注］$\overline{V}$ が既約であると仮定したので，この公式が使える．

[18] ［訳注］これらの定理を使ってもよいが，第 2 章の系 2.8 を使ってもよい．

[19] ［訳注］$\mathbf{C}P^2$ 内の非特異な代数曲線は既約であることに注意しよう．詳細は [164] 等を参照．

多様体であったことを思い出そう．もし c が十分小さければ，明らかに V_c も S_ε と横断的に交わり，その交わり K_c も r 個の互いに交わらない円周からなる[補]．

定理 5.11 より，V_c と ε 開円板の交わりがファイバー F_θ に微分同相であったことを思い出そう．したがって，境界つきの多様体 $V_c \cap D_\varepsilon$ は連結で，第1ベッチ数が μ に等しく，オイラー数が

$$\chi(V_c \cap D_\varepsilon) = 1 - \mu$$

に等しいことになる[20]．二つの多様体 $V_c \cap D_\varepsilon$ と $\overline{V}_c - \operatorname{int} D_\varepsilon$ の和集合[21]は $\overline{V}_c$ で，共通部分は K_c であるので，$\overline{V}_c$ のオイラー数[22] $2-2g_c$ は

$$\chi(V_c \cap D_\varepsilon) + \chi(\overline{V}_c - \operatorname{int} D_\varepsilon) - \chi(K_c)$$

に等しくならなければならない．したがって，

$$2 - 2g_c = 1 - \mu + \chi(\overline{V}_c - \operatorname{int} D_\varepsilon) \tag{4}$$

となる．

$\overline{V}$ の種数 g に対して同様の計算をする前に，特異曲線 $\overline{V}$ の非特異モデル（ここではそれを Γ としよう）を選ばなければならない．したがって Γ は（もしかするとより次元の高い射影空間内の）非特異射影曲線であり，ある写像 $\Gamma \to \overline{V}$ で，Γ の r 個の異なる点が $\overline{V}$ の一つの特異点に写る以外は全単射であるようなものが存在する[23]．したがって

$$2 - 2g = \chi(\Gamma) = \chi(\overline{V}) + r - 1$$

が成り立つ．$\overline{V}$ を，K を共通部分としてもつ二つの部分集合 $\overline{V} \cap D_\varepsilon$ と $\overline{V} - \operatorname{int} D_\varepsilon$ の和集合として表し，定理 2.10 より $\overline{V} \cap D_\varepsilon$ が可縮であることに注意すると，

---

20 ［訳注］補題 6.4 より，F_θ が連結であったことに注意しよう．

21 ［訳注］"int"は「内部」を表す．

22 ［訳注］$\overline{V}_c$ は非特異な射影曲線で種数が g_c であるので，第0，第2ベッチ数が1であり，第1ベッチ数が $2g_c$ に等しい．

23 ［訳注］ファン・デル・ヴェルデン［VAN DER WAERDEN, *Einführung in die algebraische Geometrie*］の §45 や ［41］の §9.3 等を参照．なお，もとの特異曲線とその非特異モデルは互いに双有理変換で写りあい，種数は双有理変換で不変である（上記ファン・デル・ヴェルデンの著書の §26 を参照）ので，それらは同じ種数をもつ．

$$\chi(\overline{V}) = 1 + \chi(\overline{V} - \operatorname{int} D_\varepsilon)$$

となり，したがって

$$(5) \qquad 2 - 2g = \chi(\overline{V} - \operatorname{int} D_\varepsilon) + r$$

となることがわかる．しかし明らかに，数 c が十分小さければ，多様体 $(\overline{V} - \operatorname{int} D_\varepsilon)$ は $(\overline{V}_c - \operatorname{int} D_\varepsilon)$ に微分同相である[24]．したがって，(5) 式から (4) 式を引き，(3) 式と比べることにより，求める公式

$$2\delta = 2(g_c - g) = \mu + r - 1$$

を得る．これで定理 10.5 の場合 1 の証明が終わる．

場合 2. 射影曲線 $\overline{V}$ が可約であるか，あるいは原点以外に特異点をもったと仮定しよう．

このとき，$f(z_1, z_2)$ に，次数 $e \geq d$ の斉次多項式

$$h(\boldsymbol{z}) = c_0 {z_1}^e + c_1 {z_1}^{e-1} z_2 + \cdots + c_e {z_2}^e$$

を足して f を修正する．V' を，$f(z_1, z_2) + h(z_1, z_2) = 0$ で定義される $\mathbf{C}^2$ 内の曲線とし，$\overline{V'}$ を対応する射影曲線

$$z_0^e f(z_1/z_0, z_2/z_0) + h(z_1, z_2) = 0$$

とする．二つの補題を証明する．

補題 10.6. 修正項の次数 e が十分に大きければ，V' の特異点 $\mathbf{0}$ に付随した整数 δ', μ', r' は，V の特異点 $\mathbf{0}$ に付随した対応する整数 δ, μ, r に等しい．

補題 10.7. e が十分に大きければ，複素係数 $c_0, c_1, \ldots, c_e$ のほとんどすべての選び方に対して，射影曲線 $\overline{V'}$ は既約であり，原点 $z_1 = z_2 = 0$ 以外に特異点をもたない．

これら二つの補題を組み合わせることにより，明らかに定理 10.5 の証明を得る．というのは，等式

$$2\delta' = \mu' + r' - 1$$

24 ［訳注］このことはエールルズマンのファイブレーション定理（**1. 各章についての補足**の定理 1.6.8 を参照）をうまく使って証明できる．

が定理 10.5 の場合 1 より成り立ち，等式 $2\delta = \mu + r - 1$ が確かに従うからである．

次に，補題 10.6 と補題 10.7 の証明は，次のことに基づいて行われる．

補題 10.8. f と g を m 変数の複素*解析的関数とする．もし f が $\mathbf{0}$ において孤立臨界点をもち，$g-f$ が $\mathbf{0}$ において十分高い位数まで消えるならば，

$$\boldsymbol{w}(\boldsymbol{z}) = \boldsymbol{z} + \sum \boldsymbol{a}_{jk} z_j z_k + (\text{高次の項})$$

なる形[25]の形式的ベキ級数が存在して，

$$f(\boldsymbol{w}(\boldsymbol{z})) = g(\boldsymbol{z})$$

となる．

注. ジョン・マザーは，$\boldsymbol{w}(\boldsymbol{z})$ が収束ベキ級数に選べるという，もっと精密な主張を示している（未出版）．このことは我々の目的にはずっと便利であるが，ここでは上で与えた弱い形の主張のみを証明する．

補題 10.8 の証明. 解析的方程式

$$\partial f/\partial z_1 = \cdots = \partial f/\partial z_m = 0$$

は原点において孤立点をもつ解析的集合を定義するので，零点定理の局所解析的バージョンより，j 番目の座標関数 z_j のあるベキ乗 $z_j^{k_j}$ が，局所収束ベキ級数環の中で，$\partial f/\partial z_1, \ldots, \partial f/\partial z_m$ で張られるイデアルに属することが従う（ガニング–ロッシ [GUNNING and ROSSI] を参照）．$k = k_1 + \cdots + k_m$ と置くと，次数 $i_1 + \cdots + i_m \geq k$ なる各単項式 ${z_1}^{i_1} \cdots {z_m}^{i_m}$ がこのイデアルに属することになる．

さてここで形式的ベキ級数環 $\mathbf{C}[[z_1, \ldots, z_m]]$ に移って考えよう．この環の元を，$f = f(\boldsymbol{z})$ のような記号で表すことにする．I を，$z_1, \ldots, z_m$ で張られる極大イデアルとする．明らかに，次のことを我々は示したことになる．

* ［原注］実解析的関数に対しては，たとえば $f(x_1, x_2) = (x_1^2 + x_2^2)^2$ のときなど，対応する主張は誤りである．

25 ［訳注］原著では，第 2 項が "$\sum \boldsymbol{a}_{jk} z_i z_j$" となっているが，これは誤植であろう．

主張. もし $e \geq k$ ならば，イデアル I^e の各元は，係数が

$$a_1, \ldots, a_m \in I^{e-k}$$

なる線形結合

$$a_1 \partial f/\partial z_1 + \cdots + a_m \partial f/\partial z_m$$

の形に表せる．

$f \equiv g \bmod I^{2k+1}$ であったと仮定しよう．${a_j}^1 \in I^{k+1}$ に対して

$$g(\boldsymbol{z}) - f(\boldsymbol{z}) = \sum {a_j}^1(\boldsymbol{z}) \partial f/\partial z_j$$

と置けるので，テイラー展開

$$\begin{aligned} f(\boldsymbol{z} + \boldsymbol{a}^1(\boldsymbol{z})) &= f(\boldsymbol{z}) + \sum {a_j}^1(\boldsymbol{z}) \partial f/\partial z_j \\ &\quad + \frac{1}{2} \sum {a_i}^1(\boldsymbol{z}) {a_j}^1(\boldsymbol{z}) \partial^2 f/\partial z_i \partial z_j + \cdots \\ &\equiv g(\boldsymbol{z}) \bmod I^{2k+2} \end{aligned}$$

を得る．

帰納法の仮定として，元

$${a_j}^2 \in I^{k+2}, \ldots, {a_j}^s \in I^{k+s}$$

であって，

$$f(\boldsymbol{z} + \boldsymbol{a}^1(\boldsymbol{z}) + \cdots + \boldsymbol{a}^s(\boldsymbol{z})) \equiv g(\boldsymbol{z}) \bmod I^{2k+s+1}$$

となるものがあったとしよう．この等式の左辺を $f'(\boldsymbol{z})$ で表すと，同様の議論により，元 $b_j \in I^{k+s+1}$ であって

$$f'(\boldsymbol{z} + \boldsymbol{b}(\boldsymbol{z})) \equiv g(\boldsymbol{z}) \bmod I^{2k+2s+2}$$

となるものが作れる[26]．

$$\boldsymbol{a}^{s+1}(\boldsymbol{z}) = \boldsymbol{b}(\boldsymbol{z}) + \sum_{\nu=1}^{s} (\boldsymbol{a}^\nu(\boldsymbol{z} + \boldsymbol{b}(\boldsymbol{z})) - \boldsymbol{a}^\nu(\boldsymbol{z}))$$

---

26 ［訳注］実は“ $\bmod I^{2k+s+2}$ ”で十分である．詳細は **1. 各章についての補足**を参照．

と置くと，

$$\begin{aligned} & f(\boldsymbol{z}+\boldsymbol{a}^1(\boldsymbol{z})+\cdots+\boldsymbol{a}^{s+1}(\boldsymbol{z})) \\ = \;& f((\boldsymbol{z}+\boldsymbol{b}(\boldsymbol{z}))+\boldsymbol{a}^1(\boldsymbol{z}+\boldsymbol{b}(\boldsymbol{z}))+\cdots+\boldsymbol{a}^s(\boldsymbol{z}+\boldsymbol{b}(\boldsymbol{z}))) \\ = \;& f'(\boldsymbol{z}+\boldsymbol{b}(\boldsymbol{z})) \equiv g(\boldsymbol{z}) \bmod I^{2k+s+2} \end{aligned}$$

となることが従う．${a_j}^{s+1}(\boldsymbol{z}) \in I^{k+s+1}$ なので，これで帰納法が完了する．

そこで $s \to \infty$ の極限をとると，求める等式

$$f(\boldsymbol{z}+\boldsymbol{a}^1(\boldsymbol{z})+\boldsymbol{a}^2(\boldsymbol{z})+\cdots)=g(\boldsymbol{z})$$

を得る．これで補題 10.8 の証明が終わる．■

補題 10.6 の証明． 等式 $\delta'=\delta$ は補題 10.8 と性質 10.3 の直接的な帰結である．等式 $r'=r$ も補題 10.8 から従う．というのは，代数曲線の「分枝」は，形式的ベキ級数によるパラメータ表示によって定義されるからである．(たとえばファン・デル・ヴェルデン [VAN DER WAERDEN, *Algebraische Geometrie*, p. 52] を参照.)

等式 $\mu'=\mu$ は，少し異なった議論により証明される．ここでは m 変数の関数を考えることにする．証明がそれによって難しくなることはないからである．実多項式関数 $\|\boldsymbol{grad}\, f\|^2$ は原点で孤立零点をもつので，ヘルマンダー [HÖRMANDER] とロジャジヴィッチ [ŁOJASIEWICZ] の不等式により，この関数が $\|\boldsymbol{z}\|$ のベキ乗によってゼロから離れている，つまり

$$\|\boldsymbol{grad}\, f(\boldsymbol{z})\| \geq c\|\boldsymbol{z}\|^r > 0$$

が $0<\|\boldsymbol{z}\| \leq \varepsilon$ に対して成り立つことが従う[27]．(この不等式は局所解析的零点定理からも導くことができる.)

さて，もし斉次多項式 h の次数が $r+2$ 以上であれば，

$$\|\boldsymbol{grad}\, h(\boldsymbol{z})\| < c\|\boldsymbol{z}\|^r$$

が小さな $\boldsymbol{z}$ に対して成り立つ．ルーシェの原理[28]を用いることにより，球面

[27] [訳注] c, r, ε は正の定数である．
[28] [訳注] 詳細は付録 B の 120 頁を参照．

S_ε 上の写像

$$(\partial(f+h)/\partial z_1, \ldots, \partial(f+h)/\partial z_m)/||\partial(f+h)/\partial z_1, \ldots, \partial(f+h)/\partial z_m)||$$

の写像度 μ' が，S_ε 上の写像

$$(\partial f/\partial z_1, \ldots, \partial f/\partial z_m)/||(\partial f/\partial z_1, \ldots, \partial f/\partial z_m)||$$

の写像度 μ に等しいことが容易にわかる（付録 B を参照）．これで補題 10.6 の証明が終わる． ■

補題 10.7 の証明. 斉次の修正項の次数 e が d 以上であるならば，ベルティーニの定理より，ほとんどすべての係数の選び方に対して，修正された曲線 $\overline{V'}$ が原点以外に特異点をもたないことがただちに従う（ファン・デル・ヴェルデン [VAN DER WAERDEN, *Algebraische Geometrie*, p. 201] を参照[29]）．

修正された多項式 $f(z_1, z_2) + h(z_1, z_2)$ が可約であり，和が e となる次数 d_1, d_2 の二つの因子の積に分解したと仮定しよう．ベズーの定理[30]より，対応する二つの射影曲線は，総交叉重複度が $d_1 d_2$ に等しくなるように交わらなければならない．

これらの曲線の和集合 $\overline{V'}$ が $\mathbf{0}$ 以外に特異点をもたないので[31]，これらは原点でしか交わり得ない．しかし，$\mathbf{0}$ における交叉重複度は，明らかに形式的ベキ級数による座標変換のもとで不変である[32]．したがって補題 10.8 より[33]，V の $\mathbf{0}$ を通る r 個の分枝が二つの部分集合に分割され，それらの間の交叉重複度が $d_1 d_2 \geq e - 1$ となることが従う[34]．e が十分に大きければ，これは明らかに不可能である．したがって多項式 $f(z_1, z_2) + h(z_1, z_2)$ は既約でなければならない．これで補題 10.7 と定理 10.5 の証明が終わる[35]． ■

注 10.9. 整数 δ の，位相幾何学的なよりよい解釈があるとよいであろう．

---

29 ［訳注］[79, 定理 1.9.18] や [118, 第 III 章, 定理 3.11] も参考になる．

30 ［訳注］ファン・デル・ヴェルデン [VAN DER WAERDEN, *Algebraische Geometrie*, §17, §41] を参照．

31 ［訳注］射影曲線上の点で二つの異なる既約成分に属するものは，曲線の特異点であるからである．詳細はたとえば [164, p. 35] を参照．

32 ［訳注］[61] 等を参照．

33 ［訳注］補題 10.6 の証明の最初の部分でも注意されているように，分枝も形式的ベキ級数による座標変換のもとで不変であることに注意しよう．

34 ［訳注］$d_1 d_2 - (e-1) = (d_1 - 1)(d_2 - 1) \geq 0$ であることに注意しよう．

35 ［訳注］定理 10.5 のまったく別の証明が [68, pp. 368–370], [146], [10] で与えられている．

絡み目 $K = V \cap S_\varepsilon$ が，δ 個の通常 2 重点以外に特異点をもたない，r 個の可微分 2 胞体の族を円板 D_ε の中に張ることは示すことができる．**問題.** δ は，もしかすると，K の「絡み目解消数」，すなわち，K を r 個の，互いに絡まず，それぞれ結ばれていない円周の族に変換する可微分変形の間に，K が自分自身を突き抜けなければならない最小回数，に等しいのであろうか？（ウェント [WENDT] を参照.）[36]

注 10.10. $r = 1$ の場合の δ に対する具体的な公式を与えよう．曲線 V を局所的にパラメータ w によってベキ級数

$$
\begin{aligned}
z_1 &= w^{a_0} \\
z_2 &= \lambda_1 w^{a_1} + \lambda_2 w^{a_2} + \lambda_3 w^{a_3} + \cdots
\end{aligned}
$$

で記述する．ここで，指数 a_j は正の整数で最大公約数が 1 であって，$a_1 < a_2 < a_3 < \cdots$ であり，係数 λ_j はゼロでないものとする（補題 3.3 を参照[37]）．D_j を $\{a_0, a_1, \ldots, a_{j-1}\}$ の最大公約数とすると，大きな k に対して $a_0 = D_1 \geq D_2 \geq \cdots \geq D_k = 1$ となる．すると

$$\mu = 2\delta = \sum_{j \geq 1} (a_j - 1)(D_j - D_{j+1})$$

が成り立つ．証明は省略する．

$r > 1$ の場合は，整数 δ は和

$$\delta = \delta_{(1)} + \cdots + \delta_{(r)} + \sum_{i<j} \delta_{ij}$$

として記述できる．ここで $\delta_{(i)} \geq 0$ は i 番目の分枝に付随した整数 δ であり，$\delta_{ij} > 0$ は i 番目の分枝と j 番目の分枝の間の交叉重複度を表す．（したがって $\delta \geq r(r-1)/2$ であり，よって $\mu = 2\delta - r + 1 \geq (r-1)^2$ となる.）

注 10.11. ビューラウ [BURAU] とケーラー [KÄHLER] による，結び目 K のいくぶんより具体的な記述を紹介しよう．上のパラメータ表示は常に $a_0 < a_1$ となるように選ぶことができる．すると K は，自明な結び目 k_0 か

---

[36] ［訳注］この予想が実際に正しいことは，割と最近になってようやく示された．これについては **2. 解決された予想**の部分を参照していただきたい．

[37] ［訳注］補題 3.3 の直後のノートも参照.

ら出発し，k_0 の管状近傍の境界に結び目 k_1 を選び，次に k_1 の管状近傍の境界に結び目 k_2 を選び，といったように構成される「反復ケーブル結び目」である．この構成が繰り返される回数は，$\mu = 2\delta$ に対する上の公式の和の中の，ゼロでない項の個数に等しい[38]．

この章の最後に，補題 10.1 の証明を与えよう．まず絡み目のアレキサンダー [Alexander] 多項式の定義を思い出そう（$r \geq 2$ に対してはフォックス [Fox] による）．

勝手な群 G に対して，X を，基本群が G となる連結な複体とする[39]．勝手な正規部分群 $N \subset G$ は，$\pi_1(\tilde{X}) = N$ となる正則被覆空間 $\tilde{X}$ を定める．X^0 を X の基点とし，$\tilde{X}^0$ を $\tilde{X}$ 内におけるその全逆像とする．すると，ホモロジー $H_1(\tilde{X}, \tilde{X}^0)$ は，被覆変換群の群環 $\mathbf{Z}[G/N]$ 上の加群とみなすことができる．この加群の同型類は G と N のみによる[40]．

特に，p 個の生成元と q 個の関係子からなる G の表示が与えられたとき，X として，頂点を一つだけもち，各生成元に対して 1 次元胞体が一つ対応し，各関係子に対して 2 次元胞体が一つ対応するような，2 次元複体を選ぶことができる[41]．すると完全系列[42]

$$H_2(\tilde{X}, \tilde{X}^1) \to H_1(\tilde{X}^1, \tilde{X}^0) \to H_1(\tilde{X}, \tilde{X}^0) \to 0$$

（最初の二つの加群は自由である）により，加群 $H_1(\tilde{X}, \tilde{X}^0)$ が，p 個の生成元と q 個の関係式からなる表示をもつことがわかる．（ここで，$\tilde{X}^1$ は 1 骨格を表す.）

被覆変換群 G/N が可換であれば[43]，対応する関係式を記述する行列の $(p-i) \times (p-i)$ 小行列式たちは，加群 $H_1(\tilde{X}, \tilde{X}^0)$ の不変量であるイデアル $\mathcal{E}_i^N \subset \mathbf{Z}[G/N]$ を張る．（ザッセンハウス [Zassenhaus] を参照.）特に，G'

---

38 ［訳注］初等的な説明が [56] に詳述されているので，参考にして欲しい．

39 ［訳注］たとえば，[83, 第 4 章, 例題 5.14] を参照．

40 ［訳注］本質的には，1 次元ホモロジー群が基本群の可換化に同型である，というフレヴィッチの定理（たとえば [83, 第 7 章, 定理 1.4], [174] 等を参照）による．

41 ［訳注］たとえば [55, §4.3] 等を参照．

42 ［訳注］これは三つ組 $(\tilde{X}, \tilde{X}^1, \tilde{X}^0)$ に対するホモロジー完全系列である．詳細はたとえば [55, 例 2.14] を参照．

43 ［訳注］このとき群環 $\mathbf{Z}[G/N]$ は可換環となるので，その上の加群の関係式系を行列で表現したり，その行列式をとったりすることが可能になる．

で G の交換子部分群を表すとすると，イデアル $\mathcal{E}_i^{G'}$ たちが確かに定義できる．

G が結び目の群であり，N が交換子部分群 G' であるならば，「位数イデアル」$\mathcal{E}_0^{G'}$ はゼロであり，$\mathcal{E}_1^{G'}$ は主イデアルであることがわかる[44]．$\mathcal{E}_1^{G'}$ の生成元は，その結び目の**アレキサンダー多項式**と呼ばれる[45]．

G が，$r(\geq 2)$ 個の向きづけられた成分からなる絡み目の群であるならば，G/G' は自由アーベル群であり，それぞれの成分に対応した生成元 $t_1, \ldots, t_r$ をもつ．この場合においても $\mathcal{E}_0^{G'} = 0$ である．そしてイデアル $\mathcal{E}_1^{G'}$ は基本イデアル $(t_1 - 1, \ldots, t_r - 1)$ にある主イデアルを掛けたものに等しくなる．この主イデアルの生成元をふたたび**アレキサンダー多項式**と呼ぶ．

補題 10.1 を証明するため，$E = S_\varepsilon - K$ の，底空間 S^1 の普遍被覆から引き起こされる，無限巡回被覆 $\tilde{E}$ を調べなければならない[46]．この被覆は，$G = \pi_1(S_\varepsilon - K)$ のある正規部分群 N に対応する[47]．明らかに，自然な準同型

$$\mathbf{Z}[G/G'] \to \mathbf{Z}[G/N]$$

は，G/G' のすべての生成元 $t_1, \ldots, t_r$ を，G/N の一つの生成元（ここでは t としよう）に写す[48]．明らかに，イデアル

$$\mathcal{E}_i^N \subset \mathbf{Z}[G/N]$$

は，対応するイデアル $\mathcal{E}_i^{G'}$ のこの準同型写像による像である．特に，$r \geq 2$ と仮定すると，イデアル

$$\mathcal{E}_1^{G'} = (t_1 - 1, \ldots, t_r - 1)\Delta(t_1, \ldots, t_r)$$

は $\mathcal{E}_1^N$ の上に写されなければならない．したがって

$$\mathcal{E}_1^N = ((t-1)\Delta(t, \ldots, t))$$

---

44 ［訳注］詳しくはクロウェル–フォックス [Crowell and Fox] の第 VIII 章を参照．

45 ［訳注］この場合，$\mathbf{Z}[G/N]$ は 1 変数ローラン多項式環 $\mathbf{Z}[t, t^{-1}]$ と同型となり，アレキサンダー多項式はその単元 $\pm t^\alpha$ による積を除いて一意的に定まる．

46 ［訳注］E は連結な 2 次元複体と同じホモトピー型をもつことに注意しよう．

47 ［訳注］$\phi : E \to S^1$ をファイブレーションとすると，この正規部分群は $\phi_* : \pi_1(E) \to \pi_1(S^1)$ という全射準同型写像の核である．また，$\tilde{E}$ が $F_\theta \times \mathbf{R}$ に微分同相となることにも注意しよう．

48 ［訳注］これは特異点の定義多項式が平方自由であることによる．

となる．

さて，完全系列

$$0 \longrightarrow H_1\tilde{E} \longrightarrow H_1(\tilde{E},\tilde{E}^0) \xrightarrow{\ \partial\ } H_0\tilde{E}^0 \longrightarrow H_0\tilde{E} \longrightarrow 0$$

を考えよう（クロウェル [Crowell, *Corresponding group and module sequences*] を参照）．$H_0\tilde{E}^0$ が，生成元が一つだけ（ここでは ξ としよう）の自由 $\mathbf{Z}[G/N]$ 加群であり，$\partial H_1(\tilde{E},\tilde{E}^0)$ が $(t-1)\xi$ によって生成される自由部分加群であることが容易に確かめられる．したがって

$$H_1(\tilde{E},\tilde{E}^0) \cong H_1\tilde{E} \oplus \mathbf{Z}[G/N]$$

となる[49]．よって，第 1 初等イデアル

$$\mathcal{E}_1^N(H_1(\tilde{E},\tilde{E}^0)) = ((t-1)\Delta(t,\ldots,t))$$

は明らかに位数イデアル $\mathcal{E}_0^N(H_1\tilde{E})$ に等しくなる[50]．

しかしこの位数イデアルは明らかに，自由アーベル群 $H_1\tilde{E} \cong H_1F_\theta$ の各元 a を $t_*(a)$ の上に写す線形変換の特性多項式 $\Delta(t)$ によって張られる[51]（注 8.6 を参照）．よって $r \geq 2$ の場合に，求める公式

$$((t-1)\Delta(t,\ldots,t)) = (\Delta(t))$$

を得る．

$r=1$ の場合の議論はまったく同様なので，これで証明が終わる． ■

---

49 ［訳注］$\partial H_1(\tilde{E},\tilde{E}^0)$ が自由加群で，完全系列

$$0 \longrightarrow H_1\tilde{E} \longrightarrow H_1(\tilde{E},\tilde{E}^0) \xrightarrow{\ \partial\ } \partial H_1(\tilde{E},\tilde{E}^0) \longrightarrow 0$$

が分裂するからである．

50 ［訳注］$H_1(\tilde{E},\tilde{E}^0)$ の方が $H_1\tilde{E}$ より生成元の個数が 1 個増えるからである．

51 ［訳注］$\mathbf{Z}[G/N]$ 上の生成元として，$\mathbf{Z}$ 上の生成元 $a_1,\ldots,a_\mu$ をとると，関係式が $ta_i - t_*(a_i) = 0$ となるからである．

第11章　実特異点に対するファイブレーション定理

$\boldsymbol{f}: \mathbf{R}^m \to \mathbf{R}^k$ を，原点を原点に写す多項式写像で次を満たすものとする．

仮定 11.1. $\mathbf{R}^m$ の原点の近傍 U が存在して，行列 $(\partial f_i/\partial x_j)$ が，原点 $\boldsymbol{x} = \mathbf{0}$ 以外の U の任意の点 $\boldsymbol{x}$ において階数 k をもつ．

したがって，方程式

$$f_1(\boldsymbol{x}) = \cdots = f_k(\boldsymbol{x}) = 0$$

は代数的集合 V を定義し，これは $U \cap V - \{\mathbf{0}\}$ 上で次元 $m-k$ の可微分多様体となる．さらに，小さな ε に対して，交わり $K = V \cap S_\varepsilon^{m-1}$ は，次元 $m-k-1$ の可微分多様体となる．(系 2.9 を参照[1]．K は空集合かもしれないことに注意しよう.)

さらに $k \geq 2$ と仮定しよう．

定理 11.2. S_ε^{m-1} における K の開管状近傍の補空間は，球面 S^{k-1} 上の可微分ファイバー束の全空間であり，各ファイバー F は可微分でコンパクトな $m-k$ 次元多様体であって，K のコピーを境界としてもつ．

証明[2]. 系 2.9 または補題 3.1 を用いることにより，原点が写像

$$\boldsymbol{f}|S_\varepsilon^{m-1} : S_\varepsilon^{m-1} \to \mathbf{R}^k$$

---

[1] ［訳注］このことは **1. 各章についての補足**の補題 1.11.1 を使っても証明できる．
[2] ［訳注］$m = k$ のときは簡単な議論により証明できるので，以下 $m > k$ としている．詳細は **1. 各章についての補足**を参照．

の正則値であることを確かめることができる[補]．したがって，正則値のみよりなる小さな円板 D_η^k が存在する[3]．したがって，逆像

$$T = \{\boldsymbol{x} \in S_\varepsilon^{m-1} \mid \|\boldsymbol{f}(\boldsymbol{x})\| \leq \eta\}$$

は，D_η^k 上のファイバー束となり，典型ファイバーとして K をもつことになる（エールズマン [EHRESMANN] を参照[4]）．底空間は可縮であるので，T が直積 $K \times D_\eta^k$ に微分同相であることが従う[5]．今後 T のことを，K の S_ε^{m-1} における**管状近傍**と呼ぶことにする．

さて，集合 $E = D_\varepsilon^m \cap \boldsymbol{f}^{-1}(S_\eta^{k-1})$ を考えよう（図6を参照）．E は $\partial E = \partial T$ となる可微分多様体であることに注意しよう[6]．エールズマンと同様の議論により，

$$\boldsymbol{f}|E : E \to S_\eta^{k-1}$$

も可微分ファイバー束の射影であることが示せる[7]．典型ファイバー

$$F_{\boldsymbol{y}} = D_\varepsilon^m \cap \boldsymbol{f}^{-1}(\boldsymbol{y})$$

はコンパクトな多様体であって，境界

$$\partial F_{\boldsymbol{y}} = S_\varepsilon^{m-1} \cap \boldsymbol{f}^{-1}(\boldsymbol{y})$$

は K と微分同相となる（というのは，それがファイブレーション $T \to D_\eta^k$ のファイバーだからである）．

補題 11.3.　この束の全空間 $E = D_\varepsilon^m \cap \boldsymbol{f}^{-1}(S_\eta^{k-1})$ は，開管状近傍の補空間 $(S_\varepsilon^{m-1} - \operatorname{int} T)$ に微分同相である．

言い換えると，E は $\|\boldsymbol{f}(\boldsymbol{x})\| \geq \eta$ なる $\boldsymbol{x} \in S_\varepsilon^{m-1}$ 全体からなる多様体 E' に微分同相ということである．証明は補題 5.10 と同様である．まず $D_\varepsilon^m - V$ 上のベクトル場 $\boldsymbol{v}(\boldsymbol{x})$ で，ユークリッド内積 $\langle \boldsymbol{v}(\boldsymbol{x}), \boldsymbol{x} \rangle$ と $\langle \boldsymbol{v}(\boldsymbol{x}), \boldsymbol{grad}\, \|\boldsymbol{f}(\boldsymbol{x})\|^2 \rangle$

---

3 ［訳注］ S_ε^{m-1} がコンパクトであるからである．
4 ［訳注］ **1. 各章についての補足**の定理 1.6.8 を参照．
5 ［訳注］ たとえば，スチーンロッド [STEENROD, §11.6] を参照．
6 ［訳注］ たとえば **1. 各章についての補足**にある補題 1.11.2 を用いて証明できる．
7 ［訳注］ 詳細はたとえば [89, §3] を参照．

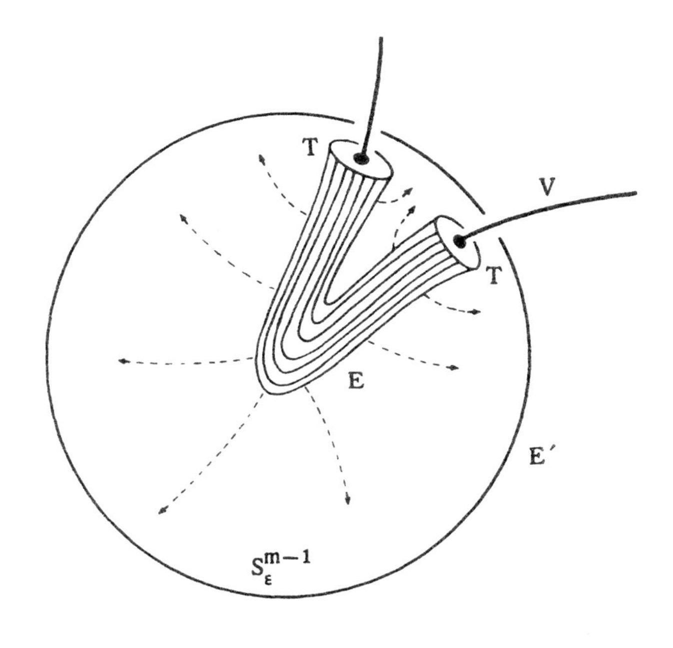

図 6

がともに正となるようなものをまず構成する必要がある．これは，二つのベクトル場

$$\boldsymbol{grad}\, \|\boldsymbol{f}(\boldsymbol{x})\|^2$$

と

$$2\boldsymbol{x} = \boldsymbol{grad}\, \|\boldsymbol{x}\|^2$$

が，$D^m_\varepsilon - V$ 上でゼロでなく，系 3.4 より互いに反対向きにならないことから可能である．

さて，このベクトル場 $\boldsymbol{v}$ の軌道に沿って押し出すことにより，E を微分同相的に E' の上に写す．これで補題 11.3 の証明が終わる．■

こうして，K の S^{m-1}_ε における開管状近傍の補空間 E' も，S^{k-1}_η 上のファイバー束の全空間となる．これで定理 11.2 の証明が終わる．■

注. もう少し頑張ると，補空間全体 $S_\varepsilon^{m-1}-K$ も S^{k-1} 上のファイバー束の全空間となり，各ファイバーが K を境界とするコンパクト多様体の内部となることを示すことができる．

しかしながら，$S_\varepsilon^{m-1}-K$ から S^{k-1} への明らかな写像

$$\boldsymbol{x} \mapsto \boldsymbol{f}(\boldsymbol{x})/\|\boldsymbol{f}(\boldsymbol{x})\|$$

がファイブレーションの射影である，というのは正しくない．[この直接的構成方法は，たとえば

$$\boldsymbol{f}(x_1, x_2) = (x_1, {x_1}^2 + x_2({x_1}^2 + {x_2}^2))$$

の場合にうまくゆかない[補],8.]

仮定 11.1 を満たす任意の多項式写像 $\mathbf{R}^m \to \mathbf{R}^k$ に対して，それを射影 $\mathbf{R}^k \to \mathbf{R}^{k-1}$ と合成して，新たな写像

$$\mathbf{R}^m \to \mathbf{R}^{k-1}$$

で確かに仮定 11.1 をふたたび満たすものを得ることができる．**予想.** この新たな写像に付随したファイブレーションのファイバーは，もとのファイバーと単位区間の直積に同相であろう．

定理 11.2 の主な弱点は，仮定が強すぎて，例を見つけるのが難しいことにある．

問題. どの次元 $m \geq k \geq 2$ に対して非自明な例が存在するのであろうか？

「非自明」とはいったい何をここでは意味するのか，あまりはっきりしない．射影 $\boldsymbol{f}(x_1, \ldots, x_m) = (x_1, \ldots, x_k)$ は確かに自明な例である．ここでは試しに次の定義を考える．例が**自明**であるとは，ファイブレーション $E' \to S^{k-1}$ のファイバー F が，円板 D^{m-k} に微分同相のときを言う．(K は S_ε^{m-1} の中で ∂F にアイソトピックであるので，このことは，K が結ばれていない球面であることを意味する.)

$k = 2$ に対しては非自明な例がたくさんある．実際，第 6 章のファイブ

8　[訳注] ただし，$\boldsymbol{x} \mapsto \boldsymbol{f}(\boldsymbol{x})/\|\boldsymbol{f}(\boldsymbol{x})\|$ が実際に射影になってくれることももちろんある．これについては [66] を参照．

レーションはすべて例として現れる．原点を孤立臨界点にもつ各複素多項式 $f(z_1, \ldots, z_m)$ は，多項式写像 $\mathbf{R}^{2m} \to \mathbf{R}^2$ で，仮定 11.1 を明らかに満たすものを引き起こすのである[9].

問題. $k = 2$ のとき，他の，本質的に異なるような例は存在するのであろうか？ たとえば，8 の字結び目は，多項式写像 $\mathbf{R}^4 \to \mathbf{R}^2$ に付随した交わり $V \cap S_\varepsilon$ として現れるのであろうか？ m が奇数で $k = 2$ となる非自明な例は存在するのであろうか？

もし $m < 2(k-1)$ ならば，すべての例は自明であろうと予想される．(これに対して，$m = 2(k-1) = 4, 8, 16$ に対しては，カイパーによる非自明な例を後に紹介する.)

補題 11.4. もし $m < 2(k-1)$ ならば，ファイバー F は可縮でなければならない.

証明. 球面 S_ε^{m-1} は，部分空間 $E' = S_\varepsilon^{m-1} - \operatorname{int} T$ に，K の各 i 次元胞体に対して $k+i$ 次元胞体がちょうど一つずつ対応するように，次元が k 以上の胞体をいくつか貼ることによって得られる[10]．したがって，$i \leq k-2$ に対して

$$\pi_i E' \cong \pi_i S_\varepsilon^{m-1} = 0$$

となる.

ファイブレーション $E' \to S^{k-1}$ は切断 $S^{k-1} \to \partial E' \subset E'$ をもつので[11]，系列

$$0 \to \pi_i F \to \pi_i E' \to \pi_i S^{k-1} \to 0$$

は完全であって分離することが従う[12]．したがって，ファイバー F も $k-2$ 連結となる.

---

9 ［訳注］系 7.3 よりこれらの例はすべて非自明となる.

10 ［訳注］T が $K \times D^k$ に微分同相であったことを思い出そう.

11 ［訳注］これは $K \neq \emptyset$ でないと正しくない．$K = \emptyset$ のときの証明については **1. 各章についての補足**を参照.

12 ［訳注］ファイバー束に付随したホモトピー完全系列（たとえばスチーンロッド [STEENROD, §17] を参照）と，$\pi_i E' \to \pi_i S^{k-1}$ が全射であることを用いてこの完全系列を得ることができる.

さて，$m < 2(k-1)$ と仮定しよう．すると $k \geq 3$ であるので，F は単連結となる．系 6.2 でのようにアレキサンダー双対同型

$$\widetilde{H}_i F \cong \widetilde{H}^{m-i-2} F$$

がある．したがって，もし F の次元 $m-k$ が $m-2$ の半分よりも小さければ，F が 1 点のホモロジーをもつことが従う．そして，1 点のホモロジーをもつ単連結空間は確かに可縮である[13]．

条件 $m-k < (m-2)/2$ は補題 11.4 の仮定 $m < 2(k-1)$ と同値であるので，これで証明が終わる[14]． ■

したがって，もし $m < 2(k-1)$ ならば，F は可縮であり，K がホモロジー球面であることが容易にわかる[15]．F の次元 $m-k$ が 2 以下であるならば，F は本当の胞体であり，その例は「自明」なものとなる．しかし，もし $m-k \geq 3$ ならば，F が胞体であることを私には証明できない．そして，もし $m-k \geq 4$ ならば，K が単連結であることを私には証明できない．

次に，余次元 k が 3 以上で $m-k \geq 6$ ならば，K がエキゾチック球面になったり，あるいは結ばれている球面になったりすることがないことを示そう．

補題 11.5. もし余次元 k が 3 以上であって K がホモロジー球面ならば，ファイバー F は可縮でなければならない．

したがって，もし K が実際に次元 $m-k-1 \geq 5$ のホモトピー球面であるならば，スメイル [SMALE] より，F が円板と微分同相であることが従い[16]，よってその例は「自明」なものとなる．これが $m-k-1 = 2, 3, 4$ に対しても正しいのかどうか，私にはわからない．

証明. 補題 11.4 の証明でのように，ファイバー F は $k-2$ 連結である[17]．

---

[13] ［訳注］これはホワイトヘッドの定理（**1. 各章についての補足**の定理 1.6.10 を参照）の帰結である．

[14] ［訳注］$K \neq \emptyset$ であれば，$m = 2(k-1)$ でも $k \geq 3$ であれば，F が可縮であることをまったく同様に示すことができる．後に登場するカイパーの（非自明な）例で $n = 1$ と置くと $m = 2(k-1)$ となるが，$K = \emptyset$ であることに注意しよう．

[15] ［訳注］空間対 (F, K) のホモロジー完全系列からわかる．

[16] ［訳注］[114] も参照．

[17] ［訳注］仮定より $K \neq \emptyset$ であることに注意しよう．$k \geq 3$ を仮定しているので，したがって F は単連結である．

K はホモロジー $m-k-1$ 次元球面なので，アレキサンダー双対定理より，空間 E' がホモロジー $k-1$ 次元球面であることが従う．すると，ファイブレーションのワン完全系列 [WANG][18]

$$\cdots \to H_1F \to H_{k-1}F \to H_{k-1}E' \to H_0F \to H_{k-2}F \to \cdots$$

を用いると，F が1点のホモロジーをもつことが容易にわかる．これで証明が終わる． ■

この章を終えるにあたり，N. カイパーにより示唆されたいくつかの例を記述しておこう．まずホップ・ファイブレーション[19] $S^{2p-1} \to S^p$, $p = 2, 4, 8$ が定理 11.2 から得られることを示す．(P. Baum, Illinois J. Math. 11, p. 586 を参照.)

A を複素数全体，または四元数全体，またはケイリー数全体[20]とする．

$$f : A \times A \to A \times \mathbf{R}$$

を

$$f(x, y) = (2x\bar{y}, |y|^2 - |x|^2)$$

で定義しよう．

補題 11.6. この写像 f は，$A \times A$ の単位球面を $A \times \mathbf{R}$ の単位球面に写し，しかもその写像はホップ・ファイブレーションである．

証明. 等式 $||f(x,y)||^2 = |2x\bar{y}|^2 + (|y|^2 - |x|^2)^2 = (|x|^2 + |y|^2)^2$ より，f が $A \times A$ の単位球面を $A \times \mathbf{R}$ の単位球面に写すことがわかる．さて f を，$A \times \mathbf{R}$ の単位球面から点 $(0, -1)$ を取り除いたものを A の上に微分同相に写す立体射影

$$\sigma(z, t) = z/(1+t)$$

と合成してみよう．すると（$|x|^2 + |y|^2 = 1$ を仮定して），

$$\begin{aligned} \sigma f(x, y) &= 2x\bar{y}/(1 + |y|^2 - |x|^2) \\ &= 2x\bar{y}/2|y|^2 = xy^{-1} \end{aligned}$$

---

[18] ［訳注］[83, p. 528] も参照．
[19] ［訳注］ホップ・ファイブレーションについては，たとえば [83, p. 164] を参照．
[20] ［訳注］ケイリー数については，たとえばスチーンロッド [STEENROD, §20.5] を参照．

となる．

この公式をホップ・ファイブレーションの具体的な定義と比べてみると（スチーンロッド [STEENROD, p. 109] を参照），f を単位球面に制限したものがホップ・ファイブレーションに他ならないことがわかる[21]． ■

これでようやくカイパーの例を記述することができる．A を上のようにとり，

$$f : A^n \times A^n \to A \times \mathbf{R}$$

を，A^n 上のエルミート内積を用いて

$$f(\boldsymbol{x}, \boldsymbol{y}) = (2\langle \boldsymbol{x}, \boldsymbol{y} \rangle, ||\boldsymbol{y}||^2 - ||\boldsymbol{x}||^2)$$

で定義する．(実) 1 階微分からなる行列が，$(\mathbf{0}, \mathbf{0})$ 以外の各点で最大階数をもつことを確かめるためには，明らかに $n = 1$ の場合を考えれば十分である．しかし，$n = 1$ に対しては，この主張は補題 11.6 と，f が実数上（次数 2 の）斉次多項式であることから容易に従う．

したがって f は仮定 11.1 を満たす．f が，実次元 $4n, 8n$ または $16n$ のベクトル空間を，次元 $3, 5$ または 9 のベクトル空間にそれぞれ写すことに注意しよう．対応するファイブレーションの底空間は，それぞれ次元 $2, 4$ または 8 の球面である．

このカイパーの例における多様体 K は，A^n 内の 2 枠からなるシュティーフェル多様体であり，ファイバー F は，

$$||\boldsymbol{x}|| = 1,\ ||\boldsymbol{y}|| \leq 1,\ \text{かつ}\ \langle \boldsymbol{x}, \boldsymbol{y} \rangle = 0$$

を満たす組 $(\boldsymbol{x}, \boldsymbol{y}) \in A^n \times A^n$ 全体からなる，A^n の単位球面上の円板束に微分同相である[補]．

---

[21] ［訳注］実は f の式は，[83, p. 164] で採用されている式と本質的には同じである．

付録A　代数的集合に対するホイットニーの有限性定理

この付録では，実あるいは複素代数的集合の任意の差集合 $V-W$ が高々有限個の連結成分しかもたないことを主張する定理 2.4 の証明を，ホイットニーによるものとはほんの少しだけ異なる形で与える．

$\mathbf{C}^m$ における任意の複素代数的集合は，$\mathbf{R}^{2m}$ における実代数的集合とも考えられるので，実の場合を考えれば十分である．

（注．V が複素かつ既約であるならば，$V-W$ は連結である，というより精密なことが実は言える．レフシェッツ [LEFSCHETZ, *Algebraic Geometry*, p. 97] を参照．）

証明は次のことに基づく．V を任意の無限体上の m 次元座標空間における代数的集合とし，$f_1, \ldots, f_m$ を V 上で消える多項式とする．

補題 A.1.　行列 $(\partial f_i/\partial x_j)$ が V の点 $\boldsymbol{x}^0$ において正則であるならば，V から $\boldsymbol{x}^0$ を除いてできる補集合 $V-\{\boldsymbol{x}^0\}$ もまた代数的集合である．

実の場合は[1]，もちろん $\boldsymbol{x}^0$ が V の孤立点であることが従う．（しかし，その逆は誤りである．第 2 章の例 2 を参照．）

証明.　$\boldsymbol{x}^0=\mathbf{0}$ と仮定してもよい．多項式 f_j は原点で消えるので，うまく多項式 g_{jk} を選んで

$$f_j(\boldsymbol{x}) = g_{j1}(\boldsymbol{x})x_1 + \cdots + g_{jm}(\boldsymbol{x})x_m$$

[1] ［訳注］ここに書いてあることは複素の場合でも成り立つ．

とするのは容易である．W で，多項式方程式

$$\det(g_{jk}(\boldsymbol{x})) = 0$$

を満たす点 $\boldsymbol{x} \in V$ 全体からなる代数的集合を表すとする．このとき，原点は W の点ではない．というのは，行列

$$(\partial f_j(\mathbf{0})/\partial x_k) = (g_{jk}(\mathbf{0}))$$

が正則だからである．一方，V の任意の点 $\boldsymbol{x} \neq \mathbf{0}$ において，一次従属関係式

$$\begin{pmatrix} 0 \\ \vdots \\ 0 \end{pmatrix} = \begin{pmatrix} g_{11}(\boldsymbol{x}) \\ \vdots \\ g_{m1}(\boldsymbol{x}) \end{pmatrix} x_1 + \cdots + \begin{pmatrix} g_{1m}(\boldsymbol{x}) \\ \vdots \\ g_{mm}(\boldsymbol{x}) \end{pmatrix} x_m$$

は，$\det(g_{jk}(\boldsymbol{x})) = 0$ が成り立つことを示している．したがって $V - \{\mathbf{0}\} = W$ であり，これは $V - \{\mathbf{0}\}$ が代数的集合であることを示している．■

では実数体 $\mathbf{R}$ に特定して考えてみよう．

系 A.2.　代数的集合 $V \subset \mathbf{R}^m$ が位相的次元[2]ゼロをもつならば（たとえば，V が孤立点のみからなるならば），V は有限集合である．

証明.　$f_1, \ldots, f_k$ を，イデアル $I(V)$ の生成元とする．任意のゼロ次元代数的集合 V が，行列 $(\partial f_i/\partial x_j)$ の階数がそこで m となるような点 $\boldsymbol{x}^0$ を少なくとも一つ含むことを示せば十分である．なぜなら，そのとき補題 A.1 より点 $\boldsymbol{x}^0$ を取り除くことができて，代数的真部分集合 $V_1 = V - \{\boldsymbol{x}^0\}$ が得られ，この構成を繰り返して代数的部分集合の降下列

$$V_1 \supset V_2 \supset V_3 \supset \cdots$$

が得られるが，このような降鎖は降鎖条件 2.1 によって有限回で終わらなければならないので，これは V が有限集合であることを示していることになるからである．

ところで，もし行列 $(\partial f_i/\partial x_j)$ の階数が V のすべての点において高々 $\rho \leq$

---

[2] ［訳注］位相的次元については，たとえば [59] を参照.

$m-1$ であるとすると，定理 2.3 により，V が次元 $m-\rho \geq 1$ の可微分多様体 $V-\Sigma(V)$ を含むことになる．しかしこれは，V が位相的次元ゼロをもつという仮定に矛盾するので，これで系 A.2 の証明が終わった． ■

補題 A.3. 任意の非特異代数的集合 $V \subset \mathbf{R}^m$ は，有限複体のホモトピー型をもつ．

証明. 任意の点 $\boldsymbol{a} \in \mathbf{R}^m$ が与えられたとき，

$$r_{\boldsymbol{a}} : V \to \mathbf{R}$$

を，

$$r_{\boldsymbol{a}}(\boldsymbol{x}) = ||\boldsymbol{x}-\boldsymbol{a}||^2$$

で定義される距離 2 乗関数とする．アンドレオッティ–フランケル [Andreotti and Frankel] の補題によれば，ほとんどすべての $\boldsymbol{a}$ に対して，V 上の関数 $r_{\boldsymbol{a}}$ は非退化臨界点しかもたない[3]．

$\Gamma \subset V$ を $r_{\boldsymbol{a}}$ の臨界点全体の集合とする．補題 2.7 より，Γ は代数的集合である．一方，非退化臨界点は明らかに孤立しているから[4]，補題 A.2 より Γ が有限集合であることが従う．

すると初等的な議論から，V が高々有限個の連結成分しかもたないことが示される．V の任意の連結成分 $V^{(i)}$ は，臨界点集合 Γ と交わらなければならない．というのは，$\boldsymbol{a}$ からの距離は，閉集合 $V^{(i)}$ 上のある点 $\boldsymbol{x}$ で最小値をとらなければならず，最も近いこの点 $\boldsymbol{x}$ は明らかに Γ に属すからである．したがって V は高々有限個の成分しかもち得ないことになる．

あるいは，多様体 V が，非退化で，固有[5]な非負関数 $r_{\boldsymbol{a}}$ の各臨界点に一つずつの胞体が対応するような胞体複体と同じホモトピー型をもつ，と主張するモース理論の主定理を思い起こしてもよい．（ミルナー [Milnor, *Morse Theory*] の定理 3.5 と定理 6.6 を参照.）すると Γ の有限性より，V が有限複体のホモトピー型をもつ，というずっと精密な主張が成り立つことが従う．これで補題 A.3 の証明が終わる． ■

---

3 ［訳注］詳細は，ミルナー [Milnor, *Morse Theory*] の第 I 部，定理 6.6 を参照.
4 ［訳注］たとえば，ミルナー [Milnor, *Morse Theory*] の第 I 部，系 2.3 を参照.
5 ［訳注］コンパクト集合の逆像が常にコンパクトとなる連続関数は**固有**であると言う.

系 A.4.　任意の実代数的集合 V に対して，もし W が特異点集合 $\Sigma(V)$ を含む代数的部分集合であれば，$V-W$ は有限複体のホモトピー型をもつ．

証明.　W が多項式方程式 $f_1(\boldsymbol{x})=\cdots=f_k(\boldsymbol{x})=0$ で定義されていると仮定する．そこで，

$$s(\boldsymbol{x})=f_1(\boldsymbol{x})^2+\cdots+f_k(\boldsymbol{x})^2$$

と置くと，W が一つの多項式方程式 $s(\boldsymbol{x})=0$ によっても定義*されることに注意しよう．

そこで G を，V から $\mathbf{R}$ への有理関数 $1/s$ のグラフとする．すなわち G を，

$$(\boldsymbol{x},y)\in V\times\mathbf{R}\subset\mathbf{R}^{m+1}$$

で，$s(\boldsymbol{x})y=1$ を満たす点全体の集合とするのである．

すると明らかに，G は代数的集合であり，$V-W$ に同相である．簡単な計算から G が特異点をもたないことが示されるので，これで系 A.4 が証明された．■

定理.　実代数的集合の任意の対 $V\supset W$ に対して，差集合 $V-W$ は高々有限個の弧状連結成分しかもたない．

証明.　補題 2.5[6]により，集合 V は有限和集合 $M_1\cup\cdots\cup M_p$ として表される．ここで多様体 M_1 は $V_1=V$ の非特異点の集合，多様体 M_2 は $V_2=\Sigma(V_1)$ の非特異点の集合，等々である．それゆえ，

$$V-W=(M_1-W)\cup\cdots\cup(M_p-W)$$

となるが，ここで各

$$M_i-W=V_i-(\Sigma(V_i)\cup W)$$

は，系 A.4 により高々有限個の（弧状）連結成分しかもたない多様体である．

よって，和集合 $V-W$ も高々有限個の弧状連結成分しかもち得ないこと

---

* ［原注］この証明では，実数体上で議論しているというのが本質的である．

6 ［訳注］これは系 2.6 の間違いである．なお，系 2.6 の証明では，この付録で証明中の定理 2.4 を使っているが，それは系 2.6 の後半を証明するのに使っているのであって，ここでは系 2.6 の前半部分しか必要としない．

が従う．これで定理 2.4 の証明が終わった． ■

注 1. 代数的集合の連結度[7]に対するより正確な評価は，トム [THOM, *L'homologie des variétés algébriques réelles*] とミルナー [MILNOR, *On the Betti numbers of real varieties*] によって与えられている．

注 2. どんな差集合 $V - W$ も実は有限複体のホモトピー型をもつであろう，と予想するのは自然であろう．

[7] [訳注] 英語の "connectivity" の訳である．どのくらいの次元まで，与えられた空間の（被約）ホモロジー群やホモトピー群が消えるのかを計る量である．

付録B　解析的方程式の孤立解の重複度

$\boldsymbol{z}^0$ で孤立した共通零点をもつ，複素 m 変数の解析的関数 $g_1, \ldots, g_m$ が与えられたとき，**重複度** μ を，$\boldsymbol{z}^0$ を中心とする ε 球面から単位球面への，付随した写像

$$\boldsymbol{z} \mapsto \boldsymbol{g}(\boldsymbol{z})/||\boldsymbol{g}(\boldsymbol{z})||$$

の写像度として定義したのであった（第7章を参照）．この付録では，いくつかの初等的性質を確かめることによって，この定義を正当化しよう．最初に次を示す．

補題 B.1.　もしヤコビ行列 $(\partial g_j/\partial z_k)$ が $\boldsymbol{z}^0$ において正則ならば，$\mu = 1$ である．

証明.　剰余項つきのテイラー展開

$$\boldsymbol{g}(\boldsymbol{z}) = \boldsymbol{L}(\boldsymbol{z} - \boldsymbol{z}^0) + \boldsymbol{r}(\boldsymbol{z})$$

を考えよう．ここで，線形変換 $\boldsymbol{L}$ は仮定により同型であり，

$$||\boldsymbol{r}(\boldsymbol{z})||/||\boldsymbol{z} - \boldsymbol{z}^0||$$

は，$\boldsymbol{z} \to \boldsymbol{z}^0$ のときゼロに収束する．ε を，$||\boldsymbol{z} - \boldsymbol{z}^0|| = \varepsilon$ のときはいつでも

$$||\boldsymbol{r}(\boldsymbol{z})|| < ||\boldsymbol{L}(\boldsymbol{z} - \boldsymbol{z}^0)||$$

となるように十分小さく選んでおく．すると，$S_\varepsilon(\boldsymbol{z}^0)$ から単位球面への写像の1パラメータ族

$$\boldsymbol{h}_t(\boldsymbol{z}) = \left(\boldsymbol{L}(\boldsymbol{z}-\boldsymbol{z}^0)+t\boldsymbol{r}(\boldsymbol{z})\right)/||\boldsymbol{L}(\boldsymbol{z}-\boldsymbol{z}^0)+t\boldsymbol{r}(\boldsymbol{z})||, \quad 0 \le t \le 1$$

は，$\boldsymbol{h}_1$ の写像度 μ が，$S_\varepsilon(\boldsymbol{z}^0)$ 上の写像 $\boldsymbol{L}/||\boldsymbol{L}||$ の写像度に等しいことを示している．

ノート．S_ε 上全体で $||\boldsymbol{r}|| < ||\boldsymbol{L}||$ であるときはいつでも，S_ε 上の写像 $(\boldsymbol{L}+\boldsymbol{r})/||\boldsymbol{L}+\boldsymbol{r}||$ の写像度は $\boldsymbol{L}/||\boldsymbol{L}||$ の写像度に等しい，という事実を今後ひんぱんに用いる．この事実のことを，以下「ルーシェの原理」と呼ぶことにしよう[補]．

さて $\boldsymbol{L}$ を，線形同型変換全体からなる群 $GL(m,\mathbf{C})$ の中で連続的に恒等写像にまで変形する．これは，リー群 $GL(m,\mathbf{C})$ が連結であるから可能である．すると容易に，$S_\varepsilon(\boldsymbol{z}^0)$ 上の写像 $\boldsymbol{L}/||\boldsymbol{L}||$ の写像度が $+1$ であることが従う．これで証明が終わった．■

次に，可微分な境界をもつ，$\mathbf{C}^m$ におけるコンパクト領域 D を考える．$\boldsymbol{g}$ は D において高々有限個の零点しかもたず，境界上には零点はもたないと仮定しよう．

補題 B.2.　D の内部にある $\boldsymbol{g}$ の零点の個数は，それぞれきちんと重複度を込めて数えると，∂D から単位球面への写像

$$\boldsymbol{z} \mapsto \boldsymbol{g}(\boldsymbol{z})/||\boldsymbol{g}(\boldsymbol{z})||$$

の写像度に等しくなる．

（**注．** 複素1変数の関数に関しては，この主張は「偏角の原理」と呼ばれている．たとえば，ヒル [Hille, §9.2.2] を参照[補]．）

証明．　領域 D から，$\boldsymbol{g}$ の各零点のまわりの小さな開円板を取り除く．すると，関数 $\boldsymbol{g}/||\boldsymbol{g}||$ が定義され，残りの領域 D_0 全体上で連続である．∂D は D_0 内で，小さな境界球面たちの和にホモロガスであるので，∂D 上の $\boldsymbol{g}/||\boldsymbol{g}||$ の写像度は，小さな球面上の写像度の和 $\Sigma\mu$ に等しいことになる．[ミルナー [Milnor, *Topology from the differentiable viewpoint*, p. 28, 36] を参照.] これで証明が終わった．■

ふたたび $\boldsymbol{z}^0$ を，重複度 μ をもつ $\boldsymbol{g}$ の孤立零点とする．

補題 B.3. D_ε が，$\boldsymbol{g}$ の他の零点を含まない，$\boldsymbol{z}^0$ のまわりの円板であれば，原点に十分近いほとんどすべての点 $\boldsymbol{a} \in \mathbf{C}^m$ に対して，方程式 $\boldsymbol{g}(\boldsymbol{z}) = \boldsymbol{a}$ は D_ε 内にちょうど μ 個の解 $\boldsymbol{z}$ をもつ.

特に，このことは次を確かに示している.

系 B.4. 不等式 $\mu \geq 0$ が常に満たされる.

補題 B.3 の証明. サード [SARD] の定理[1]により，$\mathbf{C}^m$ のほとんどすべての点 $\boldsymbol{a}$ は，可微分写像

$$\boldsymbol{g} : \mathbf{C}^m \to \mathbf{C}^m$$

の正則値である（ド・ラーム [DE RHAM, p. 10] を参照）．つまり，あるルベーグ測度ゼロの集合に属さないすべての $\boldsymbol{a}$ に対して，行列 $(\partial g_j/\partial z_k)$ は，逆像 $\boldsymbol{g}^{-1}(\boldsymbol{a})$ のどの点 $\boldsymbol{z}$ においても正則である.

そのような正則値 $\boldsymbol{a}$ が与えられたとき，解析的連立方程式 $\boldsymbol{g}(\boldsymbol{z}) - \boldsymbol{a} = \boldsymbol{0}$ の解 $\boldsymbol{z}$ はすべて孤立していて，重複度 +1 をもつことに注意しよう（補題 B.1）.

原点に十分近い $\boldsymbol{g}$ の正則値 $\boldsymbol{a}$ を，すべての $\boldsymbol{z} \in \partial D_\varepsilon$ に対して

$$||\boldsymbol{a}|| < ||\boldsymbol{g}(\boldsymbol{z})||$$

となるように選ぶ．すると補題 B.2 より，D_ε 内での方程式 $\boldsymbol{g}(\boldsymbol{z}) - \boldsymbol{a} = \boldsymbol{0}$ の解の個数は，∂D_ε 上の写像 $(\boldsymbol{g} - \boldsymbol{a})/||\boldsymbol{g} - \boldsymbol{a}||$ の写像度に等しい.（各解は適当な重複度でもって数えなければならないが，これらの重複度はすべて +1 であることを確かめたばかりである.）

ルーシェの原理より，この写像 $(\boldsymbol{g} - \boldsymbol{a})/||\boldsymbol{g} - \boldsymbol{a}||$ の写像度は，$\boldsymbol{g}/||\boldsymbol{g}||$ の写像度 μ に等しい．これで補題 B.3 の証明が終わった. ■

注. これらの補題を，第 7 章での $g_j(\boldsymbol{z}) = \partial f/\partial z_j$ である特別な場合に翻訳しておくのは，おそらく意味のあることであろう．補題 B.1 は，f の**非退化臨界点**の場合，つまりヘッセ行列 $(\partial^2 f/\partial z_j \partial z_k)$ がそこで正則である場合に，整数 μ が +1 であることを主張している．また補題 B.3 は，ほとんど任意に選べる「小さな」線形多項式 $a_1 z_1 + \cdots + a_m z_m$ を差し引いて f を摂動

[1] ［訳注］たとえば，ミルナー [MILNOR, *Topology from the Differentiable Viewpoint*] に詳しく解説されている.

すれば，孤立臨界点 $\boldsymbol{z}^0$ が，近くにあるすべて非退化な μ 個の臨界点の集団に分裂することを主張している．

さて，定理 7.1 を証明する準備が整った．

定理． m 変数多項式 m 個の連立方程式の孤立解の重複度 μ は，常に正の整数である．

証明． $\boldsymbol{g}$ の他の零点を含まない，$\boldsymbol{z}^0$ を中心とする円板 D_ε が与えられたとき，数 η を，すべての $\boldsymbol{z} \in \partial D_\varepsilon$ に対して

$$|\eta| < \|\boldsymbol{g}(\boldsymbol{z})\|/\varepsilon$$

となるように十分小さく，そして行列 $(\partial g_j(\boldsymbol{z}^0)/\partial z_k)$ のどの固有値とも異なるように選ぶ．このとき，摂動された関数

$$\boldsymbol{g}'(\boldsymbol{z}) = \boldsymbol{g}(\boldsymbol{z}) - \eta(\boldsymbol{z} - \boldsymbol{z}^0)$$

は，$\boldsymbol{z}^0$ において重複度 $+1$ の零点をもつ．というのは行列

$$(\partial g'_j/\partial z_k) = (\partial g_j/\partial z_k - \eta\delta_{jk})$$

が，$\boldsymbol{z}^0$ において正則だからである[2]．したがって，$\boldsymbol{g}'$ が D_ε 内に有限個の零点しかもたない，と仮定すれば，D_ε 内における $\boldsymbol{g}'$ の零点の代数的個数 $\sum \mu'$ は確かに 1 以上である．(系 B.4 により，すべての項が 0 以上であるからである．）この和は ∂D_ε 上の $\boldsymbol{g}'/\|\boldsymbol{g}'\|$ の写像度に等しく，ルーシェの原理により ∂D_ε 上の $\boldsymbol{g}/\|\boldsymbol{g}\|$ の写像度 μ に等しい．ゆえに $\mu \geq 1$ である．

少なくとも理論的には，$\boldsymbol{g}'$ が D_ε 内で無限個の零点をもつ可能性が残されている（下で述べる問題 1 を参照）．しかしその場合は，$\boldsymbol{g}'$ から小さな定数ベクトル $\boldsymbol{a}$ を引くこともできる．ただし $\boldsymbol{a}$ は $\boldsymbol{g}'$ の正則値とする（補題 B.3 を参照）．すると，$\boldsymbol{g}' - \boldsymbol{a}$ の零点は孤立しているので[3]，D_ε 内には $\boldsymbol{g}' - \boldsymbol{a}$ の零点は有限個しか存在しない．$\boldsymbol{g}' - \boldsymbol{a}$ が少なくとも一つの零点をもつことを

---

[2] ［訳注］“δ_{jk}”はクロネッカーのデルタであり，$j = k$ ならば $\delta_{jk} = 1$ であり，そうでなければ $\delta_{jk} = 0$ である．100 頁の δ_{ij} とはもちろん意味が異なるので注意．

[3] ［訳注］零点では微分の階数が m に等しいので，逆関数定理より，その点の近くでは $\boldsymbol{g}' - \boldsymbol{a}$ が微分同相写像になるからである．

保証するために，逆関数定理を用いて，D_ε における $\boldsymbol{z}^0$ の近傍 U を，$\boldsymbol{g}'$ が U を原点の開近傍の上に微分同相に写すように選ぶ．$\boldsymbol{g}'(U)$ 内から $\boldsymbol{a}$ を選ぶと，方程式 $\boldsymbol{g}'(\boldsymbol{z})-\boldsymbol{a}=0$ は確かに $U \subset D_\varepsilon$ 内に解 $\boldsymbol{z}$ をもつ．これで $\mu \geq 1$ であることの証明が終わった． ■

この議論を終えるに当たって，読者のために三つの問題をあげておこう．最初の二つは上の方法を用いればわかるが，三つ目の問題はもっと難しい．

問題 1.[補]　もし $\boldsymbol{g}$ が ∂D 上で零点をもたなければ，それは D 内に有限個の零点しかもち得ないことを示せ．

問題 2.[補]　もし行列 $(\partial g_j/\partial z_k)$ が $\boldsymbol{z}^0$ において正則でないならば，$\mu \geq 2$ であることを示せ．

問題 3.[補]　変数 $z_j - z_j^0$ に関する形式的ベキ級数のなす環 $\mathbf{C}[[\boldsymbol{z}-\boldsymbol{z}^0]]$ は，部分環 $\mathbf{C}[[g_1,\ldots,g_m]]$ 上の加群と見なせる．この加群は，階数 μ の自由加群である．ゆえに I で，$g_1,\ldots,g_m$ で生成される $\mathbf{C}[[\boldsymbol{z}-\boldsymbol{z}^0]]$ のイデアルを表すと，商環 $\mathbf{C}[[\boldsymbol{z}-\boldsymbol{z}^0]]/I$ の $\mathbf{C}$ 上の次元は μ となる．(これらの主張は，次のようにして証明できると私は教えられた．最初に写像 $\boldsymbol{g}: \mathbf{C}^m \to \mathbf{C}^m$ が，原点の小さな近傍 U から，原点の小さな近傍 V への固有で平坦な写像を誘導することを示す．そしてこのとき U 上の正則関数芽のなす層 $\mathcal{O}_U$ の g による順像が，対応する層 $\mathcal{O}_V$ 上で局所自由であることを示す．)

参考文献

J. W. Alexander and G. B. Briggs, On types of knotted curves, Annals of Math., **28** (1927), 562–586.

J. W. Alexander, Topological invariants of knots and links, Trans. Amer. Math. Soc., **30** (1928), 275–306.

P. Alexandroff and H. Hopf, *Topologie*, Springer, 1935.

A. Andreotti and T. Frankel, The Lefschetz theorem on hyperplane sections, Annals of Math., **69** (1959), 713–717.

K. Brauner, Zur Geometrie der Funktionen zweier komplexen Veränderlichen III, IV, Abh. Math. Sem. Hamburg, **6** (1928), 8–54[1].

E. Brieskorn, Examples of singular normal complex spaces which are topological manifolds, Proc. Nat. Acad. Sci. U.S.A., **55** (1966), 1395–1397.

—, Beispiele zur Differentialtopologie von Singularitäten, Inventiones Math., **2** (1966), 1–14.

W. Browder and J. Levine, Fibering manifolds over a circle, Comment. Math. Helv., **40** (1965-66), 153–160.

F. Bruhat and H. Cartan, Sur la structure des sous-ensembles analytiques réels, C. R. Acad. Sci. Paris, **244** (1957), 988–990.

W. Burau, Kennzeichnung der Schlauchknoten, Abh. Math. Sem. Hamburg, **9** (1932), 125–133.

—, Kennzeichnung der Schlauchverkettungen, Abh. Math. Sem. Hamburg, **10** (1934), 285-397.

1 [訳注] II が同 1–7 にある．なお，I は，W. Blaschke が同雑誌 **5** (1927), 189–198 に書いている．

H. Cartan, Quotient d'un espace analytique par un groupe d'automorphismes, *Algebraic Geometry and Topology* (Lefschetz symposium volume), Princeton Univ. Press 1957, 90–102.

C. Chevalley, *Introduction to the theory of algebraic functions of one variable*, Amer. Math. Soc. Surveys #6, 1951.

H. Coxeter, *Regular polytopes*, New York, 1963[2].

R. H. Crowell, Corresponding group and module sequences, Nagoya Math. J., **19** (1961), 27–40.

—, The group G'/G'' of a knot group G, Duke Mah. J., **30** (1963), 349–354.

— and R. H. Fox, *Introduction to Knot Theory*, Ginn, 1963[3].

P. Du Val, On isolated singularities of surfaces which do not affect the conditions of adjunction, Proc. Cambridge Phil. Soc., **30** (1934), 453–459.

C. Ehresmann, Sur les espaces fibrés différentiables, Compt. Rend. Acad. Sci. Paris, **224** (1947), 1611–1612.

I. Fáry, Cohomologie des variétés algébriques, Annals of Math., **65** (1957), 21–73.

R. H. Fox, Free differential calculus, II. The isomorphism problem, Annals of Math., **59** (1954), 196–210.

L. M. Graves, *The Theory of Functions of Real Variables*, McGraw-Hill, 1956.

R. Gunning and H. Rossi, *Analytic Functions of Several Complex Variables*, Prentice-Hall, 1965.

G.-H. Halphen, Étude sur les points singuliers des courbes algébriques planes, Oeuvres, Tome 4, 1–93.

E. Hille, *Analytic Function Theory, vol. 1*, Ginn, 1959.

F. Hirzebruch, The topology of normal singularities of an algebraic surface (d'après Mumford), Séminaire Bourbaki, 15e année, 1962/63, No. 250.

—, Singularities and exotic spheres, Séminaire Bourbaki, 19e année, 1966/67, No. 314.

—, $O(n)$-Mannigfaltigkeiten, exotische Sphären, kuriose Involutionen, (preliminary draft), March 1966.

— and K. H. Mayer, *$O(n)$-Mannigfaltigkeiten, exotische Sphären und Singularitäten*, Springer Lecture Notes in Mathmatics, 57 (1968), 132 pages.

---

[2] [訳注] この文献は原著の参考文献欄にはないが，本文中で引用されているのでここに載せておいた．なお，関連する文献として，H. Coxeter, *Regular complex polytopes*, Cambridge Univ. Press, 1974 がある．

[3] [訳注] R. H. クロウェル，R. H. フォックス著『結び目理論入門』(寺阪英孝，野口広訳，岩波書店，1967)．

W. V. D. Hodge and D. Pedoe, *Methods of Algebraic Geometry, vol. 2*, Cambridge U. Press, 1952.

L. Hörmander, On the division of distributions by polynomials, Ark. Mat. **3**, (1958), 555–568.

S. T. Hu, *Theory of Retracts*, Wayne State Univ. Press, 1965.

W. E. Jenner, *Rudiments of Algebraic Geometry*, Oxford U. Press, 1963.

K. Kähler, Über die Verzweigung einer algebraischen Funktion zweier Veränderlichen in der Umgebung einen singulären Stelle, Math. Zeit., **30** (1929), 188–204.

M. Kervaire, A manifold which does not admit any differentiable structure, Commentarii Math. Helv., **34** (1960), 257–270.

— and J. Milnor, Groups of homotopy spheres I, Annals of Math., **77** (1963), 504–537.

F. Klein, *Lectures on the icosahedron and the solution of equations of the fifth degree*, Dover 1956[4].

S. Kobayashi, Fixed points of isometries, Nagoya Math. J., **13** (1958), 63–68.

S. Lang, *Introduction to Algebraic Geometry*, Interscience, 1958.

—, *Introduction to Differentiable Manifolds*, Interscience, 1962.

—, *Algebra*, Addison-Wesley, 1965.

S. Lefschetz, *Algebraic Geometry*, Princeton Univ. Press, 1953.

—, *Topology* (2nd ed.), Chelsea, 1956.

J. Levine, Polynomial invariants of knots of codimension two, Annals of Math., **84** (1966), 537–554.

S. Łojasiewicz, Sur le problème de la division, Rozprawy Mat., **22** (1961), 57 pp., または Studia Math., **18** (1959), 87–136.

—, Triangulation of semi-analytic sets, Annali Scu. Norm. Sup. Pisa, Sc. Fis. Mat. Ser. 3, v. 18, fasc. 4 (1964), 449–474.

J. Milnor, Construction of universal bundles II, Annals of Math., **63** (1956), 430–436.

—, *Morse Theory*, Annals Study #51, Princeton Univ. Press, 1963[5].

—, On the Betti numbers of real varieties, Proc. Amer. Math. Soc., **15** (1964), 275–280.

[4] ［訳注］ドイツ語原典からの英語訳で，原典は *Vorlesungen über das Ikosaeder und die Auflösung der Gleichungen vom fünften Grade*. 邦訳は，F. クライン著『正 20 面体と 5 次方程式』（関口次郎訳，シュプリンガー・フェアラーク東京，シュプリンガー数学クラシックス，1997）.

[5] ［訳注］J. ミルナー著『モース理論』（志賀浩二訳，吉岡書店，数学叢書 8，1968）.

—, *Topology from the Differentiable Viewpoint*, Univ. Virginia Press, 1965[6].

—, Infinite cyclic coverings, to appear[7].

M. Morse, *The calculus of variations in the large*, Amer. Math. Soc. Colloq. Publ. 18, (1934).

D. Mumford, The topology of normal singularities of an algebraic surface and a criterion for simplicity, Publ. math. No 9 l'Inst. des hautes études sci., Paris 1961.

L. Neuwirth, The algebraic determination of the genus of knots, Amer. J. Math., **82** (1962), 791–798.

—, On Stallings fibrations, Proc. Amer. Math. Soc., **14** (1963), 380–381.

F. Pham, Formules de Picard-Lefschetz généralisées et ramification des intégrales, Bull. Soc. Math. France, **93** (1965), 333–367.

E. S. Rapaport, On the commutator subgroup of a knot group, Annals of Math., **71** (1960), 157–162.

J. E. Reeve, A summary of results in the topological classification of plane algebroid singularities, Rendiconti Sem. Mat. Torino, **14** (1954–55), 159–187.

G. de Rham, *Variétés Différentiables*, Hermann, 1955.

J. F. Ritt, *Differential equations from the algebraic standpoint*, Amer. Math. Soc. Colloq. Publ., 14, New York, 1932. (p. 91 を参照.)

A. Sard, The measure of the critical values of differentiable maps, Bull. Amer. Math. Soc., **48** (1942), 883–897.

J. P. Serre, *Groupes algébriques et corps de classes*, Hermann, Paris, 1959.

S. Smale, Generalized Poincaré's conjecture in dimensions greater than four, Annals of Math., **74** (1961), 391–406.

—, On the structure of 5-manifolds, Annals of Math., **75** (1962), 38–46.

E. Spanier, *Algebraic Topology*, McGraw-Hill, 1966.

G. Springer, *Introduction to Riemann Surfaces*, Addison-Wesley, 1957.

J. Stallings, Polyhedral homotopy spheres, Bull. Amer. Math. Soc., **66** (1960), 485–488.

—, The piecewise linear structure of euclidean space, Proc. Cambr. Phil. Soc., **58** (1962), 481–488.

---

[6] [訳注] J. ミルナー著『微分トポロジー講義』(蟹江幸博訳, シュプリンガー・フェアラーク東京, シュプリンガー数学クラシックス, 1998).

[7] [訳注] *Conf. Topol. Manifolds*, Michigan State Univ. 1967, pp. 115–133 (1968) として出版されている.

—, On fibering certain 3-manifolds, *Topology of 3-manifolds and Related Topics*, (M. K. Fort Jr., ed.) Prentice-Hall, 1962, 95–100.

N. Steenrod, *The Topology of Fibre Bundles*, Princeton Univ. Press, 1951[8].

T. E. Stewart, On groups of diffeomorphisms, Proc. Amer. Math. Soc., **11** (1960), 559–563.

R. Thom, Sur l'homologie des variétés algébriques réeles, *Differential and Combinatorial Topology* (Morse symposium, S. Cairns ed.), Princeton Univ. Pess, 1965, 255–265.

B. L. van der Waerden, Zur algebraische Geometrie III; Über irreduzible algebraische Mannigfaltigkeiten, Math. Annalen, **108** (1933), 694–698.

—, *Einführung in die algebraische Geometrie*, Springer, 1939（Dover からも 1945 年に出版されている）[9].

—, *Modern Algebra*, Ungar, 1950[10].

C. T. C. Wall, Classification of $(n-1)$-connected $2n$-manifolds, Annals of Math., **75** (1962), 163–198.

A. H. Wallace, *Homology Theory of Algebraic Varieties*, Pergamon Press, 1958.

—, Algebraic approximation of curves, Canad. J. Math., **10** (1958), 242–278.

H. C. Wang, The homology groups of the fibre bundles over a sphere, Duke Math. J., **16** (1949), 33–38.

A. Weil, Numbers of solutions of equations in finite fields, Bull. Amer. Math. Soc., **55** (1949), 497–508.

H. Wendt, Die gordische Auflösung von Knoten, Math. Zeitschr., **42** (1937), 680–696.

H. Whitney[11], Elementary structure of real algebraic varieties, Annals of Math., **66** (1957), 545–556.

O. Zariski, On the topology of algebroid singularities, Amer. J. Math., **54** (1932), 453–465.

H. Zassenhaus, *The Theory of Groups*, Chelsea, 1958.

---

[8] [訳注] N. スチーンロッド著『ファイバー束のトポロジー』（大口邦雄訳，吉岡書店，数学叢書 26，1976）.

[9] [訳注] B. L. ファン・デル・ヴェルデン著『代数幾何学入門』（前田博信訳，シュプリンガー・フェアラーク東京，シュプリンガー数学クラシックス，1991）.

[10] [訳注] B. L. ファン・デル・ヴェルデン著『現代代数学 1, 2, 3』（銀林浩訳，東京図書，数学選書 1, 2, 3，1959–1960）.

[11] [訳注] この文献は原著にはないが，本文中でひんぱんに引用されているので，ここに入れておいた.

日本語版のための解説

1. 各章についての補足

ここでは，本文を読んで行く際に必要となるであろう事柄について，初学者にもわかるように多少詳しい解説をしてゆくことにする．本文中で「[補]」の印のついている部分の解説は必ずここに載っている．なお，かぎ括弧内に人名が書いてあるものは，原著にある文献（125～129 頁）を意味し，数字が書いてあるものは，参考文献表（197～210 頁）における文献番号を意味しているので，適宜参照していただきたい．

1.1 第 1 章について

1.1.1 可微分ファイバー束

ここでは可微分ファイバー束の定義を復習しておこう．

定義 1.1.1 $\pi : E \to B$ が**可微分ファイバー束** (smooth fiber bundle) であるとは，次のすべてを満たすときを言う．

(1) E, B は可微分多様体である．

(2) π は可微分であり，全射である．

(3) ある可微分多様体 F があって，任意の $b \in B$ に対してある開近傍 U と微分同相写像 $\Phi : U \times F \to \pi^{-1}(U)$ で，$\pi \circ \Phi(u, f) = u$ が任意の $(u, f) \in U \times F$ に対して成り立つものが存在する．

特に上の (3) を**局所自明条件** (local triviality condition) と言う．また，E を**全空間** (total space)，B を**底空間** (base space)，F を**ファイバー** (fiber) と言う．

定義 1.1.2 二つの可微分ファイバー束 $\pi_j : E_j \to B_j$ $(j = 1, 2)$ が**同型** (isomorphic) であるとは，微分同相写像 $\Phi : E_1 \to E_2$ と $\varphi : B_1 \to B_2$ があって図式

$$\begin{array}{ccc} E_1 & \xrightarrow{\Phi} & E_2 \\ {\scriptstyle \pi_1}\downarrow & & \downarrow{\scriptstyle \pi_2} \\ B_1 & \xrightarrow{\varphi} & B_2 \end{array}$$

が可換になるときを言う．(ただし，$B_1 = B_2$ のときは，φ が恒等写像であることを要求することが多い.)

可微分ファイバー束については，スチーンロッド [STEENROD] で詳しい解説がなされている．

1.1.2 ブーケについて

n 次元球面 S^n の μ 個のブーケ (bouquet)（**1 点和**とも言う）とは，次のように構成される位相空間のことを言う．まず S^n の μ 個のコピー $S_1^n, \ldots, S_\mu^n$ を用意し，そのおのおのから 1 点 $x_j \in S_j^n$ を選ぶ．そして，非交和 $S_1^n \cup \cdots \cup S_\mu^n$ において，$x_1, \ldots, x_n$ をすべて 1 点に同一視して得られる商空間を $S^n \vee \cdots \vee S^n$ と書き，S^n の μ 個のブーケと言う．この同相類は，もちろん点 x_j の選び方には依存しない．S^n の μ 個のブーケ $S^n \vee \cdots \vee S^n$ の n 次元ベッチ数はもちろん μ である．

1.2 第 2 章について

1.2.1 ネター環

ここではネター環の基本的な事柄について解説しておこう．

定義 1.2.1 可換環 A が**ネター環** (Noetherian ring) であるとは，その任意のイデアルが有限生成であるときを言う．

これに対して次が知られている（[57, §9] を参照）．

命題 1.2.2 可換環 A に対して，以下は同値である．

(1) A はネター環である．

(2) （**昇鎖条件**）A の勝手なイデアルの増大列

$$\mathfrak{a}_0 \subset \mathfrak{a}_1 \subset \mathfrak{a}_2 \subset \cdots$$

に対して，ある $r \geq 0$ が存在して，$\mathfrak{a}_j = \mathfrak{a}_r$ がすべての $j \geq r$ に対して成り立つ．

(3) (**極大条件**) A のイデアルからなる空でない集合族は，包含関係に関して極大元をもつ．

たとえば，任意の体はネター環である．ネター環に関しては，次がよく知られており，本文でもしばしば用いられている ([57, §25] を参照)．

定理 1.2.3 (**ヒルベルトの基底定理** (Hilbert's basis theorem)) A がネター環ならば，その上の多項式環 $A[x_1, \ldots, x_m]$ もまたネター環である．

これを用いて，本文中にある降鎖条件 2.1 を示すことができるが，それには次の補題が必要であろう．

補題 1.2.4 V_1, V_2 を代数的集合とするとき，$V_1 = V_2$ となるためには，$I(V_1) = I(V_2)$ となることが必要十分である．

証明． 必要性は明らかである．十分性を示そう．今，代数的集合 V に対して，$I(V) = (f_\lambda)_{\lambda \in \Lambda}$ だったとする (すなわち $I(V)$ の生成元を f_λ $(\lambda \in \Lambda)$ とする)．このとき，W を f_λ たちの共通零点集合とすると，$V \subset W$ となることは明らかである．もしある点 $z \in W - V$ があったとすると，任意の $\lambda \in \Lambda$ に対して $f_\lambda(z) = 0$ だが，V の定義多項式のうちある g で $g(z) \neq 0$ となるものがあることになる．ところが $g \in I(V) = (f_\lambda)$ なので，$g = h_1 f_{\lambda_1} + \cdots + h_r f_{\lambda_r}$ となる添え字 $\lambda_1, \ldots, \lambda_r \in \Lambda$ と多項式 $h_1, \ldots, h_r$ が存在する．よって，$g(z) = h_1(z) f_{\lambda_1}(z) + \cdots + h_r(z) f_{\lambda_r}(z) = 0$ となる．これは矛盾．したがって $V = W$ となる．すなわち，代数的集合 V は $I(V)$ で決定されることになるので，求める十分性が証明できたことになる．■

降鎖条件 2.1 の証明． 代数的集合の降下列 $V_1 \supset V_2 \supset V_3 \supset \cdots$ があれば，対応するイデアルの上昇列 $I(V_1) \subset I(V_2) \subset I(V_3) \subset \cdots$ がある．ヒルベルトの基底定理より，これは有限のところで安定化するので，上の補題より，代数的集合の降下列も安定化することがわかる．■

1.2.2 代数的集合について

本文中で言及されている次の命題を証明しよう．

命題 1.2.5 二つの代数的集合 V_1, V_2 の和集合 $V_1 \cup V_2$ はふたたび代数的集合である．

証明． V_1 の定義多項式を $f_\lambda \in \Phi[x_1, \ldots, x_m], \lambda \in \Lambda$，$V_2$ の定義多項式を $g_\mu \in \Phi[x_1, \ldots, x_m], \mu \in M$ とする．そこで W を $f_\lambda g_\mu, (\lambda, \mu) \in \Lambda \times M$ の共通零点集合として定まる代数的集合とする．$V_1 \cup V_2 \subset W$ となることは明らかである．もし

$\boldsymbol{a} \in \Phi^m$ が $\boldsymbol{a} \in W - V_1$ を満たすならば，ある $\lambda_0 \in \Lambda$ に対して $f_{\lambda_0}(\boldsymbol{a}) \neq 0$ となるが，$f_{\lambda_0}(\boldsymbol{a})g_\mu(\boldsymbol{a}) = 0$ が任意の $\mu \in M$ に対して成り立つので，$g_\mu(\boldsymbol{a}) = 0$ となる（Φ は体であり，したがって整域であることに注意）．したがって $\boldsymbol{a} \in V_2$ となる．すなわち，$W - V_1 \subset V_2$ となる．これから $W \subset V_1 \cup V_2$ がただちに従うので，$W = V_1 \cup V_2$ となる．W は代数的集合だったので，これで証明が終わる．■

次の命題も本文中で言及されている．

命題 1.2.6 空でない代数的集合 V が代数多様体（すなわち，既約な代数的集合）となるためには，$I(V)$ が素イデアルであることが必要十分である．

証明. $V \neq \emptyset$ ゆえ，$I(V) \neq \Phi[x_1, \ldots, x_m]$ となることにまず注意しよう．V が既約であったとする．もし $I(V)$ が素イデアルでないとすると，ある $f, g \in \Phi[x_1, \ldots, x_m]$ で，$fg \in I(V)$ かつ $f, g \notin I(V)$ なるものが存在する．そこで，V を $fg, f_\lambda, \lambda \in \Lambda$ の共通零点集合とし，V_1 を $f, f_\lambda, \lambda \in \Lambda$ の共通零点集合，V_2 を $g, f_\lambda, \lambda \in \Lambda$ の共通零点集合とする．すると，$f, g \notin I(V)$ ゆえ V_1, V_2 は V の真部分代数的集合であり，しかも $V = V_1 \cup V_2$ となることがわかる．これは V が既約であることに反する．よって $I(V)$ は素イデアルである．

逆に $I(V)$ が素イデアルであると仮定しよう．もし V が既約でなかったとすると，V の真部分代数的集合 V_1, V_2 で，$V_1 \cup V_2 = V$ となるものが存在する．V_1 を $f_\lambda, \lambda \in \Lambda$ の共通零点集合，V_2 を $g_\mu, \mu \in M$ の共通零点集合とすると，V は，$f_\lambda g_\mu, (\lambda, \mu) \in \Lambda \times M$ の共通零点集合となる（命題 1.2.5 を参照）．V_1, V_2 は V の真部分集合ゆえ，ある $\lambda_0 \in \Lambda, \mu_0 \in M$ が存在して，$f_{\lambda_0}(V) \neq 0, g_{\mu_0}(V) \neq 0$ となる．すなわち，$f_{\lambda_0}, g_{\mu_0} \notin I(V)$ となる．ところが，$f_{\lambda_0} g_{\mu_0} \in I(V)$ である．これは $I(V)$ が素イデアルであることに反する．よって V は既約である．■

次に，8 頁で言及されている次の事実を証明しよう．

命題 1.2.7 V が代数多様体であり，W がその真部分代数多様体であるならば，W の次元は V の次元より真に小さい．

証明. $\Phi[x_1, \ldots, x_m]/I(W)$ の次元を k とすると，

$$0 = \mathfrak{p}_k \subsetneqq \mathfrak{p}_{k-1} \subsetneqq \cdots \subsetneqq \mathfrak{p}_0 \subsetneqq \Phi[x_1, \ldots, x_m]/I(W)$$

となる素イデアルの列が存在する（詳細は，この後に出てくる定理 1.2.10 を参照）．すると，

$$I(W) = \tilde{\mathfrak{p}}_k \subsetneqq \tilde{\mathfrak{p}}_{k-1} \subsetneqq \cdots \subsetneqq \tilde{\mathfrak{p}}_0 \subsetneqq \Phi[x_1, \ldots, x_m]$$

なる素イデアルの列が存在することになる．仮定と命題 1.2.4 より，$I(V) \subsetneqq I(W)$ となるので，これから，素イデアルの列

$$I(V) \subsetneqq \tilde{\mathfrak{p}}_k \subsetneqq \tilde{\mathfrak{p}}_{k-1} \subsetneqq \cdots \subsetneqq \tilde{\mathfrak{p}}_0 \subsetneqq \Phi[x_1, \ldots, x_m]$$

が存在することになる．これは，整域 $\Phi[x_1, \ldots, x_m]/I(V)$ の次元が k より真に大きいことを示している（後に出てくる定義 1.2.9 を参照）．よって，V の次元は W の次元 k よりも真に大きいことになる． ■

1.2.3 例 A, B, C について

ここにあげてある多項式は，すべて複素数体上既約である．このことはたとえば次のような（あまりエレガントとは言えないが）初等的な方法で確かめることができる．

もし例 A にある多項式 $y^2 - x^2(1-x^2)$ が既約でなかったとしよう．すると，これを $\mathbf{C}[x]$ 係数の y に関する多項式であると考えると，その次数は 2 であるので，

$$(1) \qquad a_0(x)(b_2(x)y^2 + b_1(x)y + b_0(x)),$$

$$(2) \qquad (a_1(x)y + a_0(x))(b_1(x)y + b_0(x))$$

のいずれかの形に因数分解できることになる．y に関する最高次数の項を考えると，(1) の場合 $a_0(x)$ は，ゼロでない定数でなければならないことがわかるので，これでは問題の多項式が可約であることにはならない．(2) の場合は，$a_1(x), b_1(x)$ ともにゼロでない定数となるので，どちらも 1 に等しいとできる．すると，y の係数が消えることから，$a_0(x) = -b_0(x)$ がわかり，したがって $x^2(1-x^2) = x^2(1-x)(1+x)$ が $\mathbf{C}[x]$ の中で何かの平方になることがわかる．しかしこれは，$\mathbf{C}[x]$ が一意分解整域であることに反する（詳細は [57, §9, §21] を参照）．よって問題の多項式は既約であることになる．

他の多項式

$$y^2 - x^2(x-1), \quad y^3 - x^{100}, \quad y^3 + 2x^2y - x^4$$

についても基本的には同様の手法で既約であることが示せる．

また，これらの多項式 f で定まる実代数的集合が原点のみを特異点にもつことは次のようにして確かめることができる．まず補題 2.5 より，実代数的集合としての特異点は，

$$f(x,y) = 0, \ \frac{\partial f}{\partial x}(x,y) = \frac{\partial f}{\partial y}(x,y) = 0$$

を満たす点 $(x,y) \in \mathbf{R}^2$ であることがわかる．あとは，原点がこれを満たし，それ以外にはこれを満たす点がないことを計算によって確かめればよいことになる．

最後に，$y^3 = x^{100}$ で定まる複素曲線の原点のまわりでの状況は，第 1 章の最初（2 頁を参照）において，$p = 3, q = 100$ と置いてできるものと同じであり，$(3,100)$-型トーラス結び目が球面との交わりとして現れる．また，$y^3 + 2x^2y = x^4$ で定まる複素曲線が，原点のまわりで三つの非特異分枝からなることは，たとえば次のように

確かめることができる．

$$y^3 + 2x^2y - x^4 = 0$$

を y に関する 3 次方程式だと思って，解の公式を適用すると，y を x について形式的に解くことができる．するとこれらの各解が，$x = 0$ の近くで定義されたある正則関数 $a_i(x), i = 1, 2, 3$ を用いて，$y = xa_i(x)$ という形に書け，しかも $a_i(0)$ が三つとも互いに異なる複素数であることが確かめられる．こうして求めることが確かめられることになる．

1.2.4 複素代数多様体の特異点のまわりでの状況について

10 頁の注の証明中で使われている事実をいくつか証明しておこう．

(1) $iT_{\boldsymbol{z}} = T_{\boldsymbol{z}}$ が任意の $\boldsymbol{z} \in V$ で成り立つこと．

V が $\mathbf{C}^m$ の C^1 級の部分多様体であるという仮定より，$\boldsymbol{z}$ の $\mathbf{C}^m = \mathbf{R}^{2m}$ におけるある近傍 $U_1(\subset U)$ 上で定義された C^1 級の座標系

$$(u_1, u_2, \ldots, u_{2n}, \ldots, u_{2m})$$

で，

$$U_1 \cap V = \{\boldsymbol{x} \in U_1 \mid u_{2n+1}(\boldsymbol{x}) = \cdots = u_{2m}(\boldsymbol{x}) = 0\}$$

となるものがとれる．$T_{\boldsymbol{z}}$ が $(\partial/\partial u_1)_{\boldsymbol{z}}, \ldots, (\partial/\partial u_{2n})_{\boldsymbol{z}}$ で張られることに注意しよう．i 倍するという作用素は連続だから，各 $j = 1, 2, \ldots, 2n$ に対して

$$i\left(\frac{\partial}{\partial u_j}\right)_{\boldsymbol{x}} = \sum_{p=1}^{2m} \alpha_p(\boldsymbol{x})\left(\frac{\partial}{\partial u_p}\right)_{\boldsymbol{x}}, \quad \boldsymbol{x} \in U_1 \cap V$$

となるような実数値連続関数 $\alpha_p : U_1 \cap V \to \mathbf{R}$ が存在する．$\boldsymbol{x} \in U_1 \cap V - \Sigma(V)$ のときは $\alpha_{2n+1}(\boldsymbol{x}) = \cdots = \alpha_{2m}(\boldsymbol{x}) = 0$ であるが，リットの定理より，$V - \Sigma(V)$ は V で稠密ゆえ，α_p の連続性より，$\alpha_{2n+1}(\boldsymbol{x}) = \cdots = \alpha_{2m}(\boldsymbol{x}) = 0$ がすべての $\boldsymbol{x} \in U_1 \cap V$ に対して成り立つことがわかる．よって $iT_{\boldsymbol{z}} \subset T_{\boldsymbol{z}}$ が示された．するとこの両辺に i 倍を作用させて，$T_{\boldsymbol{z}} = i(iT_{\boldsymbol{z}}) \subset iT_{\boldsymbol{z}}$ を得るので，求めることが証明できたことになる． ■

(2) $U' \cap V$ が，$(z_1, \ldots, z_n)$（複素）座標空間の開部分集合から，$(z_{n+1}, \ldots, z_m)$（複素）座標空間への C^1 級写像 F のグラフと見なせること．

$U \cap V$ は，$\mathbf{C}^m$ の実 C^1 級部分多様体であるので，実座標をうまくとって，$U' \cap V$ が実 C^1 級写像のグラフと見なせるようにできることは容易にわかる．これはたとえば，点 $\boldsymbol{z} \in V$ における接空間 $T_{\boldsymbol{z}}$ への直交射影を，V における $\boldsymbol{z}$ の近傍に制限した

写像が実 C^1 級微分同相写像であることを用いればわかる．ところが，(1) で示したように，接空間が $\mathbf{C}^m$ の複素線形部分空間となっているので，そのような直交射影としては複素線形射影がとれることになる．よって，求める座標系は複素座標としてとれることになる． ■

1.2.5 補題 2.5 について

補題 2.5 の直後に書いてあるように，補題 2.5 の V が既約であることを証明しておこう．

もし既約でなかったとすると，多項式 g, h で，$g, h \notin I(V)$ だが，$gh \in I(V)$ となるものがある．よって補題 2.5 より，gh は f で割り切れる．ところが，体 Φ 上の多項式環は一意分解整域であるので（詳細は [57, §9, §21] を参照），f の既約性から g または h が f で割り切れることになる．これは $g, h \notin I(V)$ に反する．よって V は既約な代数的集合である． ■

次に本文中で用いられているヒルベルトの零点定理の正確な主張を念のため書いておこう．詳細はたとえばファン・デル・ヴェルデン [VAN DER WAERDEN, *Modern Algebra*] の §79 を参照して欲しい．

定理 1.2.8（ヒルベルトの零点定理 (Hilbert's Nullstellensatz)）f を $\Phi[x_1, \ldots, x_m]$ の元で，多項式 $f_1, \ldots, f_r$ のすべての共通零点で 0 になるとすると，ある自然数 ρ に対して，$f^\rho \in (f_1, \ldots, f_r)$ となる．ここで，$(f_1, \ldots, f_r)$ は，$f_1, \ldots, f_r$ で生成される $\Phi[x_1, \ldots, x_m]$ のイデアルを表す．

では上を用いて，補題 2.5 を複素の場合に証明しよう．もし $g \in I(V)$ ならば，ヒルベルトの零点定理より，ある自然数 ρ に対して $g^\rho \in (f)$ となる．f は既約なので，(f) は素イデアルとなり，したがって $g \in (f)$ がわかる．よって $I(V) \subset (f)$ である．$I(V) \supset (f)$ は明らかなので，これで $I(V) = (f)$ が示された．

次に補題 2.5 の証明において，$(f) = I(V_j)$ となることを示そう．

定義 1.2.9 一般に A を整域とするとき，A の次元 (dimension) $\dim A$ を，A の素イデアルの列

$$\mathfrak{p}_\ell \subsetneqq \mathfrak{p}_{\ell-1} \subsetneqq \cdots \subsetneqq \mathfrak{p}_0 \subsetneqq A$$

が存在するような 0 以上の整数 ℓ の上限 (sup) として定義する．

これに関しては次が知られている（詳細は [60] を参照）．

定理 1.2.10 体 k に対して以下が成り立つ．

(1) $\dim k[x_1, \ldots, x_n] = n$ が成り立つ．

(2) A を，体 k 上の有限生成な整域とすると，$\dim A$ は，A の商体 $Q(A)$ の k 上の超越次数に等しい．

(3) $f \in k[x_1, \ldots, x_n]$ を既約な多項式とすると，$\dim(k[x_1, \ldots, x_n]/(f)) = n-1$ が成り立つ．よって (2) より特に，$Q(k[x_1, \ldots, x_n]/(f))$ の k 上の超越次数は $n-1$ に等しい．

では $(f) = I(V_j)$ となることを示そう．$A = \mathbf{R}[x_1, \ldots, x_m]/I(V_j)$ の次元は $m-1$ なので，A の素イデアルの列

$$(0) = \mathfrak{p}_{m-1} \subsetneqq \mathfrak{p}_{m-2} \subsetneqq \cdots \subsetneqq \mathfrak{p}_0 \subsetneqq A$$

が存在する．すると $I(V_j)$ は素イデアルゆえ，$\mathbf{R}[x_1, \ldots, x_m]$ の素イデアルの列

$$I(V_j) = \tilde{\mathfrak{p}}_{m-1} \subsetneqq \tilde{\mathfrak{p}}_{m-2} \subsetneqq \cdots \subsetneqq \tilde{\mathfrak{p}}_0 \subsetneqq \mathbf{R}[x_1, \ldots, x_m]$$

が存在することになる．そこでもし $(f) \subsetneqq I(V_j)$ と仮定すると，$A' = \mathbf{R}[x_1, \ldots, x_m]/(f)$ の素イデアルの列

$$(0) \subsetneqq \tilde{\mathfrak{p}}_{m-1}/(f) \subsetneqq \tilde{\mathfrak{p}}_{m-2}/(f) \subsetneqq \cdots \subsetneqq \tilde{\mathfrak{p}}_0/(f) \subsetneqq A'$$

が存在することになるが，これは $\dim A' = m-1$ に反する．よって $(f) = I(V_j)$ となる． ■

1.2.6　系 2.9 と横断性について

一般に，ある多様体 M 内に二つの部分多様体 X_1, X_2 があったとしよう．このとき点 $p \in X_1 \cap X_2$ において X_1 と X_2 が**横断的に交わる** (intersect transversely) とは，任意の接ベクトル $v \in T_pM$ に対して，ある接ベクトル $v_i \in T_pX_i$, $i = 1, 2$ が存在して，$v = v_1 + v_2$ と書けるときを言う．

系 2.9 の脚注にあることを示すには，次のことを示せば十分である．

補題 1.2.11 可微分関数 $r : M \to \mathbf{R}$ とその正則値 $a \in \mathbf{R}$ が存在して，$X_2 = r^{-1}(a)$ かつ $r(p) = a$ とする．もし点 p が $r|X_1 : X_1 \to \mathbf{R}$ の正則点であるならば，p において X_1 と X_2 は横断的に交わる．

証明． 勝手な接ベクトル $v \in T_pM$ をとる．仮定より，ある接ベクトル $v_1 \in T_pX_1$ が存在して，$dr_p(v) = dr_p(v_1)$ となる．すると，$v - v_1$ は $dr_p : T_pM \to T_a\mathbf{R}$ の核の元であるので，$X_2 = r^{-1}(a)$ の接ベクトルとなる．これを v_2 とすれば，求めることが示せたことになる． ■

1.2.7 定理 2.10 について

定理 2.10 の証明で，写像 P が，直積 $S_\varepsilon \times (0, \varepsilon^2]$ を，穴あき円板 $D_\varepsilon - \boldsymbol{x}^0$ の上に微分同相に写すことを示そう．

まず $Q_1 : D_\varepsilon - \boldsymbol{x}^0 \to S_\varepsilon$ を次のように定義する．各 $\boldsymbol{x} \in D_\varepsilon - \boldsymbol{x}^0$ に対して，$Q_1(\boldsymbol{x})$ を，$\boldsymbol{x}$ を通る解曲線と S_ε との交わりとして定める．これは本文中で行われている考察よりきちんと定義でき，しかも可微分である．そこで，$Q : D_\varepsilon - \boldsymbol{x}^0 \to S_\varepsilon \times (0, \varepsilon^2]$ を，$Q(\boldsymbol{x}) = (Q_1(\boldsymbol{x}), r(\boldsymbol{x}))$ で定める．すると Q も可微分であり，微分方程式の解の一意性より，P と Q は互いに他の逆写像になっていることが確かめられる．よって $P : S_\varepsilon \times (0, \varepsilon^2] \to D_\varepsilon - \boldsymbol{x}^0$ は微分同相写像である．■

1.2.8 補題 2.12 について

補題 2.12 の中で，可微分関数 $r(\boldsymbol{x}) = ||\boldsymbol{x} - \boldsymbol{x}^0||^2$ を $M_1 = V - \Sigma(V)$ に制限したものが，$\boldsymbol{x}^0$ を非退化臨界点にもつことを示そう．

まず，$\boldsymbol{x}^0$ のまわりの $\mathbf{R}^m$ の局所座標系 $y_1, \ldots, y_m$ で，$y_{k+1} = \cdots = y_m = 0$ を満たすところが M_1 に対応するようなものをとる（このとき，$y_1, \ldots, y_k$ が M_1 の局所座標系に採用できることに注意）．すると，$r : \mathbf{R}^m \to \mathbf{R}$ は点 $\boldsymbol{x}^0$ を臨界点にもつので，任意の j に対して $\partial r / \partial y_j(\boldsymbol{x}^0) = 0$ となる．よって，r を M_1 に制限したものも $\boldsymbol{x}^0$ を臨界点にもつことがわかる．

さらに，r は $\boldsymbol{x}^0$ を非退化臨界点にもつので，そのヘッセ行列

$$H_{\boldsymbol{x}^0} = (\partial^2 r / \partial y_j \partial y_\ell(\boldsymbol{x}^0))_{1 \leq j, \ell \leq m}$$

は非退化となる．しかも指標は 0 なので，$H_{\boldsymbol{x}^0}$ は正値対称行列となる．すると 2 次形式の理論より（たとえば，[177] を参照），$H_{\boldsymbol{x}^0}$ の最初の k 行 k 列からなる行列 $(\partial^2 r / \partial y_j \partial y_\ell(\boldsymbol{x}^0))_{1 \leq j, \ell \leq k}$ も非退化となる．これは $r|M_1$ が $\boldsymbol{x}^0$ を非退化臨界点にもつことを示している．■

次に，補題 2.12 の証明中で用いられている，次の事実を証明しておこう．

定理 1.2.12（**精密化されたモースの補題** (sharpened form of Morse's lemma)）
M を n 次元可微分多様体とし，N をその k 次元部分多様体とする．今，可微分関数 $f : M \to \mathbf{R}$ が点 $p \in N$ を非退化臨界点にもち，さらに $f|N : N \to \mathbf{R}$ も点 p を非退化臨界点にもつならば，点 p のまわりの M の局所座標系 $u_1, \ldots, u_n$ で，次の性質を満たすものが存在する．

(1) $f(u_1, \ldots, u_n) = f(p) \pm u_1^2 \pm \cdots \pm u_n^2$.

(2) $u_{k+1} = \cdots = u_n = 0$ となるところが N に対応する．

証明. まず，点 p のまわりの M の局所座標系 $x_1, \ldots, x_n$ で，$x_{k+1} = \cdots = x_n = 0$ なるところが N に対応するものを選ぶ．この座標系を使って，$f : M \to \mathbf{R}$ に対するモースの補題の証明を，(たとえば) ミルナー [Milnor, *Morse Theory*] の補題 2.2 の証明に沿ってたどってゆこう．簡単のため，点 p が $(x_1, \ldots, x_n) = (0, \ldots, 0)$ に対応し，$f(p) = 0$ としておこう．すると，ある可微分関数 $h_{j\ell}$ で，$h_{j\ell} = h_{\ell j}$ を満たし，かつ

$$f(x_1, \ldots, x_n) = \sum_{j,\ell=1}^{n} x_j x_\ell h_{j\ell}(x_1, \ldots, x_n)$$

を満たすものが存在する．このとき，次の主張を s に関する帰納法で証明しよう．

主張. 点 p のまわりの局所座標系 $u_1, \ldots, u_n$ と，可微分関数 $H_{j\ell}$ $(j, \ell \geq s)$ で，$H_{j\ell} = H_{\ell j}$ を満たし，

$$f = \pm u_1^2 \pm \cdots \pm u_{s-1}^2 + \sum_{j,\ell \geq s} u_j u_\ell H_{j\ell}(u_1, \ldots, u_n)$$

となり，なおかつ

$$u_{k+1} = \cdots u_n = 0 \Longleftrightarrow x_{k+1} = \cdots = x_n = 0 \tag{2.1}$$

となるものが存在する．

$s = 1$ のときは上に述べたことから成り立つことがわかっている．s のときに正しかったとしよう．

(1) $s \leq k$ のとき．

点 p における f の $u_1, \ldots, u_n$ に関するヘッセ行列は次のような形になる．

$$\begin{pmatrix} \pm 2 & & & \\ & \ddots & & 0 \\ & & \pm 2 & \\ & 0 & & (2H_{j\ell}(0))_{s \leq j,\ell \leq n} \end{pmatrix}.$$

帰納法の仮定より，$u_1, \ldots, u_k$ が N に対する局所座標として採用でき，なおかつ $f|N$ は点 p を非退化臨界点にもつので，行列 $(2H_{j\ell}(0))_{s \leq j,\ell \leq k}$ が非退化であることがわかる．よって，$u_s, \ldots, u_k$ に適当に線形変換を施して，$H_{ss}(0) \neq 0$ としてよい．すると，点 p の十分小さな近傍 U_1 上 $H_{ss} \neq 0$ であり，常に一定の符号をとるとしてよい．このとき新しい座標 $v_1, \ldots, v_n$ を

$$\begin{aligned} &v_j = u_j, \quad j \neq s \text{ のとき} \\ &v_s(u_1, \ldots, u_n) = \sqrt{|H_{ss}(u_1, \ldots, u_n)|} \\ &\qquad \times \left(u_s + \sum_{j \geq s+1} u_j H_{js}(u_1, \ldots, u_n) / H_{ss}(u_1, \ldots, u_n) \right) \end{aligned}$$

で定める．逆関数定理から，$v_1, \ldots, v_n$ が，点 p の十分小さな近傍 $U_2 \subset U_1$ 上で実際に座標系として採用できることがわかる．すると，適当な可微分関数 $H'_{j\ell}$ $(j, \ell \geq s+1)$ が存在して，$H'_{j\ell} = H'_{\ell j}$ を満たし，

$$f = \pm v_1^2 \pm \cdots \pm v_s^2 + \sum_{j,\ell \geq s+1} v_j v_\ell H'_{j\ell}(v_1, \ldots, v_n)$$

となり，なおかつ

$$v_{k+1} = \cdots = v_n = 0 \Longleftrightarrow u_{k+1} = \cdots = u_n = 0 \Longleftrightarrow x_{k+1} = \cdots = x_n = 0$$

となることがわかる．

(2) $s > k$ のとき．

f は点 p を非退化臨界点にもつので，行列 $(2H_{j\ell}(0))_{s \leq j,\ell \leq n}$ は非退化であることがわかる．よって，必要なら $u_s, \ldots, u_n$ に線形変換を施して（こうしても，(2.1) の条件が保たれることに注意しよう），$H_{ss}(0) \neq 0$ としてよい．あとは (1) の場合と同様にして $v_1, \ldots, v_n$ を定めると，求める性質をもつことが容易に確かめられる．

以上より主張が証明されたので，$s = n + 1$ として定理を得る． ■

1.3 第3章について

1.3.1 補題 3.3 について

証明の中で言及されている次の主張を証明しておこう．

補題 1.3.1 $V_{\mathbf{C}}$ の各分枝は，$\mathbf{R}^m$ と，V の高々一つの分枝でしか交わらない．

証明． $V_{\mathbf{C}}$ の分枝のパラメータ表示を，29 頁のノートに記述されているようにとる．もし V の二つの分枝で交わったとすると，1 の 2μ 乗根 ξ_1, ξ_2 であって，すべての j に対して $\boldsymbol{a}_j \xi_1^j, \boldsymbol{a}_j \xi_2^j \in \mathbf{R}^m$ となり，なおかつ $\xi_1 \neq \pm\xi_2$ となるものが存在する．すると $\boldsymbol{a}_j \neq \mathbf{0}$ なる j に対して $(\xi_1/\xi_2)^j \in \mathbf{R}$ となるが，このような j 全体の最大公約数は 1 であるから，$\xi_1/\xi_2 \in \mathbf{R}$ とならなければならない．これは矛盾．よって交わりは高々一つの分枝である． ■

1.3.2 実解析的関数について

補題 3.1 の証明の最後の部分で次の事実を使っているので，証明を与えておこう．

補題 1.3.2 $\alpha(t)$ を $0 \leq t < \varepsilon$ で定義された実解析的関数とする．このとき $\alpha(0) = 0$ ならば，ある $0 < \varepsilon' \leq \varepsilon$ が存在して，次のいずれかが満たされる．

(1) 任意の $0 < t < \varepsilon'$ に対して $\alpha(t) > 0$ となる．
(2) 任意の $0 < t < \varepsilon'$ に対して $\alpha(t) \leq 0$ となる．

証明． もし上のような $\varepsilon' > 0$ が存在しなかったとすると，どんなに小さな $\delta_1 > 0$ をとっても，ある $0 < t < \delta_1$ で $\alpha(t) > 0$ となるものが存在し，さらに，どんなに小さな $\delta_2 > 0$ をとっても，ある $0 < t < \delta_2$ で $\alpha(t) \leq 0$ となるものが存在する．したがって，中間値の定理より，どんなに小さな $\delta_3 > 0$ をとっても，ある $0 < t < \delta_3$ で $\alpha(t) = 0$ となるものが存在することになる．すなわち，実解析的関数 α のゼロ点が集積点をもつことになる．これは $\alpha(t) \equiv 0$ を意味するが，すると (2) が満たされることになって，仮定に反する．よって背理法により求めることが示された．

あるいは次のように直接的に考えてもよい．$\alpha(t)$ はベキ級数展開をもつので，恒等的にゼロでなければ，

$$\alpha(t) = a_\gamma t^\gamma + a_{\gamma+1} t^{\gamma+1} + \cdots$$

なる $\gamma \geq 0$ で $a_\gamma \neq 0$ なるものが存在する．よって，$\alpha(t) = t^\gamma F(t)$ と書き表される．ここで

$$F(t) = a_\gamma + a_{\gamma+1} t + \cdots$$

も実解析的関数であって，$F(0) \neq 0$ である．$F(t)$ は連続関数であるから，ある ε' で $\varepsilon \geq \varepsilon' > 0$ なるものが存在して，すべての $0 \leq t < \varepsilon'$ に対して $F(t) > 0$，またはすべての $0 \leq t < \varepsilon'$ に対して $F(t) < 0$ となる．すると ε' が求めるものであることがわかる．■

1.4　第 4 章について

1.4.1　補題 4.3 について

補題 4.3 の証明の最後の部分で，$W - (V \cap W)$ が，原点にいくらでも近い点 $\boldsymbol{z}$ で，$\lambda'(\boldsymbol{z}) = 0$ あるいは

$$|\mathrm{argument}\, \lambda'(\boldsymbol{z})| = \pi/4$$

を満たすものを含むときの議論について，少し詳しく解説しておこう．この場合は，

$$W' = \{\boldsymbol{z} \in W \mid \mathcal{R}((1+i)\lambda'(\boldsymbol{z}))\mathcal{R}((1-i)\lambda'(\boldsymbol{z})) = 0\}$$

と置き，

$$U' = \{\boldsymbol{z} \in \mathbf{C}^m \mid ||f(\boldsymbol{z})||^2 > 0\}$$

と置く．W' は実代数的集合であり，U' は多項式による不等式で定義されていることに注意しよう．すると仮定から，$W' \cap U'$ の閉包が原点を含むことになる．すると曲

線選択補題 3.1 より，実解析的道

$$\boldsymbol{p} : [0, \varepsilon) \to \mathbf{C}^m$$

で，$\boldsymbol{p}(0) = \mathbf{0}$ であり，すべての $t > 0$ に対して

$$\boldsymbol{p}(t) \in W' \cap U'$$

となるものが存在する．任意の $t > 0$ に対して $\boldsymbol{p}(t) \in W - V$ なので，

$$\begin{aligned}
&\boldsymbol{grad} \log f(\boldsymbol{p}(t)) = \lambda(t)\boldsymbol{p}(t), \\
&\mathcal{R}((1+i)\lambda'(\boldsymbol{p}(t)))\mathcal{R}((1-i)\lambda'(\boldsymbol{p}(t))) = 0, \\
&f(\boldsymbol{p}(t)) \neq 0
\end{aligned}$$

が成り立つ．これは補題 4.4 に矛盾する．よってこのようなことは起こり得ないことになる．

1.5 第5章について

1.5.1 補題 5.3 について

次の補題が証明の中で使われているので，証明を与えておこう．

補題 1.5.1 $F_\theta \subset \mathbf{C}^m$ の点 $\boldsymbol{z} \in F_\theta$ における法ベクトル全体からなる空間は，$\boldsymbol{z}$ と $i\,\boldsymbol{grad} \log f(\boldsymbol{z})$ で張られる実 2 次元ベクトル空間である．

証明. $\boldsymbol{v}$ を F_θ の点 $\boldsymbol{z}$ における任意の接ベクトルとすると，$\boldsymbol{v}$ は S_ε に接するから，$\mathcal{R}\langle \boldsymbol{v}, \boldsymbol{z} \rangle = 0$ となる．さらに，補題 4.1 の証明より，$\mathcal{R}\langle \boldsymbol{v}, i\,\boldsymbol{grad} \log f \rangle$ は θ の $\boldsymbol{v}$ 方向への方向微分に等しいが，F_θ 上では θ の値は一定なので，これはゼロになる．したがって，$\boldsymbol{z}$ も $i\,\boldsymbol{grad} \log f(\boldsymbol{z})$ も法ベクトルである．

もしそれらが実数体上一次従属であったとすると，補題 4.1 の証明より，F_θ 上に ϕ の臨界点があることになってしまうが，これは ε_0 の選び方に反する．よって $\boldsymbol{z}$ と $i\,\boldsymbol{grad} \log f(\boldsymbol{z})$ は実数体上一次独立である．

法ベクトル空間が実 2 次元であることはわかっているので，これで証明が終わる．■

補題 1.5.2 ベクトル $\boldsymbol{grad} \log f(\boldsymbol{z})$, $\boldsymbol{z}$, $i\,\boldsymbol{grad} \log f(\boldsymbol{z})$ の間に実線形関係式が存在するためには，ベクトル $\boldsymbol{grad} \log f(\boldsymbol{z})$ が $\boldsymbol{z}$ の複素数倍となることが必要十分である．

証明. もし実線形関係式があれば，$\boldsymbol{z}$ と $i\,\boldsymbol{grad} \log f(\boldsymbol{z})$ は実数体上一次独立であるので，ある実数 a, b に対して $\boldsymbol{grad} \log f(\boldsymbol{z}) = a\boldsymbol{z} + bi\,\boldsymbol{grad} \log f(\boldsymbol{z})$ となる．こ

れより，

$$\boldsymbol{grad}\log f(\boldsymbol{z}) = \frac{a}{1-bi}\boldsymbol{z}$$

がわかる．

逆に，$\boldsymbol{grad}\log f(\boldsymbol{z}) = (c+di)\boldsymbol{z}$ となる実数 c, d があったとする．$c=0$ とすると，$\boldsymbol{z}$ と $i\,\boldsymbol{grad}\log f(\boldsymbol{z})$ が実数体上一次独立であることに反するので，$c \neq 0$ である．そこで，

$$a = c + \frac{d^2}{c},\ b = \frac{d}{c} \in \mathbf{R}$$

と置くと，$\boldsymbol{grad}\log f(\boldsymbol{z}) = a\boldsymbol{z} + bi\,\boldsymbol{grad}\log f(\boldsymbol{z})$ となることが確かめられる．■

1.5.2　注 5.4 について

補題 1.5.3 $i\,\boldsymbol{grad}\log f(\boldsymbol{z})$ が $\boldsymbol{z}$ の複素数倍であったとする．このときベクトル $\boldsymbol{v}$ が $\boldsymbol{z}$ と $i\,\boldsymbol{grad}\log f(\boldsymbol{z})$ の両方に実内積で直交するためには，それが複素内積で $\boldsymbol{z}$ に直交することが必要十分である．

証明． まず，$\boldsymbol{v}$ が $\boldsymbol{z}$ と $i\,\boldsymbol{grad}\log f(\boldsymbol{z})$ に実内積で直交したとすると，仮定より（補題 5.3 の証明を参照），$\boldsymbol{v}$ は $\boldsymbol{grad}\log f(\boldsymbol{z})$ とも実内積で直交する．したがって $\langle \boldsymbol{v}, \boldsymbol{grad}\log f(\boldsymbol{z})\rangle$ の実部も虚部もゼロとなる．さらに仮定より $\boldsymbol{grad}\log f(\boldsymbol{z})$ は $\boldsymbol{z}$ の複素数倍なので，$\langle \boldsymbol{v}, \boldsymbol{z}\rangle = 0$ が従う．

逆に $\langle \boldsymbol{v}, \boldsymbol{z}\rangle = 0$ とすると，仮定より $\langle \boldsymbol{v}, i\,\boldsymbol{grad}\log f(\boldsymbol{z})\rangle$ もゼロとなる．よって $\boldsymbol{v}$ が $\boldsymbol{z}$ と $i\,\boldsymbol{grad}\log f(\boldsymbol{z})$ に実内積で直交することが従う．■

1.5.3　補題 5.7 について

本文中にある証明では曲線選択補題を使っているが，実際にその補題がなぜ使えるのかについてまず解説しておこう．

以下，複素数 α の虚部を $\mathcal{I}\alpha$ で表すことにする．

$\theta \in (-\pi, \pi]$ として，まず $|\theta| < \pi/2$ のときを考えよう．

$$V_\theta = \{\boldsymbol{z} \in \mathbf{C}^m \mid \boldsymbol{z} \in S_\varepsilon,\ \mathcal{I}f(\boldsymbol{z}) = (\tan\theta)\mathcal{R}f(\boldsymbol{z}),\ z_j\overline{(\partial f/\partial z_k)} = z_k\overline{(\partial f/\partial z_j)}\}$$

と置くと，これは実代数的集合である．さらに，

$$U = \{\boldsymbol{z} \in \mathbf{C}^m \mid \mathcal{R}f(\boldsymbol{z}) > 0\}$$

と置くと，これは実多項式の不等式で定義される開集合となる．すると $V_\theta \cap U$ は，

補題 5.3 より，F_θ 上で定義された関数 $a_\theta = \log|f|$ の臨界点全体の集合となる．$|\theta| \geq \pi/2$ のときは，V_θ, U の定義式をうまく修正すれば同じことが言える．

よって，もし F_θ 上で定義された $a_\theta = \log|f|$ の臨界点 $\boldsymbol{z}$ で，$|f(\boldsymbol{z})|$ がいくらでもゼロに近いものが存在するならば，これらの点の S_ε における極限点 $\boldsymbol{z}^0$ は，$\overline{V_\theta \cap U}$ の元となる．よって曲線選択補題より，ある実解析的な道

$$\boldsymbol{p} : (0, \varepsilon') \to F_\theta$$

で，a_θ の臨界点だけからなり，しかも

$$t \to 0 \text{ のとき } \boldsymbol{p}(t) \to \boldsymbol{z}^0$$

となるものが存在することになる．

次に，補題 5.7 の後半を証明しよう．そのためには次が必要であろう．

補題 1.5.4 $S_\varepsilon - K$ 上の実数値可微分関数 $a(\boldsymbol{z}) = \log|f(\boldsymbol{z})|$ の臨界点は，ベクトル $\boldsymbol{grad}\log f(\boldsymbol{z})$ が $\boldsymbol{z}$ の実数倍となるような点 $\boldsymbol{z} \in S_\varepsilon - K$ である．

証明． 補題 5.3 の証明と同様に考えると，点 $\boldsymbol{z}$ における $\boldsymbol{v}$ 方向への $\log|f|$ の方向微分は

$$\mathcal{R}\langle \boldsymbol{v}, \boldsymbol{grad}\log f(\boldsymbol{z})\rangle$$

に等しい．よって，$\boldsymbol{z}$ が a の臨界点であるためには，$\boldsymbol{grad}\log f(\boldsymbol{z})$ が S_ε に実内積で直交すること，すなわち $\boldsymbol{grad}\log f(\boldsymbol{z})$ が $\boldsymbol{z}$ の実数倍になることが必要十分である．

■

補題 5.7 の後半の証明に戻ろう．

$$\begin{aligned} V \;=\; \{ & \boldsymbol{z} \in \mathbf{C}^m \,|\, \boldsymbol{z} \in S_\varepsilon, \text{ かつ,} \\ & \text{ある } \lambda \in \mathbf{R} \text{ に対して } \boldsymbol{grad}\log f(\boldsymbol{z}) = \lambda \boldsymbol{z} \text{ となる} \} \end{aligned}$$

と置くと，これは実代数的集合である．さらに，

$$U = \{\boldsymbol{z} \in \mathbf{C}^m \,|\, |f(\boldsymbol{z})|^2 > 0\}$$

と置くと，これは実多項式の不等式で定義される開集合となる．すると $V \cap U$ は，補題 1.5.4 より，$S_\varepsilon - K$ 上で定義された関数 $a = \log|f|$ の臨界点全体の集合となる．

よって，もし a の臨界点 $\boldsymbol{z}$ で，$|f(\boldsymbol{z})|$ がいくらでもゼロに近いものが存在するならば，これらの点の S_ε における極限点 $\boldsymbol{z}^0$ は，$\overline{V \cap U}$ の元となる．よって曲線選択補題より，ある実解析的な道

$$\boldsymbol{p} : (0, \varepsilon') \to S_\varepsilon - K$$

で，a の臨界点だけからなり，しかも

$$t \to 0 \text{ のとき } \boldsymbol{p}(t) \to \boldsymbol{z}^0$$

となるものが存在することになる．

明らかに，関数 a はこの道に沿って定数であるので，$|f|$ も定数であり，$|f(\boldsymbol{z}^0)| = 0$ には収束し得ない．これは矛盾．これで補題 5.7 の後半が証明できた． ■

本文中でも言及されているように，補題 5.7 は系 2.8 を用いても証明できる．これは，たとえば次のようにすればできる．まず，$V = F_\theta \cup F_{\theta+\pi} \cup K$ と置くと，容易にわかるように V は実代数的集合であり，しかも $V - \Sigma(V)$ は $F_\theta \cup F_{\theta+\pi}$ を含むことがわかる．よって，系 2.8 より，$V - \Sigma(V)$ 上の実多項式関数 $|f|^2$ の臨界値は有限個しかないことになる．よって，ある $\eta'_\theta > 0$ が存在して，開区間 $(0, \eta'_\theta)$ には臨界値がないことになる．すると，$\eta_\theta = \sqrt{\eta'_\theta}$ が求めるものである．同様に，実代数的集合 S_ε 上で実多項式関数 $|f|^2$ を考えれば，$\eta > 0$ も見つけることができる．

1.5.4　補題 5.8 について

次の補題が補題 5.8 の証明中で使われている．

補題 1.5.5 $a_\theta = \log|f|$ の臨界点での指標は，$|f|$ のものと一致する．また，同様のことが a についても成り立つ．

証明． $\boldsymbol{p}(t)$ を，$t = 0$ で臨界点を通る可微分な道とする．すると

$$\frac{d\log|f(\boldsymbol{p}(t))|}{dt} = \frac{d|f(\boldsymbol{p}(t))|/dt}{|f(\boldsymbol{p}(t))|}$$

となり，したがって

$$\begin{aligned}
&\left.\frac{d^2\log|f(\boldsymbol{p}(t))|}{dt^2}\right|_{t=0} \\
&= \frac{(d^2|f(\boldsymbol{p}(t))|/dt^2)|_{t=0}|f(\boldsymbol{p}(0))| - ((d|f(\boldsymbol{p}(t))|/dt)|_{t=0})^2}{|f(\boldsymbol{p}(0))|^2} \\
&= \frac{(d^2|f(\boldsymbol{p}(t))|/dt^2)|_{t=0}}{|f(\boldsymbol{p}(0))|}
\end{aligned}$$

となる．今 $|f(\boldsymbol{p}(0))| > 0$ だから，$|f|$ のヘッシアンと $\log|f|$ のヘッシアンは同じ指標をもつことになる． ■

1.5.5　定理 5.2 と絶対近傍レトラクトについて

定理 5.2 の証明で用いられている次の補題を証明しておこう．

補題 1.5.6 次元 n 以上の胞体を貼りつけても，次元 $n-2$ 以下のホモトピー群は変わらない．

証明． 貼り合わせる前の複体を A，貼り合わせた後の複体を X とする．空間対 (X, A) のホモトピー完全系列

$$\cdots \to \pi_{j+1}(X, A) \to \pi_j(A) \to \pi_j(X) \to \pi_j(X, A) \to \cdots$$

を考える（たとえば，スチーンロッド [STEENROD, *The Topology of Fibre Bundles*, §15.6] や [58, 第 IV 章, §7] を参照）．明らかに $j \leq n-1$ に対して $\pi_j(X, A) = 0$ であるので（たとえば [58, 第 4 章, 命題 3.4] を参照），上の完全系列より，$\pi_j(A) \cong \pi_j(X)$ が $j \leq n-2$ に対して成り立つことがわかる． ■

定義 1.5.7 位相空間 X が**絶対近傍レトラクト** (absolute neighborhood retract)（あるいは **ANR**）であるとは，任意の正規空間 Y，その閉集合 B，連続写像 $f : B \to X$ に対して，B の Y における近傍 U と，連続写像 $f' : U \to X$ で，$f'|B = f$ となるものが存在するときを言う．

多様体や，三角形分割できる空間は絶対近傍レトラクトであることが知られている（たとえば [53, Theorem 3.3] や，[83, 第 8 章, 補題 5.6] などを参照）．よって K は絶対近傍レトラクトである．

このことを使って，定理 5.2 の証明で用いられている次の補題を証明しよう．

補題 1.5.8 十分小さな η に対して，K は $N_\eta(K)$ のレトラクトである．

証明． $K \subset N_{\eta'}(K)$ を考える．$N_{\eta'}(K)$ は距離空間ゆえ正規であり，K はその閉集合である．さらに $f : K \to K$ を恒等写像とする．これはもちろん連続写像である．すると，K が絶対近傍レトラクトであることから，定義より，$N_{\eta'}(K)$ での K の近傍 U と，連続写像 $f' : U \to K$ で，$f'|K = f$ となるものがある．$\eta > 0$ を，連続関数 $|f| : N_{\eta'}(K) - U \to \mathbf{R}_+$ の最小値より小さくとっておけば，$N_\eta(K) \subset U$ となるので，$r = f'|N_\eta(K)$ と置けば，これがレトラクションとなる． ■

$j : K \to N_\eta(K)$ を包含写像とすると，$r \circ j : K \to K$ は恒等写像なので，$r_* \circ j_* : \pi_k(K) \to \pi_k(K)$ は同型写像となる．特に $r_* : \pi_k(N_\eta(K)) \to \pi_k(K)$ は全射となるが，$k \leq n-2$ に対して $\pi_k(N_\eta(K)) = 0$ なので，$\pi_k(K)$ に対しても同様のことが成り立つ．こうして定理 5.2 の証明が完了する．

なお，$n \geq 1$ のときは，もし十分小さな η に対して $N_\eta(K) = \emptyset$ とすると，モース関数 s の臨界点の指標はすべて n 以上なので，S_ε − Interior $N_\eta(K)$ 上で s は最小値をとり得ないことになる．これは矛盾．したがって，どんなに小さな η をとっても $N_\eta(K) \neq \emptyset$ となることが言え，本文の定理 5.2 の直後に書いてあるように，K が空でないことが言える．

1.5.6　補題 5.9 の証明

任意の $\boldsymbol{z}^\alpha \in D_\varepsilon - V$ をとる．補題 4.3 より，$\boldsymbol{z}^\alpha$ と $\boldsymbol{grad} \log f(\boldsymbol{z}^\alpha)$ は，次のいずれかを満たす．

(1) $\mathbf{C}$ 上独立である．

(2) $\boldsymbol{grad} \log f(\boldsymbol{z}^\alpha) = \lambda \boldsymbol{z}^\alpha$ となる複素数 $\lambda \neq 0$ で，偏角の絶対値が $\pi/4$ より小さいものがある．

(1) のとき．$\boldsymbol{z}^\alpha$ の $D_\varepsilon - V$ における近傍 U_α で，その上で $\boldsymbol{z}$ と $\boldsymbol{grad} \log f(\boldsymbol{z})$ が $\mathbf{C}$ 上独立であり，なおかつ $\overline{U}_\alpha \subset D_\varepsilon - V$ となるものが存在する．このとき，U_α 上で

$$\langle \boldsymbol{v}_1(\boldsymbol{z}), \boldsymbol{z} \rangle = 0, \quad \langle \boldsymbol{v}_1(\boldsymbol{z}), \boldsymbol{grad} \log f(\boldsymbol{z}) \rangle = 1,$$
$$\langle \boldsymbol{v}_2(\boldsymbol{z}), \boldsymbol{z} \rangle = 1, \quad \langle \boldsymbol{v}_2(\boldsymbol{z}), \boldsymbol{grad} \log f(\boldsymbol{z}) \rangle = 0$$

を満たす可微分ベクトル場 $\boldsymbol{v}_1, \boldsymbol{v}_2$ を構成できる（グラム–シュミットの正規直交化をまねればよい）．そこで，U_α 上 $\boldsymbol{v}_\alpha = \boldsymbol{v}_1 + \boldsymbol{v}_2$ と置くと，

$$\langle \boldsymbol{v}_\alpha(\boldsymbol{z}), \boldsymbol{grad} \log f(\boldsymbol{z}) \rangle = 1, \quad \langle \boldsymbol{v}_\alpha(\boldsymbol{z}), \boldsymbol{z} \rangle = 1$$

となる．

(2) のとき．$D_\varepsilon - V$ 上で $\boldsymbol{v}_3(\boldsymbol{z}) = \boldsymbol{grad} \log f(\boldsymbol{z})$ と置くと，

$$\langle \boldsymbol{v}_3(\boldsymbol{z}), \boldsymbol{grad} \log f(\boldsymbol{z}) \rangle = ||\boldsymbol{grad} \log f(\boldsymbol{z})||^2 > 0,$$
$$\mathcal{R} \langle \boldsymbol{v}_3(\boldsymbol{z}^\alpha), \boldsymbol{z}^\alpha \rangle = (\mathcal{R}\lambda) ||\boldsymbol{z}^\alpha||^2 > 0$$

となる．よって，$\boldsymbol{z}^\alpha$ の $D_\varepsilon - V$ の近傍 U_α で，$\overline{U}_\alpha \subset D_\varepsilon - V$ となり，かつ U_α 上で $\mathcal{R} \langle \boldsymbol{v}_3(\boldsymbol{z}), \boldsymbol{z} \rangle > 0$ となるものが存在する．

あとは 1 の分割（本文 18 頁を参照）を用いて，$D_\varepsilon - V$ 上の求める可微分ベクトル場を構成することができる．これで補題 5.9 の証明が終わる．■

1.5.7　補題 5.10 の証明

$\boldsymbol{v}$ を補題 5.9 で構成した $D_\varepsilon - V$ 上のベクトル場とする．$\boldsymbol{z} \in D_\varepsilon - V$ に対して

$$\boldsymbol{w}(\boldsymbol{z}) = \boldsymbol{v}(z) / 2\mathcal{R} \langle \boldsymbol{v}(\boldsymbol{z}), \boldsymbol{z} \rangle$$

と置こう．微分方程式

$$d\boldsymbol{p}(t)/dt = \boldsymbol{w}(\boldsymbol{p}(t))$$

を考える．$\boldsymbol{p}(t)$ を解曲線とすると，

$$\langle d\boldsymbol{p}(t)/dt, \boldsymbol{grad} \log f(\boldsymbol{p}(t)) \rangle$$

は正の実数であり，

$$d(||\boldsymbol{p}(t)||^2)/dt = 2\mathcal{R}\langle d\boldsymbol{p}(t)/dt, \boldsymbol{p}(t)\rangle = 1$$

となる．よって，$||\boldsymbol{p}(t)||^2 = t +$（定数）と置け，解曲線 $\boldsymbol{p}(t)$ は $S_\varepsilon - K$ に達するまで延長される（定理 2.10 の証明中の議論を参照）．

そこで，$t = \xi$ で $\boldsymbol{z}$ を通る解曲線を $\boldsymbol{p}(t, \xi, \boldsymbol{z})$ と置き，

$$h : f^{-1}(c) \cap (D_\varepsilon - S_\varepsilon) \to \{\boldsymbol{z} \in F_\theta \,|\, |f(\boldsymbol{z})| > |c|\}$$

を

$$h(\boldsymbol{z}) = \boldsymbol{p}(\varepsilon^2, ||\boldsymbol{z}||^2, \boldsymbol{z})$$

で定義する．これはきちんと定義できており，しかも可微分写像であることが確かめられる．逆写像は，$t = \varepsilon^2$ で $\boldsymbol{z} \in \{\boldsymbol{z} \in F_\theta \,|\, |f(\boldsymbol{z})| > |c|\}$ を通る解曲線を用いて定義できる．(逆向きにたどったとき，$|f|$ の値が $|c|$ より小さくなるまで定義域が延長できれば問題ないが，もしそうでないとすると，定理 2.10 の証明中と同様の議論により矛盾が起こることが示せる．）こうして h が微分同相写像となることが示せ，補題 5.10 の証明が終わる． ■

1.5.8 定理 5.11 の証明

補題 5.7 の η_θ に対して $|c| < \eta_\theta/2$ となるように c を小さくとり，F_θ 上の可微分関数 ρ を，$N_{|c|}(K) \cap F_\theta$ 上で

$$\rho(\boldsymbol{z}) = \langle \boldsymbol{grad}\,|f|, \boldsymbol{grad}\,|f|\rangle^{-1}$$

となり，十分小さな $\delta > 0$ に対して $N_{|c|+\delta}(K)$ の外側で $\rho(\boldsymbol{z}) \equiv 0$ となるようにとる．ここで，$\boldsymbol{grad}$ や内積は，ミルナー [Milnor, *Morse Theory*, §3] の意味で用いており，F_θ 上でとっていることに注意して欲しい（この証明中のみの記号である）．そして，F_θ 上の可微分接ベクトル場 $\boldsymbol{X}$ を

$$\boldsymbol{X}(\boldsymbol{z}) = \rho(\boldsymbol{z})\,\boldsymbol{grad}\,|f(\boldsymbol{z})|$$

で定義する．微分方程式

$$d\boldsymbol{p}(t)/dt = \boldsymbol{X}(\boldsymbol{p}(t))$$

の解曲線を $\boldsymbol{p}(t)$ とすると，$\boldsymbol{p}(t) \in N_{|c|}(K) \cap F_\theta$ である限り

$$d|f(\boldsymbol{p}(t))|/dt = \langle d\boldsymbol{p}(t)/dt, \boldsymbol{grad}\,|f|\rangle = 1$$

となることに注意して欲しい．そこで，$\varphi(t, \boldsymbol{z})$ を，$t = 0$ で $\boldsymbol{z} \in F_\theta$ を通る解曲線とし，$h : F_\theta \to \{\boldsymbol{z} \in F_\theta \,|\, |f(\boldsymbol{z})| > |c|\}$ を，$h(\boldsymbol{z}) = \varphi(|c|, \boldsymbol{z})$ で定める．h は明らかに可微分であり，解の一意性から逆写像は $\varphi(-|c|, \boldsymbol{z})$ で与えられ，これも可微分である．よって h が求める微分同相を与える． ■

1.5.9 ミルナー・ファイブレーションの別の記述について

定理 5.11 で，$c \neq 0$ が（ε に比べて）十分小さな複素数であれば，$f^{-1}(c) \cap \operatorname{int} D_\varepsilon$ がミルナー・ファイブレーションのファイバーに微分同相であることが示されている（ここで，$D_\varepsilon = \{\boldsymbol{z} \in \mathbf{C}^{n+1} \mid \|\boldsymbol{z} - \boldsymbol{z}_0\| \leq \varepsilon\}$ である）．実はこの事実はもっと精密化することができる．このことは大変重要であるので，ここで少し解説しておこう．（なお，この節の内容の詳細については，[134, Chapter I, §2], [32, Chapter 3, §1], [52], [92], [97], [158] を参照して欲しい.）

以下，$\delta > 0$ に対して

$$
\begin{aligned}
B_\delta &= \{\eta \in \mathbf{C} \mid |\eta| \leq \delta\}, \\
B_\delta^* &= \{\eta \in \mathbf{C} \mid 0 < |\eta| \leq \delta\}, \\
S_\delta^1 &= \{\eta \in \mathbf{C} \mid |\eta| = \delta\}
\end{aligned}
$$

と置く.

定理 1.5.9 $\boldsymbol{z}_0$ を複素超曲面 $V = f^{-1}(0)$ の任意の点とする（孤立特異点でなくてもよい）．すると，ある正の実数 ε_0 が存在して次を満たす.

(i) 任意の $0 < \varepsilon \leq \varepsilon_0$ に対してある正の実数 $\delta(\varepsilon)$ が存在して，任意の $0 < \delta \leq \delta(\varepsilon)$ に対して，制限写像 $f : D_\varepsilon \cap f^{-1}(B_\delta^*) \to B_\delta^*$ は可微分ファイバー束となる.

(ii) (i) のファイバー束の同型類は，ε と δ のとり方によらない.

(iii) (i) のファイバー束の制限

$$f : \operatorname{int} D_\varepsilon \cap f^{-1}(B_\delta^*) \to B_\delta^*$$

を S_δ^1 にさらに制限したものは，定理 4.8 のファイブレーションに同型である.（なお，底空間の間に導く微分同相写像としては，偏角を変えないものがとれる.）

（なお，(i) のファイブレーションのファイバーは境界つきの可微分多様体の構造をもつが，境界は一般に K と同相ではないことに注意しよう（たとえば [112] を参照）．また，(i) と (iii) のファイブレーションは，互いにファイバー・ホモトピー同値になる.）

上のことから，特に定理 4.8 のファイブレーションの同型類は，$0 < \varepsilon \leq \varepsilon_0$ なる ε のとり方によらず一定であることもわかる.

なお，こうしたことを使ってキング [81] とペロン [141] は，孤立臨界点をもつ複素多項式の局所位相的振る舞いが，ミルナー・ファイブレーションによって完全に決定されることを示した（[153] も参照）.

1.6 第6章について

1.6.1 関数の孤立臨界点と超曲面の孤立特異点について

第 6 章の最初に言及されている次の主張を証明しておこう．

命題 1.6.1 $f \in \mathbf{C}[z_1, \ldots, z_{n+1}]$ が $f(\mathbf{0}) = 0$ を満たし，原点を孤立臨界点または正則点にもつならば，原点は $V = f^{-1}(0)$ の孤立特異点であるか非特異点である．

証明． まず f を，最高次係数が 1 の既約多項式の積

$$f = af_1^{r_1} \cdots f_k^{r_k} \quad (a \in \mathbf{C} - \{0\})$$

に分解する．ここで $f_1, \ldots, f_k$ は互いに異なる既約多項式であり，r_j は正の整数であるとする．(このような分解は，$\mathbf{C}[z_1, \ldots, z_{n+1}]$ が一意分解整域であるので可能である．詳細はたとえば [57] を参照.)

補題 1.6.2 $I(V) = (f_1 \cdots f_k)$ が成り立つ．

証明． $g \in I(V)$ とする．$W_j = f_j^{-1}(0)$ と置こう．すると，$\boldsymbol{z} \in W_j$ ならば $f_j(\boldsymbol{z}) = 0$ となり，$\boldsymbol{z} \in V$ となるので，$g(\boldsymbol{z}) = 0$ である．よって $g \in I(W_j)$ となる．f_j は既約だから，補題 2.5 より g は f_j で割り切れる $(j = 1, 2, \ldots, k)$．すると，$f_1, \ldots, f_k$ が互いに異なる既約多項式であることから，g が $f_1 \cdots f_k$ で割り切れることがわかる．すなわち $g \in (f_1 \cdots f_k)$ である．

逆に，$I(V) \supset (f_1 \cdots f_k)$ が成り立つことは明らかであるので，これで証明が終わる．■

では命題 1.6.1 の証明に戻ろう．$F = f_1 \cdots f_k$ と置く．原点の十分小さな開近傍 U をとり，$U - \{\mathbf{0}\}$ 上

$$\left(\frac{\partial f}{\partial z_1}, \ldots, \frac{\partial f}{\partial z_{n+1}}\right) \neq (0, \ldots, 0)$$

が成り立つようにしておく．そこで $\boldsymbol{z} \in U \cap V - \{\mathbf{0}\}$ を任意にとる．$0 = a^{-1}f(\boldsymbol{z}) = f_1(\boldsymbol{z})^{r_1} \cdots f_k(\boldsymbol{z})^{r_k}$ であるから，たとえば $f_1(\boldsymbol{z}) = 0$ とする．このときある j に対して，

$$0 \neq a^{-1}\frac{\partial f}{\partial z_j}(\boldsymbol{z}) = r_1 \frac{\partial f_1}{\partial z_j}(\boldsymbol{z}) f_1(\boldsymbol{z})^{r_1 - 1} f_2(\boldsymbol{z})^{r_2} \cdots f_k(\boldsymbol{z})^{r_k}$$

となる．一方

$$\frac{\partial F}{\partial z_j}(\boldsymbol{z}) = \frac{\partial f_1}{\partial z_j}(\boldsymbol{z}) f_2(\boldsymbol{z}) \cdots f_k(\boldsymbol{z})$$

ゆえ，$\partial F/\partial z_j(\boldsymbol{z}) \neq 0$ となることがわかる．よって $\boldsymbol{z}$ は V の非特異点である．これで命題 1.6.1 の証明が終わる．■

1.6.2　補題 6.1 について

まず次の補題を証明しておこう．

補題 1.6.3 点 $\boldsymbol{z} \in S_\varepsilon$ が $f|S_\varepsilon$ の臨界点となるには，ベクトル $\boldsymbol{grad}\, f(\boldsymbol{z})$ が $\boldsymbol{z}$ の複素数倍となることが必要十分である．

証明. $\boldsymbol{z} \in S_\varepsilon$ が $f|S_\varepsilon$ の臨界点であったとすると，$\mathrm{rank}_{\mathbf{R}}\, d(f|S_\varepsilon)_{\boldsymbol{z}} \leq 1$ となる．したがって，ある $c \in \mathbf{C}$ が存在して，任意の $\boldsymbol{v} \in T_{\boldsymbol{z}} S_\varepsilon$ に対して，

$$d(f|S_\varepsilon)_{\boldsymbol{z}}(\boldsymbol{v}) = \langle \boldsymbol{v}, \boldsymbol{grad}\, f(\boldsymbol{z}) \rangle = r_{\boldsymbol{v}} c$$

がある実数 $r_{\boldsymbol{v}}$ について成り立つ．

ここで，$\langle \boldsymbol{v}, \boldsymbol{z} \rangle = 0$ なる $\boldsymbol{v} \in T_{\boldsymbol{z}} \mathbf{C}^{n+1}$ をとると，$\mathcal{R} \langle \boldsymbol{v}, \boldsymbol{z} \rangle = 0, \mathcal{R} \langle i\boldsymbol{v}, \boldsymbol{z} \rangle = 0$ なので，$\boldsymbol{v}, i\boldsymbol{v} \in T_{\boldsymbol{z}} S_\varepsilon$ となる．よって，

$$\langle \boldsymbol{v}, \boldsymbol{grad}\, f(\boldsymbol{z}) \rangle = r_{\boldsymbol{v}} c,$$
$$r_{i\boldsymbol{v}} c = \langle i\boldsymbol{v}, \boldsymbol{grad}\, f(\boldsymbol{z}) \rangle = i \langle \boldsymbol{v}, \boldsymbol{grad}\, f(\boldsymbol{z}) \rangle = i r_{\boldsymbol{v}} c$$

が成り立つので，$c(r_{i\boldsymbol{v}} - i r_{\boldsymbol{v}}) = 0$ となる．したがって $c = 0$ または $r_{\boldsymbol{v}} = 0$ となる．いずれにしても $\langle \boldsymbol{v}, \boldsymbol{grad}\, f(\boldsymbol{z}) \rangle = 0$ となる．これで，$\boldsymbol{z}$ に複素内積で直交する $\boldsymbol{v}$ は，$\boldsymbol{grad}\, f(\boldsymbol{z})$ にも複素内積で直交することがわかった．したがって，$\boldsymbol{grad}\, f(\boldsymbol{z}) = \lambda \boldsymbol{z}$ となる複素数 λ が存在することになる．

逆に，$\boldsymbol{grad}\, f(\boldsymbol{z}) = \lambda \boldsymbol{z}$ となる複素数 λ が存在したとすると，$\langle \boldsymbol{v}, \boldsymbol{z} \rangle = 0$ なる任意の $\boldsymbol{v} \in T_{\boldsymbol{z}} S_\varepsilon$ に対して，$d(f|S_\varepsilon)_{\boldsymbol{z}}(\boldsymbol{v}) = \langle \boldsymbol{v}, \boldsymbol{grad}\, f(\boldsymbol{z}) \rangle = \langle \boldsymbol{v}, \lambda \boldsymbol{z} \rangle = 0$ となる．したがって，$\dim_{\mathbf{R}} \ker d(f|S_\varepsilon)_{\boldsymbol{z}} \geq 2n$ となるので，$\mathrm{rank}_{\mathbf{R}}\, d(f|S_\varepsilon)_{\boldsymbol{z}} \leq 1$ となる．これで証明が終わった．■

補題 1.6.4 ε が十分小さければ，$f|S_\varepsilon$ は K 上に臨界点をもたない．

証明. 実代数的集合 W を，

$$W = \{\boldsymbol{z} \in V \mid z_k \overline{(\partial f / \partial z_\ell)} = z_\ell \overline{(\partial f / \partial z_k)}, k, \ell = 1, 2, \ldots, n+1\}$$

で定義し（W は，V の点 $\boldsymbol{z}$ であって，$\boldsymbol{z}$ と $\boldsymbol{grad}\, f(\boldsymbol{z})$ が一次従属になるもの全体と一致することに注意しよう），開集合 U を，

$$U = \{\boldsymbol{z} \in \mathbf{C}^{n+1} \mid ||\boldsymbol{z}||^2 > 0\}$$

で定義する．もし補題の主張が成り立たなかったとすると，補題 1.6.3 より，$\mathbf{0} \in \overline{W \cap U}$ となる．すると曲線選択補題より，実解析的な曲線

$$\boldsymbol{p} : [0, \varepsilon') \to \mathbf{C}^{n+1}$$

であって，$\boldsymbol{p}(0)=\boldsymbol{0}$ であり，かつ $\boldsymbol{p}(t)\in W\cap V$ がすべての $t>0$ について成り立つものが存在する．$\boldsymbol{p}(t)\in V$ がすべての t について成り立つので，$f(\boldsymbol{p}(t))\equiv 0$ であり，

$$\langle d\boldsymbol{p}(t)/dt, \boldsymbol{grad}\, f(\boldsymbol{p}(t))\rangle \equiv 0$$

となる．$t>0$ ならば $\boldsymbol{grad}\, f(\boldsymbol{p}(t))=\lambda(t)\boldsymbol{p}(t)$ となる $\lambda(t)\in\mathbf{C}$ があり，しかも f は原点を高々孤立臨界点にしかもたないので，$\lambda(t)\neq 0$ となる．したがって，

$$0\equiv 2\mathcal{R}\,\langle d\boldsymbol{p}(t)/dt, \boldsymbol{p}(t)\rangle = d(\|\boldsymbol{p}(t)\|^2)/dt$$

となるので，$\boldsymbol{p}(t)\equiv\boldsymbol{0}$ となる．これは矛盾．したがって，補題 1.6.4 が証明された．

■

1.6.3　系 6.3 について

証明で用いられているアレキサンダー双対定理を正確な形で述べておこう．

定理 1.6.5（**アレキサンダー双対定理** (Alexander duality theorem)）X を k 次元球面 S^k の閉集合で，$X\neq\emptyset, S^k$ なるものとする．もし X がある近傍のレトラクトになっているならば，同型

$$\widetilde{H}^{k-j}(X)\cong\widetilde{H}_{j-1}(S^k-X)$$

が $\mathbf{Z}$ 係数で成り立つ．

詳細はホモロジー理論の教科書，たとえば [120, §4.2, 定理 3] を参照．

なお，$\overline{F}_\theta$ が絶対近傍レトラクトであること（§1.5.5 を参照）を用いると，上の定理の仮定を満たすことが確かめられるので，本文中にあるような議論が可能となる．

1.6.4　補題 6.4 について

次の定理を証明中使っているので紹介しておこう．

定理 1.6.6（**フレヴィッチの定理** (Hurewicz theorem)）位相空間 X が単連結で，$\pi_j(X,x_0)=0$ が $2\leq j<n$ なる任意の j に対して成り立つならば，$\pi_n(X,x_0)\cong H_n(X;\mathbf{Z})$ が成り立つ（$x_0\in X$ は基点を表す）．

詳細は，たとえば [83, 第 7 章, §1] を参照．

したがって，特に F_θ が単連結であれば，$\pi_2(F_\theta)\cong H_2(F_\theta)=0$ が成り立ち，したがってふたたびフレヴィッチの定理より $\pi_3(F_\theta)\cong H_3(F_\theta)=0$ 等々となり，補題

が証明されることになる．

次に，補題 6.4 の証明において暗黙のうちに使われている，次の補題を証明しておこう．

補題 1.6.7 $\eta > 0$ に対して $N_\eta(K) = \{\boldsymbol{z} \in S_\varepsilon \,|\, |f(\boldsymbol{z})| \leq \eta\}$ と置く．$\varepsilon > 0$ が十分小さければ，それに応じて $\eta > 0$ を小さくとると，ある微分同相写像 $\varphi : N_\eta(K) \to K \times D^2_\eta$ が存在して，図式

$$\begin{array}{ccc} N_\eta(K) & \xrightarrow{\varphi} & K \times D^2_\eta \\ & {}_f\searrow \quad \swarrow_{p_2} & \\ & D^2_\eta & \end{array}$$

が可換になる．ここで $D^2_\eta = \{\boldsymbol{z} \in \mathbf{C} \,|\, |\boldsymbol{z}| \leq \eta\}$ であり，p_2 は第 2 成分への射影である．

証明. 補題 6.1 の証明中で言及されているように，ε が十分に小さければ $f|S_\varepsilon$ は K 上に臨界点をもたない．S_ε はコンパクトなので，このことからある $\eta > 0$ が存在して，D^2_η 上に $f|S_\varepsilon$ の臨界値はないとしてよい．したがって，$f|N_\eta(K) : N_\eta(K) \to D^2_\eta$ は沈め込み（各点での微分写像が全射になるような可微分写像のことを**沈め込み** (submersion) と言う）となり，しかも $N_\eta(K)$ はコンパクトなので，固有な写像となる．よってエールズマンのファイブレーション定理（下を参照）より，$f|N_\eta(K) : N_\eta(K) \to D^2_\eta$ は可微分ファイバー束（定義 1.1.1 を参照）となる．ところが，D^2_η は可縮であり，可縮な空間上のファイバー束は自明である（つまり，定義 1.1.1(3) の近傍 U として底空間全体がとれる）ので（たとえば，スチーンロッド [Steenrod, §11.6] を参照），補題の主張が成り立つ．■

次の定理は，エールズマン [Ehresmann] で言及されている．詳細については，[175, 定理 4.3(p. 108)] や [20, §8.12] 等を参照．

定理 1.6.8（エールズマンのファイブレーション定理 (Ehresmann fibration theorem)） E, B を C^∞ 級多様体，$f : E \to B$ を C^∞ 級の沈め込み写像で，しかも固有であるとする．もし B が連結であれば，あるコンパクトな C^∞ 級多様体 F が存在し，任意の点 $x \in B$ に対して近傍 $U \subset B$ と微分同相写像 $\varphi : f^{-1}(U) \to F \times U$ が存在して，図式

$$\begin{array}{ccc} f^{-1}(U) & \xrightarrow{\varphi} & F \times U \\ & {}_f\searrow \quad \swarrow_{p_2} & \\ & U & \end{array}$$

は可換となる．ここで p_2 は第 2 成分への射影を表す．（言い換えれば，$f : E \to B$ が可微分ファイバー束になるということである．定義 1.1.1 を参照.）

補題 1.6.7 より，たとえば $\widetilde{N}_\eta(K) = \{\boldsymbol{z} \in \overline{F}_\theta \mid |f(\boldsymbol{z})| \leq \eta\} \cong K \times [0, \eta]$ となることもわかることに注意しておこう．

なお，補題 1.6.7 より，補題 5.8 の $s_\theta : F_\theta \to \mathbf{R}_+$ をうまく修正拡張して，可微分関数 $\tilde{s}_\theta : \overline{F}_\theta \to \mathbf{R}$ であって，次の性質を満たすものを構成できることがわかる．

(1) $\tilde{s}_\theta$ は，十分小さな $\eta > 0$ に対して $\widetilde{N}_\eta(K) = \{\boldsymbol{z} \in \overline{F}_\theta \mid |f(\boldsymbol{z})| \leq \eta\}$ 上に臨界点をもたない．

(2) $\tilde{s}_\theta|(\overline{F}_\theta - \widetilde{N}_\eta(K)) = s_\theta|(\overline{F}_\theta - \widetilde{N}_\eta(K))$.

補題 6.4 の証明では，正確には s_θ の代わりに，$\tilde{s}_\theta$ を用いるべきであろう．(というのは，s_θ をそのまま用いると，$\partial\overline{F}_\theta = K$ 上で微分可能性がくずれてしまうからである．)

次に，補題 6.4 の後半で用いられている，次の事実を証明しておこう．

補題 1.6.9 D_0^{2n} に，S_ε 内で指標 $\dim(S_\varepsilon) - 3 = 2n - 2$ 以下のハンドルを貼り合わせていっても，S_ε における補空間の基本群は変わらない．

証明. ハンドルを貼り合わせていってできる途中の段階の多様体を X とし，それに一つのハンドル（指標 r は $2n - 2$ 以下）を貼り合わせてできる多様体を Y とする．$A = S_\varepsilon - X, B = S_\varepsilon - Y$ と置き，空間対 (A, B) に対するホモトピー完全系列

$$\pi_2(A, B) \to \pi_1(B) \to \pi_1(A) \to \pi_1(A, B)$$

を考える．これより，$\pi_2(A, B) = 0 = \pi_1(A, B)$ を示せば，帰納的に求める補題が示せることがわかる．

今，$A = S_\varepsilon - X$ への，1 次元または 2 次元胞体からの連続写像 g で，境界を B に写すものが与えられたとする．貼り合わせたハンドルのコア（心球体）は D^r と微分同相であり，今 $2 + r < 2n + 1$ であるので，連続写像 g を胞体の内部で少しホモトピーで変形して，その像がコアとは交わらないようにできる．(たとえば，g を可微分写像で近似したあとで，横断性定理を用いればよい．[176, §4.2], [2, §1.12] 等を参照.) すると，コアから離れる方向にホモトピーでさらに動かして，g の像がハンドルとは交わらないようにできる．したがって，$\pi_2(A, B) = 0 = \pi_1(A, B)$ となる．■

なお，上と同様の議論により，指標 n 以下のハンドルを貼り合わせていっても，S_ε における補空間の $n-1$ 次元以下のホモトピー群は変わらない，ということが証明できる．$S_\varepsilon - D_0^{2n}$ はもちろん可縮だから，こうして補題 6.4 が，アレキサンダー双対定理やフレヴィッチの定理を用いずにも証明できることがわかる．

1.6.5 定理 6.5 について

証明中で用いられているホワイトヘッドの定理を紹介しておこう．

定理 1.6.10 (ホワイトヘッドの定理 (Whitehead's theorem)) X, Y を単連結な CW 複体とし，$f : X \to Y$ を連続写像とする．このとき，各 $q \leq \max\{\dim X, \dim Y\}$ に対して $f_* : H_q(X) \to H_q(Y)$ が同型写像であるならば，f はホモトピー同値写像である．

詳細は，たとえば [83, 第 4 章, 定理 2.17] を参照.

定理 6.5 で $n = 1$ の場合の証明について言及しておこう．この場合は，補題 6.4 より $\overline{F_\theta}$ は連結でコンパクトな境界つき 2 次元多様体であり，その境界 K は空でない (本文の定理 5.2 の直後に書いてあることを参照)．そのような多様体はすでに分類されており，しかも S^1 有限個のブーケとホモトピー同値であることが知られている．詳細は，たとえば [108, §6.4], [174, §26] 等を参照して欲しい．したがって，$n = 1$ の場合にも定理 6.5 が成立する．

1.6.6　ファイバーの連結度について

本文の第 6 章において，孤立臨界点に付随したファイブレーションのファイバーが $n-1$ 連結であることが示されている．孤立臨界点でない場合には，次が知られている．

定理 1.6.11 $\boldsymbol{z}^0$ が必ずしも孤立臨界点でないとき，ファイバー F_θ は $n-s-1$ 連結である．ここで，s は $\boldsymbol{z}_0$ における特異点集合 $\Sigma(V)$ の次元である．

詳細は [76], [63], [105] を参照して欲しい．なお，仮りにファイバーが $n-1$ 連結であったとしても，孤立特異点であるとは限らないことに注意しよう．たとえば [133] を参照.

1.7　第 7 章について

1.7.1　系 7.3 について

$n = 1$ のときの議論について簡単に触れておこう．ファイバー束のホモトピー完全系列より

$$0 \to \pi_1(F_0) \to \pi_1(S_\varepsilon - K) \to \pi_1(S^1) \to \pi_0(F_0)$$

が完全となる．ところが，補題 6.4 より F_0 は連結であるので，$\pi_0(F_0) = 0$ である．もし $S_\varepsilon - K$ が S^1 にホモトピー同値であるとすると，このことから，準同型

$$\mathbf{Z} \cong \pi_1(S_\varepsilon - K) \to \pi_1(S^1) \cong \mathbf{Z}$$

が同型写像となって，上の系列の完全性から，$\pi_1(F_0)$ が自明でなければならないことになってしまう．これは定理 7.1, 7.2 に反する．これで求めることが証明できた．

なお，一般に S^{k+2} に埋め込まれた k 次元球面 K が（$k \neq 2$ のときは C^∞ 級の意味で，$k = 2$ のときは位相的な意味で）自明であるためには，$S^{k+2} - K$ が S^1 とホモトピー同値であることが必要十分である，ということが知られている．詳細は [139], [42], [165], [98] 等を参照．

1.7.2 補題 7.4 について

証明中で言及されている，次の事実を証明しておこう．

補題 1.7.1 $\boldsymbol{v} : S^k \to S^k$ をほんの少しホモトピーで動かして，不動点がすべて孤立しているようにできる．

証明. $J^0(S^k, S^k)$ を，S^k から S^k への可微分写像の 0 ジェット空間とし，$\pi : J^0(S^k, S^k) \to S^k$ を，$\pi(j^0\boldsymbol{f}(\boldsymbol{x})) = \boldsymbol{x}$ で定まる射影とする（詳細は，[129], [65] 等を参照）．実際には $J^0(S^k, S^k)$ は，定義域の点と値域の点の組全体からなる空間 $S^k \times S^k$ と自然に同一視でき，写像 $\boldsymbol{f} : S^k \to S^k$ に対して $j^0\boldsymbol{f} : S^k \to J^0(S^k, S^k)$ は $j^0\boldsymbol{f}(\boldsymbol{x}) = (\boldsymbol{x}, \boldsymbol{f}(\boldsymbol{x}))$ で定義され，π は第 1 成分への射影と考えてよい．そこで，$J^0(S^k, S^k)$ の k 次元部分多様体 Δ を

$$\Delta = \{(\boldsymbol{x}, \boldsymbol{x}) \in S^k \times S^k \mid \boldsymbol{x} \in S^k\} \subset S^k \times S^k = J^0(S^k, S^k)$$

で定める．すると，トムのジェット横断性定理（[129], [65] 等を参照）より，どんな可微分写像 $\boldsymbol{f} : S^k \to S^k$ も，写像 $\boldsymbol{g} : S^k \to S^k$ であって，$j^0\boldsymbol{g} : S^k \to J^0(S^k, S^k)$ が Δ に横断的なもので近似できる．(なお，一般に多様体間の可微分写像が，値域多様体の部分多様体に横断的であることの定義については，[129], [65] 等を参照して欲しい.)

そこで，与えられた写像 $\boldsymbol{v}$ を，上のような $\boldsymbol{g}$ で近似しよう．すると，S^k の次元と，部分多様体 Δ の余次元 $\dim J^0(S^k, S^k) - \dim \Delta$ が共に k となって一致するので，$j^0\boldsymbol{g}^{-1}(\Delta)$ は S^k の 0 次元部分多様体，つまり孤立点からなることになる（たとえば，[2, §1.12] 等を参照）．すると，$j^0\boldsymbol{g}^{-1}(\Delta)$ が $\boldsymbol{g}$ の不動点全体の集合に他ならないので，$\boldsymbol{g}$ の不動点は孤立していることになる．

さらに，$\boldsymbol{g}$ を十分 $\boldsymbol{v}$ に近くとっておけば，任意の $\boldsymbol{x} \in S^k$ について $\boldsymbol{g}(\boldsymbol{x}) \neq -\boldsymbol{v}(\boldsymbol{x})$ とできるので，ホモトピー $F : S^k \times [0, 1] \to S^k$ を

$$F(\boldsymbol{x}, t) = \frac{t\boldsymbol{g}(\boldsymbol{x}) + (1-t)\boldsymbol{v}(\boldsymbol{x})}{||t\boldsymbol{g}(\boldsymbol{x}) + (1-t)\boldsymbol{v}(\boldsymbol{x})||}$$

で定義すれば，これはきちんと定義できていて，$\boldsymbol{v}$ と $\boldsymbol{g}$ の間のホモトピーを与えることがわかる．これで求めることが証明できた．■

$\boldsymbol{v}$ をほんの少しホモトピーで動かしても，補題の仮定 (1), (2), (3) は引き続き満たされるようにできることが示せる．たとえば，(1) が満たされるようにできることは，上の補題 1.7.1 の証明でジェット横断性定理を使うときに，すでに横断的になっている部分を動かさずに近似できる，というジェット横断性定理の相対版（たとえば [129, 第 5 章, 補助定理 1.10], [49, Chapter II, Corollary 4.12] 等を参照）を用いれば証明できる．また，写像度 d はもちろんホモトピー不変であるから，結局 $\boldsymbol{v}$ の不動点は孤立している，と初めから仮定してもよいことになる．

補題 1.7.2 $0 \leq t \leq \varepsilon$ に対して，$\boldsymbol{v}_t : M \to M$ のレフシェッツ数は $\chi(M)$ に等しい．

証明． レフシェッツ数は定義よりホモトピー不変であるから，$\boldsymbol{v}_0$ という M の恒等写像のレフシェッツ数がオイラー数に等しいことを言えばよい．ところが，恒等写像のトレースはそのベクトル空間（あるいは自由アーベル群）の次元（あるいは階数）に一致するので，レフシェッツ数の定義より，これはオイラー数に一致する．■

次の事実も補題の証明の中で使われている．

補題 1.7.3 $t > 0$ ならば，$\boldsymbol{v}$ の不動点と $\boldsymbol{v}_t : M \to S^k$ の不動点は一致する．

証明． $\boldsymbol{x} \in M$ が $\boldsymbol{v}_t$ の不動点となるためには，

$$(1-t)\boldsymbol{x} + t\boldsymbol{v}(\boldsymbol{x}) = \lambda\boldsymbol{x} \iff (1-t-\lambda)\boldsymbol{x} = -t\boldsymbol{v}(\boldsymbol{x})$$

となる正の実数 λ が存在することが必要十分である．t はゼロではないので，これは $\boldsymbol{x}$ と $\boldsymbol{v}(\boldsymbol{x})$ が実数体上一次従属であることを示している．これらのベクトルの長さはどちらも 1 であるので，上式が成り立てば，$\boldsymbol{x} = \boldsymbol{v}(\boldsymbol{x})$ であるか，または $\boldsymbol{x} = -\boldsymbol{v}(\boldsymbol{x})$ となる．補題の仮定より後者の場合は起こらないので，結局 $\boldsymbol{x} \in M$ は $\boldsymbol{v}$ の不動点となる．

逆に，$\boldsymbol{v}$ の不動点が $\boldsymbol{v}_t$ の不動点となることは，仮定 (1) と，$\boldsymbol{v}_t$ の定義式からすぐにわかる．これで証明できた．■

1.8 第 8 章について

1.8.1 ホモトピー球面について

補題 1.8.1 $k \geq 2$ に対して，k 次元位相多様体 K が k 次元球面とホモトピー同値になるためには，K が単連結であって，k 次元球面のホモロジー群をもつことが必要十分である．

証明. 必要性は明らかであるので，十分性を証明しよう．フレヴィッチの定理（定理 1.6.6）より，$1 \leq j \leq k-1$ に対して $\pi_j(K)=0$ となり，$\pi_k(K) \cong H_k(K;\mathbf{Z}) \cong \mathbf{Z}$ となる．そこで，連続写像 $f : S^k \to K$ を，$\pi_k(K)$ の生成元の代表元とすると，f は各次元のホモロジー群に同型を導くことがわかる．よってホワイトヘッドの定理（定理 1.6.10）より，f はホモトピー同値写像となる． ■

1.8.2 特性同相写像について

補題 1.8.2 特性同相写像 $\boldsymbol{h} : F_0 \to F_0$ はアイソトピーを除いて一意的である．

証明. $\boldsymbol{h}_t, \boldsymbol{h}'_t : F_0 \to F_t$ $(0 \leq t \leq 2\pi)$ を，二つの同相写像の連続な1パラメータ族で，$\boldsymbol{h}_0 = \boldsymbol{h}'_0$ が恒等写像であるものとする．このとき，$\boldsymbol{g}_t = (\boldsymbol{h}'_t)^{-1} \circ \boldsymbol{h}_t : F_0 \to F_0$ を考えると，これは F_0 のアイソトピーであって，$\boldsymbol{g}_0$ は恒等写像であることがわかる．よって，$\boldsymbol{g}_{2\pi} = (\boldsymbol{h}'_{2\pi})^{-1} \circ \boldsymbol{h}_{2\pi}$ は恒等写像にアイソトピックである．したがって，$\boldsymbol{h}'_{2\pi}$ と $\boldsymbol{h}_{2\pi}$ はアイソトピックとなる． ■

なお，$\boldsymbol{z}^0$ が f の臨界点であれば，特性同相写像として不動点のないものがとれることが知られている [1]．したがって特にそのレフシェッツ数はゼロである．

1.8.3 定理 8.5 について

$n=1$ のときの証明をしておこう．ワン系列は

$$H_1F_0 \xrightarrow{\boldsymbol{h}_* - \boldsymbol{I}_*} H_1F_0 \longrightarrow H_1(S_\varepsilon - K) \longrightarrow H_0F_0 \xrightarrow{\boldsymbol{h}_* - \boldsymbol{I}_*} H_0F_0$$

となる．補題 6.4 より F_0 は連結であるので，

$$H_0F_0 \cong \mathbf{Z} \xrightarrow{\boldsymbol{h}_* - \boldsymbol{I}_*} H_0F_0 \cong \mathbf{Z}$$

はゼロ写像となる．また，本文の議論より $H_1(S_\varepsilon - K) \cong H_0(K)$ であるので，

$$\begin{aligned} \widetilde{H}_0(K) = 0 \quad &\Longleftrightarrow \quad H_0(K) \cong \mathbf{Z} \\ &\Longleftrightarrow \quad H_1(S_\varepsilon - K) \cong \mathbf{Z} \\ &\Longleftrightarrow \quad H_1F_0 \xrightarrow{\boldsymbol{h}_* - \boldsymbol{I}_*} H_1F_0 \text{ が全射} \end{aligned}$$

となる．定理 6.5 より H_1F_0 は有限生成自由アーベル群であるので，準同型写像 $H_1F_0 \to H_1F_0$ が全射であることと同型であることは同値である．こうして $n=1$ の場合にも定理 8.5 が証明できた． ■

1.8.4 エキゾチック球面の例について

ブリスコーンは [Brieskorn, *Examples of singular normal complex spaces which are topological manifolds*] において，次のような示唆的な例を発見した（これについては，本文の第 1 章，第 9 章でも言及されている）．

$$z_1{}^3 + z_2{}^2 + \cdots + z_{n+1}{}^2 = 0 \text{（ただし } n \text{ は 3 以上の奇数）}.$$

この式で定義される超曲面 V は原点を孤立特異点にもつが，それに付随した交わり $K = V \cap S_\varepsilon$ が位相的球面になるので，原点のまわりで V は位相的には多様体となるのである．本文の補題 8.1 の直後の注で言及されているように，$n = 2$ では K の基本群は自明ではなく，このようなことは起こり得ないことがすでに知られていたので，この例は特異点論者やトポロジストにとって大きな衝撃であった．そこでこの例を契機として，交わり K として現れる球面の構造，特にその可微分構造についての研究が盛んに行われるようになった，という歴史的経緯がある（[36] も参照）．

複素超曲面の特異点のまわりに現れるエキゾチック球面の具体例を一つあげておこう（詳細はブリスコーン [Brieskorn, *Beispiele zur Differentialtopologie von Singularitäten*] を参照）．

定理 1.8.3 複素多項式

$$f_k(z_1, z_2, z_3, z_4, z_5) = z_1{}^2 + z_2{}^2 + z_3{}^2 + z_4{}^3 + z_5{}^{6k-1}, \quad 1 \leq k \leq 28$$

の臨界点である原点に付随して現れる多様体 $K = S_\varepsilon \cap f_k^{-1}(0)$ は，すべて位相的球面であり，全部で 28 個ある 7 次元球面の可微分構造をすべて実現する．

詳細は，§1.9.3 を参照して欲しい．なお，球面の可微分構造の分類については，ケルヴェアー–ミルナー [Kervaire and Milnor] や [176] を参照して欲しい．

1.9 第 9 章について

1.9.1 特性多項式と円分多項式

本文中で言及されているように，孤立臨界点に付随した特性多項式は常に円分多項式の積になる．これは，特性根がすべて 1 のベキ根であることと同値であり，したがって，ある自然数 k, ℓ があって，$(\boldsymbol{h}_*^k - \boldsymbol{I})^\ell = 0$ となることと同値である．(この最後の等式を満たすとき，$\boldsymbol{h}_*$ は**準ベキ単** (quasi-unipotent) であると言う.) この事実は，**モノドロミー定理** (monodromy theorem) と呼ばれており，様々な数学者によっていろいろな観点から証明されている．詳細は，[51], [18], [30], [28], [77], [90],

[161], [160], [43] 等を参照して欲しい．なお，[90] の付録にグリフィスによる，種々の証明方法に関する解説が載っているので，参考にするとよいであろう．

1.9.2 定理 9.1 について

補題 1.9.1 $\psi : \mathbf{C}^m - V \to S^1$ は局所自明条件（定義 1.1.1 を参照）を満たす．

証明． 任意の $e^{i\theta} \in S^1$ に対して，その近傍 $U - \{e^{i(\theta+\pi)}\}$ を考える．$\Phi : U \times \psi^{-1}(e^{i\theta}) \to \psi^{-1}(U)$ を

$$\Phi(e^{i(\theta+t)}, \boldsymbol{z}) = \boldsymbol{h}_t(\boldsymbol{z}), \quad |t| < \pi,\ \boldsymbol{z} \in \psi^{-1}(e^{i\theta})$$

で定義すると，これは微分同相写像であり，$\psi \circ \Phi(e^{i(\theta+t)}, \boldsymbol{z}) = e^{i(\theta+t)}$ となることがわかる．よって ψ は局所自明条件を満たす． ■

補題 1.9.2 各 $y \in S^1$ に対して，$\psi^{-1}(y)$ は $\phi^{-1}(y) \times \mathbf{R}$ に微分同相である．

証明． 可微分写像 $\alpha : \phi^{-1}(y) \times \mathbf{R} \to \psi^{-1}(y)$ を，

$$\alpha(\boldsymbol{z}, r) = (e^{r/a_1} z_1, \ldots, e^{r/a_m} z_m)$$

で定義する．すると，$\boldsymbol{z} \in \psi^{-1}(y)$ と $((\zeta_1, \ldots, \zeta_m), r) \in \phi^{-1}(y) \times \mathbf{R}$ に対して，

$$\begin{aligned} \alpha((\zeta_1, \ldots, \zeta_m), r) = \boldsymbol{z} \quad &\Longleftrightarrow \quad (e^{r/a_1}\zeta_1, \ldots, e^{r/a_m}\zeta_m) = \boldsymbol{z} \\ &\Longleftrightarrow \quad (\zeta_1, \ldots, \zeta_m) = (e^{-r/a_1} z_1, \ldots, e^{-r/a_m} z_m) \in S_\varepsilon \end{aligned}$$

となる．よって，

$$e^{-2r/a_1}|z_1|^2 + \cdots + e^{-2r/a_m}|z_m|^2 = \varepsilon^2 \tag{9.1}$$

となる．左辺を $r \in \mathbf{R}$ の関数と考えてそれを $g(r)$ と置くと，

$$\lim_{r \to -\infty} g(r) = \infty, \quad \lim_{r \to \infty} g(r) = 0$$

かつ，$g'(r) < 0$ となることがわかるので，(9.1) を満たす $r \in \mathbf{R}$ が一意的に存在して，しかもそれは $\boldsymbol{z}$ に関して可微分であることが陰関数定理からわかる．よって α は全単射であって，逆も可微分である．これで求めることが証明できた． ■

1.9.3 ブリスコーン–ファム型の位相的球面について

定理 9.1 と定理 8.5 を組み合わせると，多項式

$$(z_1)^{a_1} + (z_2)^{a_2} + \cdots + (z_{n+1})^{a_{n+1}}$$

に付随した交わり $K = V \cap S_\varepsilon$ が位相的球面かどうかがわかるわけであるが，$a_1, a_2, \ldots, a_{n+1}$ だけからもっと直接的にわかる方法がある．それを紹介しておこう．

まず，$\boldsymbol{a} = (a_1, a_2, \ldots, a_{n+1})$ に対して，対応する $n+1$ 個の頂点を用意する．そしてそれらの 2 頂点 a_j, a_k に対して，最大公約数 (a_j, a_k) が 1 より真に大きいとき，それらの頂点を辺で結ぶことにする．こうして得られるグラフ（1 次元複体）を $\Gamma(\boldsymbol{a})$ と表すことにする．次の定理はミルナーがナッシュに宛てた手紙の中で言及された（証明についてはブリスコーン [BRIESKORN, *Beispiele zur Differentialtopologie von Singularitäten*] を参照）．

定理 1.9.3（ブリスコーン）特性多項式 $\Delta(t)$ に対して，$\Delta(1) = \pm 1$ となるためには，次のいずれかが成り立つことが必要十分である．

(i) $\Gamma(\boldsymbol{a})$ は少なくとも二つの孤立頂点をもつ．

(ii) $\Gamma(\boldsymbol{a})$ は一つの孤立頂点と，奇数個の頂点からなる連結成分で，それに含まれる任意の 2 頂点 $a_j, a_k (j \neq k)$ に対して $(a_j, a_k) = 2$ が常に成り立つようなものを少なくとも一つもつ．

次に，注 8.7 で言及されているように，n が偶数のときは，交叉形式

$$H_n F_0 \otimes H_n F_0 \to \mathbf{Z} \tag{9.2}$$

の符号数により，位相的球面 K の微分同相類が決定される．これについて，ヒルツェブルフは次のことを証明した（詳細は上記ブリスコーンの論文を参照）．

定理 1.9.4 τ^+ を，$n+1$ 個の整数の組 $(x_1, x_2, \ldots, x_{n+1})$ で，$0 < x_j < a_j$ を満たし，

$$0 < \sum_{j=1}^{n+1} \frac{x_j}{a_j} < 1 \pmod{2\mathbf{Z}}$$

となるものの個数，τ^- を，$n+1$ 個の整数の組 $(x_1, x_2, \ldots, x_{n+1})$ で，$0 < x_j < a_j$ を満たし，

$$-1 < \sum_{j=1}^{n+1} \frac{x_j}{a_j} < 0 \pmod{2\mathbf{Z}}$$

となるものの個数，とする．すると交叉形式 (9.2) の符号数は $\tau^+ - \tau^-$ で与えられる．

このことと，エキゾチック球面の分類（ケルヴェアーミルナー [KERVAIRE and MILNOR]）を用いて，ブリスコーンは定理 1.8.3 やその一般化を証明した．このあたりの事情についてはヒルツェブルフ [HIRZEBRUCH, *Singularities and exotic spheres*] も参照して欲しい．

1.9.4 定義 9.3 について

補題 1.9.5 $f \in \mathbf{C}[z_1, \ldots, z_m]$ が型 $(a_1, \ldots, a_m)$ の擬斉次多項式であるためには，各複素数 c に対して

$$f(e^{c/a_1} z_1, \ldots, e^{c/a_m} z_m) = e^c f(z_1, \ldots, z_m) \tag{9.3}$$

となることと同値である．

証明． 擬斉次多項式であれば (9.3) を満たすことは容易に確かめられる．逆に，f が (9.3) を満たしたとする．

$$f(\boldsymbol{z}) = \sum a_{i_1,\ldots,i_m} z_1^{i_1} \cdots z_m^{i_m}$$

$(a_{i_1,\ldots,i_m} \neq 0)$ と分解できたとすると，(9.3) より，

$$e^c \sum a_{i_1,\ldots,i_m} z_1^{i_1} \cdots z_m^{i_m} = \sum a_{i_1,\ldots,i_m} e^{c((i_1/a_1)+\cdots+(i_m/a_m))} z_1^{i_1} \cdots z_m^{i_m}$$

が任意の複素数 c に対して成り立つことになる．よって $(i_1/a_1) + \cdots + (i_m/a_m) = 1$ とならなければならない．■

1.9.5 補題 9.4 について

補題 1.9.6 $F' = f^{-1}(1)$ は非特異である．

証明． 定義 9.3 より，

$$f(e^{c/a_1} z_1, \ldots, e^{c/a_m} z_m) = e^c f(z_1, \ldots, z_m)$$

が任意の実数 c について成り立つ．そこで，両辺を c で微分して $c = 0$ を代入すると，

$$\frac{z_1}{a_1} \frac{\partial f}{\partial z_1}(\boldsymbol{z}) + \cdots + \frac{z_m}{a_m} \frac{\partial f}{\partial z_m}(\boldsymbol{z}) = f(\boldsymbol{z}) \tag{9.4}$$

が成り立つことがわかる．したがって，$1 \in \mathbf{C}$ は f の正則値であり，$F' = f^{-1}(1)$ は非特異である．■

補題 9.4 の証明． $F = \{\boldsymbol{z} \in \mathbf{C}^m \mid \|\boldsymbol{z}\| = \varepsilon, f(\boldsymbol{z}) > 0\}, F' = \{\boldsymbol{z} \in \mathbf{C}^m \mid f(\boldsymbol{z}) = 1\}$ に対して，$\beta : F \to F'$ を

$$\beta(\boldsymbol{z}) = (f(\boldsymbol{z})^{-1/a_1} z_1, \ldots, f(\boldsymbol{z})^{-1/a_m} z_m)$$

で定義する．$\boldsymbol{z} \in F'$ と $c \in \mathbf{R}$ に対して，もし $(e^{c/a_1} z_1, \ldots, e^{c/a_m} z_m) \in F$ ならば，$\beta(e^{c/a_1} z_1, \ldots, e^{c/a_m} z_m) = \boldsymbol{z}$ となる．ところが

$$(e^{c/a_1} z_1, \ldots, e^{c/a_m} z_m) \in F \Longleftrightarrow e^{2c/a_1} |z_1|^2 + \cdots + e^{2c/a_m} |z_m|^2 = \varepsilon^2$$

となるので，補題 1.9.2 と同様の議論により，c が $\boldsymbol{z}$ の関数として一意的に定まり，しかも可微分であることがわかる．よって $\beta : F \to F'$ は微分同相写像である．

そこで，$E = f^{-1}(S^1)$ と置いて，$\tilde{\beta} : S_\varepsilon - K \to E$ を，

$$\tilde{\beta}(\boldsymbol{z}) = (|f(\boldsymbol{z})|^{-1/a_1} z_1, \ldots, |f(\boldsymbol{z})|^{-1/a_m} a_m)$$

で定義する．すると，上と同様の議論により $\tilde{\beta}$ が微分同相写像であることがわかる．さらに，図式

$$\begin{array}{ccc} S_\varepsilon - K & \xrightarrow{\tilde{\beta}} & E \\ & {\scriptstyle\phi}\searrow \quad \swarrow{\scriptstyle f} & \\ & S^1 & \end{array}$$

は可換となる．よって，ファイバー束 $\phi : S_\varepsilon - K \to S^1$ と $f : E \to S^1$ は同型となる．

さらに，$\boldsymbol{h}_t(z_1, \ldots, z_m) = (e^{ti/a_1} z_1, \ldots, e^{ti/a_m} z_m)$ と置くと，$\boldsymbol{h}_t$ は $\phi^{-1}(y)$ を $\phi^{-1}(e^{ti}y)$ に微分同相に写し，$f^{-1}(y)$ を $f^{-1}(e^{ti}y)$ に微分同相に写すことがわかる．よって，$\boldsymbol{h}_t$ を使って二つのファイバー束の局所自明化が構成できることになるので，特性同相写像は $\boldsymbol{h}_{2\pi} : F \to F$，あるいは $\boldsymbol{h}_{2\pi} : F' \to F'$ で与えられることになる．■

1.9.6　$\boldsymbol{h}^j$ の不動点集合について

補題 1.9.7 $L_j = \{\boldsymbol{0}\}$ でない限り，$F' \cap L_j$ は L_j 内の非特異超曲面である．

証明． $\boldsymbol{z} \in F' \cap L_j$ とすると，(9.4) より，ある $\ell \notin \{i_1, \ldots, i_k\}$ であって，$z_\ell \neq 0$ かつ $\partial f / \partial z_\ell(\boldsymbol{z}) \neq 0$ となるものが存在する．よって $1 \in \mathbf{C}$ は $f|L_j$ の正則値である．■

1.9.7　補題 9.5 について

補題 1.9.8 コンパクトなリーマン多様体 M の等長写像 $f : M \to M$ の不動点集合 F が M の部分多様体であったとする．すると f のレフシェッツ数 $L(f)$ は，F のオイラー数 $\chi(F)$ に等しい．

この補題の証明のために，次の補題を準備しておこう．

補題 1.9.9 X を位相空間とし，X_1, X_2 を X の部分空間で，$X_1 \cup X_2 = X$ となり，かつ $\{X_1, X_2\}$ が切除的であるものとする．もし $X_1, X_2, A = X_1 \cap X_2$ がすべて有

限生成のホモロジーをもてば，X も有限生成のホモロジーをもつ．さらに，連続写像 $f: X \to X$ で，$f(X_j) \subset X_j$ $(j=1,2)$ となるものに対して，

$$L(f) + L(f|A) = L(f|X_1) + L(f|X_2)$$

が成り立つ．特に，$\chi(X) + \chi(A) = \chi(X_1) + \chi(X_2)$ が成り立つ．

上の補題については，[55, p. 187] などを参照して欲しい．

補題 1.9.8 の証明． T を F の十分小さな閉管状近傍とし（リーマン計量を使って定義される，F の法束のゼロ切断の近傍からの指数写像の像として定義されるものを採用する．詳細はたとえば [117, 第 11 章] を参照），M_1 を T の補空間の閉包，M_2 を T とする．すると，$M, \{M_1, M_2\}$ は補題 1.9.9 の仮定を満たす．また f は等長写像ゆえ，$f(M_1) = M_1, f(M_2) = M_2$ となる．したがって，補題 1.9.9 より，

$$L(f) + L(f|\partial T) = L(f|M_1) + L(f|M_2)$$

となる．

ここで，$f|\partial T, f|M_1$ は不動点をもたないので，レフシェッツ不動点定理（本文の第 7 章を参照）より，$L(f|\partial T) = 0 = L(f|M_1)$ となる．したがって $L(f) = L(f|M_2)$ となる．

ここで，$r: M_2 \to F$ を射影とすると，これはホモトピー同値写像であり，しかも図式

$$\begin{array}{ccc} M_2 & \xrightarrow{\quad r \quad} & F \\ {\scriptstyle f|M_2}\downarrow & & \downarrow{\scriptstyle f|F} \\ M_2 & \xrightarrow{\quad r \quad} & F \end{array}$$

は可換となる（f が等長写像であるので）．ここで，$f|F$ は F の恒等写像である．よってレフシェッツ数の定義より，

$$L(f|M_2) = L(f|F) = \chi(F)$$

となる．これで求めることが証明できた．■

1.9.8 ヴェイユのゼータ関数について

補題 1.9.10

$$\zeta(t) = \prod_{d|p} (1 - t^d)^{-r_d}$$

となる．ここで指数 $-r_d$ は，公式

$$\chi_j = \sum_{d|j} d r_d$$

によって帰納的に計算される．

この補題を証明するために，次の補題を先に証明しておこう．

補題 1.9.11 $d \nmid p$ ならば $r_d = 0$ となる．

証明． $\boldsymbol{h}^j : F' \to F'$ の不動点集合を F_j と書く．また，有理数 a_ℓ を既約分数で表したときの分子を a'_ℓ と書く．すると，$\boldsymbol{h}$ の周期 p は $a'_1, \ldots, a'_m$ の最小公倍数であることがわかる．また，

$$L_j = \{\boldsymbol{z} \in \mathbf{C}^m \mid a'_k \nmid j \text{ なる } k \text{ に対して } z_k = 0\} \tag{9.5}$$

としたとき $F_j = F' \cap L_j$ となるので，$F_j \neq \emptyset$ となるのは，ある a'_ℓ が j の約数になるときに限る．

補題 1.9.11 の証明のため，次の補題を証明しておこう．

補題 1.9.12 j_1, j_2, q を自然数とする．j_1, j_2 がともに q 倍して初めて p の倍数になるとすると，$\chi_{j_1} = \chi_{j_2}$ が成り立つ．

証明． $(p, j_1) = (p, j_2) = p/q$ となることに注意しよう．すると，p は a'_ℓ の公倍数だから，$(a'_\ell, j_1) = (a'_\ell, j_2)$ が成り立つことがわかる．よって，

$$a'_\ell \mid j_1 \Longleftrightarrow a'_\ell \mid j_2$$

が成り立つ．したがって (9.5) より，$F_{j_1} = F_{j_2}$ となることがわかるので，求めることが示された． ■

さて，r_d は

$$\chi_j = \sum_{d|j} d r_d$$

によって帰納的に定義されていたのであった．これとメビウスの反転公式より，

$$d r_d = \sum_{j|d} \mu\left(\frac{d}{j}\right) \chi_j$$

を得る（たとえば [171, §8, 定理 1.22] を参照）．ここで，

$$\mu(n) = \begin{cases} 0 & (\text{ある素数 } p \text{ に対して } p^2 \mid n \text{ のとき}), \\ (-1)^\lambda & (n = p_1 \cdots p_\lambda \text{ と異なる } \lambda \text{ 個の素数の積に分解できるとき}), \\ 1 & (n = 1 \text{ のとき}) \end{cases}$$

はメビウス関数である．なお，メビウス関数は，$(m, n) = 1$ ならば $\mu(mn) = \mu(m)\mu(n)$ となる性質をもっていることに注意しよう．

ここで,

$$\begin{aligned} p &= p_1^{e_1}\cdots p_n^{e_n}, \\ d &= p_1^{f_1}\cdots p_n^{f_n} q_1^{c_1}\cdots q_m^{c_m} \end{aligned}$$

をそれぞれの素因数分解とする（ただし, $e_i > 0, c_j > 0, f_i \geq 0$ とする）. すると,

$$\begin{aligned} dr_d &= \sum_{k_1=0}^{f_1}\cdots\sum_{k_n=0}^{f_n}\sum_{\ell_1=0}^{c_1}\cdots\sum_{\ell_m=0}^{c_m}\mu\left(\frac{d}{p_1^{k_1}\cdots p_n^{k_n}q_1^{\ell_1}\cdots q_m^{\ell_m}}\right) \\ &\quad \times\chi_{p_1^{k_1}\cdots p_n^{k_n}q_1^{\ell_1}\cdots q_m^{\ell_m}} \\ &= \sum_{k_1=0}^{f_1}\cdots\sum_{k_n=0}^{f_n}\sum_{\ell_1=0}^{c_1}\cdots\sum_{\ell_m=0}^{c_m}\mu\left(\frac{p_1^{f_1}}{p_1^{k_1}}\right)\cdots\mu\left(\frac{p_n^{f_n}}{p_n^{k_n}}\right) \\ &\quad \times\mu\left(\frac{q_1^{c_1}}{q_1^{\ell_1}}\right)\cdots\mu\left(\frac{q_m^{c_m}}{q_m^{\ell_m}}\right)\chi_{p_1^{k_1}\cdots p_n^{k_n}q_1^{\ell_1}\cdots q_m^{\ell_m}} \end{aligned} \tag{9.6}$$

となる.

さて, 今 $d \nmid p$ とすると, 次の二つの場合が考えられる.

(i) ある $1 \leq \ell \leq m$ に対して $c_\ell > 0$ となる.

(ii) ある $1 \leq \ell \leq n$ に対して $f_\ell > e_\ell$ となる.

(i) の場合. $(k_1, \ldots, k_n)$ を固定して, $(\ell_1, \ldots, \ell_m)$ を動かすことを考える.

$$p_1^{k_1}\cdots p_n^{k_n}q_1^{\ell_1}\cdots q_m^{\ell_m}$$

を何倍して初めて p の倍数にできるかは, $(\ell_1, \ldots, \ell_m)$ によらずに決まることに注意しよう. すると補題 1.9.12 より,

$$\begin{aligned} &\sum_{\ell_1=0}^{c_1}\cdots\sum_{\ell_m=0}^{c_m}\mu\left(\frac{p_1^{f_1}}{p_1^{k_1}}\right)\cdots\mu\left(\frac{p_n^{f_n}}{p_n^{k_n}}\right)\mu\left(\frac{q_1^{c_1}}{q_1^{\ell_1}}\right)\cdots\mu\left(\frac{q_m^{c_m}}{q_m^{\ell_m}}\right) \\ &\quad \times\chi_{p_1^{k_1}\cdots p_n^{k_n}q_1^{\ell_1}\cdots q_m^{\ell_m}} \\ &= \mu\left(\frac{p_1^{f_1}}{p_1^{k_1}}\right)\cdots\mu\left(\frac{p_n^{f_n}}{p_n^{k_n}}\right)\overline{\chi}_0\sum_{\ell_1=0}^{c_1}\mu\left(\frac{q_1^{c_1}}{q_1^{\ell_1}}\right)\cdots\sum_{\ell_m=0}^{c_m}\mu\left(\frac{q_m^{c_m}}{q_m^{\ell_m}}\right) \end{aligned} \tag{9.7}$$

となるが（ここで

$$\overline{\chi}_0 = \chi_{p_1^{k_1}\cdots p_n^{k_n}q_1^{\ell_1}\cdots q_m^{\ell_m}}$$

は定数であることに注意）, 各 $1 \leq t \leq m$ に対して

$$\sum_{\ell_t=0}^{c_t}\mu\left(\frac{q_t^{c_t}}{q_t^{\ell_t}}\right) = \mu(q_t) + \mu(1) = -1 + 1 = 0$$

となるので, 結局 (9.7) はゼロに等しいことがわかる. よって, (9.6) より, $dr_d = 0$,

すなわち $r_d = 0$ となる．

(ii) の場合． $f_\ell > e_\ell$ なる ℓ を 1 だとしてもよい．さらに $m = 0$ としてよい．このとき，補題 1.9.12 より，

$$\chi_{p_1^{f_1} p_2^{k_2} \cdots p_n^{k_n}} = \chi_{p_1^{f_1-1} p_2^{k_2} \cdots p_n^{k_n}} \tag{9.8}$$

となることに注意しよう．すると，

$$dr_d = \sum_{k_1=0}^{f_1} \cdots \sum_{k_n=0}^{f_n} \mu\left(\frac{p_1^{f_1}}{p_1^{k_1}}\right) \mu\left(\frac{p_2^{f_2} \cdots p_n^{f_n}}{p_2^{k_2} \cdots p_n^{k_n}}\right) \chi_{p_1^{k_1} \cdots p_n^{k_n}}$$

となるが，(9.8) より，各 $k_2, \ldots, k_n$ に対して

$$\sum_{k_1=0}^{f_1} \mu\left(\frac{p_1^{f_1}}{p_1^{k_1}}\right) \chi_{p_1^{k_1} \cdots p_n^{k_n}} = 0$$

となることがわかる．したがってこの場合も $r_d = 0$ が示された．これで補題 1.9.11 の証明が終わった．■

補題 1.9.10 の証明． $|t| < 1$ に対して，

$$-\log(1-t) = t + \frac{t^2}{2} + \frac{t^3}{3} + \cdots$$

とベキ級数展開される．(これは絶対収束するので，以下無限和をとるときに，和をとる順番は気にしなくてよいことに注意しよう．) よって

$$\zeta_1(t) = \prod_{d|p} (1-t^d)^{-r_d}$$

と置くと，$|t| < 1$ に対して

$$\begin{aligned}
\log \zeta_1(t) &= -\sum_{d|p} r_d \log(1-t^d) = \sum_{d|p} r_d \sum_{j=1}^{\infty} \frac{t^{jd}}{j} \\
&= \sum_{d|p} r_d \left(\sum_{d|k} \frac{d}{k} t^k\right) = \sum_{k=1}^{\infty} \left(\sum_{d|p \text{ かつ } d|k} dr_d\right) \frac{t^k}{k}
\end{aligned}$$

となる．すると補題 1.9.11 より，

$$\log \zeta_1(t) = \sum_{k=1}^{\infty} \left(\sum_{d|k} dr_d\right) \frac{t^k}{k} = \sum_{k=1}^{\infty} \chi_k \frac{t^k}{k} = \log \zeta(t)$$

となるので，$\zeta(t) = \zeta_1(t)$ が従う．■

命題 1.9.13

$$\zeta(t) = P_0(t)^{-1} P_1(t) P_2(t)^{-1} \cdots P_{m-1}(t)^{\pm 1}$$

が成り立つ．

証明． 線形変換 $\boldsymbol{h}_* : H_kF' \to H_kF'$ の固有値を（重複も込めて）$\lambda_{k\ell}$ ($\ell = 1, 2, \ldots, \dim H_kF'$) と置こう（ホモロジーの係数は $\mathbf{C}$ を考えている）．するとレフシェッツ数の定義と補題 9.5 より，

$$\chi_j = \sum_k (-1)^k \mathrm{Trace}((\boldsymbol{h}^j)_* : H_kF' \to H_kF') = \sum_k (-1)^k \sum_\ell \lambda_{k\ell}^j$$

となる．よって，

$$\begin{aligned}\log \zeta(t) &= \sum_j \chi_j t^j / j = \sum_j \frac{1}{j} \sum_k (-1)^k \sum_\ell \lambda_{k\ell}^j t^j \\ &= \sum_k (-1)^k \sum_j \frac{1}{j} \sum_\ell (\lambda_{k\ell} t)^j = \sum_k (-1)^k \sum_\ell \sum_j \frac{(\lambda_{k\ell} t)^j}{j} \\ &= \sum_k (-1)^k \sum_\ell \log(1 - t\lambda_{k\ell})^{-1}\end{aligned}$$

となるので，

$$\begin{aligned}\zeta(t) &= \prod_k \left(\prod_\ell (1 - t\lambda_{k\ell})^{-1} \right)^{(-1)^k} = \prod_k P_k(t)^{(-1)^{k+1}} \\ &= P_0(t)^{-1} P_1(t) P_2(t)^{-1} \cdots P_{m-1}(t)^{\pm 1}\end{aligned}$$

を得る．■

系 1.9.14 r_d は整数である．

証明． 上の命題より，

$$\zeta(t) = \prod_{d|p} (1 - t^d)^{-r_d}$$

は有理関数になることがわかる．$r_d \neq 0$ となる d のうちで一番大きなものを d_0 とすると，1 の原始 d_0 乗根において $\zeta(t)$ は零点か極をもつ．よって r_{d_0} は整数でなければならない（そうでなければその点のまわりで一価関数にならないからである）．あとは $\zeta(t)(1 - t^{d_0})^{r_{d_0}}$ が有理関数になることを使って，同様に他の r_d もすべて整数でなければならないことが示せる．■

系 1.9.14 の別証明． まず，

$$F_j^* = F_j - \cup_{0<d<j} F_d$$

と置く．すなわち，$\boldsymbol{h}$ を j 回合成して初めてもとに戻る点全体の集合を F_j^* と置くわけである．これは F_j の開集合であるので，多様体であり，

$$F_j = \cup_{d|j} F_d^* \tag{9.9}$$

となることがわかる．実は，各 F_j^* は複素多様体であり，(9.9) は F_j の滑層分割を与えることが知られている．

さて，$x \in F_j^*$ ならば $\boldsymbol{h}(x) \in F_j^*$ となることが容易に確かめられるので，$\boldsymbol{h} : F_j^* \to F_j^*$ により位数 j の有限巡回群 $\mathbf{Z}_j$ が F_j^* に自由に作用することがわかる．したがって，F_j^* のオイラー数 $\chi(F_j^*)$ は j で割り切れる．

次に，(9.9) の滑層分割に付随した，各層の近傍を用いての F_j の分割を考える．すると，各層 F_d^* が偶数次元の可微分多様体であることと，オイラー数の和公式を用いて j に関する帰納法を適用すると，

$$\sum_{d|j} dr_d = \chi(F_j) = \sum_{d|j} \chi(F_d^*)$$

がわかる．よって，帰納法（あるいはメビウスの反転公式）より

$$dr_d = \chi(F_d^*)$$

がわかる．$\chi(F_d^*)$ は d で割り切れるので，したがって r_d は整数である．■

なお，微分同相写像に対するゼータ関数の概念は [168] で最初に登場したようである．

現在では，擬斉次多項式よりもかなり広いクラスの多項式に対して，そのゼータ関数

$$\zeta(t) = P_0(t)^{-1}P_1(t)P_2(t)^{-1}\cdots P_{m-1}(t)^{\pm 1}$$

を計算する公式が知られている．詳細は [189] を参照．

1.9.9　特性多項式の係数の対称性

多項式 $f(t) \in \mathbf{Z}[t]$ が**対称的** (symmetric) であるとは，$f(t)$ の次数を d としたとき，

$$f(t) = \pm t^d f(t^{-1})$$

が成り立つことである．

補題 1.9.15 実ベクトル空間の周期的な線形変換の特性多項式は対称的である．

証明. I を d 次単位行列，A を d 次の実正方行列で，ある自然数 p に対して $A^p = I$ となるものとする．すると，

$$\begin{aligned}\det(tI - A) &= t^d \det(I - t^{-1}A)\\ &= (-t)^d(\det A)\det(t^{-1}I - A^{-1})\end{aligned}$$

となるが，A は周期的なのでその固有値はすべて 1 の p 乗根である．しかも A は実行列なので，λ が A の固有値ならば $\bar{\lambda} = \lambda^{-1}$ もそうである．したがって，

$$\det(tI - A) = \det(tI - A^{-1})$$

となる．$\det A = \pm 1$ であるので，上の計算から

$$\det(tI - A) = \pm t^d \det(t^{-1}I - A)$$

となる．これで求めることが証明できた．■

上のことから，もし $\boldsymbol{h}$ が周期的であれば，

$$P_{m-1}(t) = \det(\boldsymbol{I}_* - t\boldsymbol{h}_*) = t^{\mu}\det(t^{-1}\boldsymbol{I}_* - \boldsymbol{h}_*) = \pm\Delta(t)$$

となる．(ここで，$\mu = \operatorname{rank} H_{m-1}(F')$ である．)

1.9.10　例 9.7 について

$f(z_1, z_2) = {z_1}^2 z_2 + {z_2}^4$ について，

$$\partial f/\partial z_1 = 2z_1 z_2,\ \partial f/\partial z_2 = {z_1}^2 + 4{z_2}^3$$

となる．そこで $\varepsilon_1, \varepsilon_2 \in \mathbf{C}$ を（絶対値の）十分小さな数としたとき，

$$2z_1 z_2 = \varepsilon_1,\ {z_1}^2 + 4{z_2}^3 = \varepsilon_2$$

なる方程式を考えよう．$z_1 = \varepsilon_1/(2z_2)$ を第 2 式に代入して，

$$\left(\frac{\varepsilon_1}{2z_2}\right)^2 + 4{z_2}^3 = \varepsilon_2$$

となる．これは重複度も込めて五つの解をもつ．よって，付録 B にある議論から $\mu = 5$ であることが従う．

1.9.11　擬斉次多項式の特性多項式について

ミルナー–オーリック [116] は，本文中の定理 9.6 に基づいて，擬斉次多項式で定義された孤立特異点に付随した特性多項式を容易に計算する公式を発見した．このことを少し解説しておこう．

まず $\mathbf{QC}^*$ を，乗法群 $\mathbf{C}^* = \mathbf{C} - \{0\}$ の有理群環とする．すなわち $\mathbf{QC}^*$ は，有理数 $a_1, \ldots, a_r$ と，ゼロでない複素数 $\alpha_1, \ldots, \alpha_r$ に対して，形式的に

$$a_1\langle\alpha_1\rangle + \cdots + a_r\langle\alpha_r\rangle$$

と書ける元全体の集合を表し，これに自然に環の構造を入れたものである．なお，$a \in \mathbf{Q}$ と $a\langle 1\rangle \in \mathbf{QC}^*$ をしばしば同一視する．

最高次係数が 1 の複素係数多項式

$$f(t) = (t-\alpha_1)\cdots(t-\alpha_r)$$

に対して

$$\mathrm{divisor}\, f(t) = \langle\alpha_1\rangle + \cdots + \langle\alpha_r\rangle$$

で $\mathbf{QC}^*$ の元を定める．また，自然数 n に対して $\mathbf{QC}^*$ の元 Λ_n を

$$\Lambda_n = \mathrm{divisor}\,(t^n-1) = \langle 1\rangle + \langle\xi\rangle + \cdots + \langle\xi^{n-1}\rangle$$

で定める．ここで $\xi = e^{2\pi i/n}$ は 1 の原始 n 乗根である．このように定めると，任意の自然数 a, b に対して

$$\Lambda_a\Lambda_b = (a,b)\Lambda_{[a,b]}$$

となることが確かめられる．ここで (a,b) は a と b の最大公約数を表し，$[a,b]$ は最小公倍数を表す．

このような記号のもと，ミルナー–オーリック [116] は次を示した．

定理 1.9.16 $f(z_1,\ldots,z_m)$ を型 $(w_1,\ldots,w_m)$ の擬斉次多項式で原点を孤立臨界点にもつものとする．各重みを既約分数で表したものを $w_j = u_j/v_j$ $(j=1,2,\ldots,m)$ とする．すると，f に付随した特性多項式は

$$\mathrm{divisor}\,\Delta(t) = (v_1^{-1}\Lambda_{u_1}-1)\cdots(v_m^{-1}\Lambda_{u_m}-1)$$

によって決定される．

たとえば例 9.7 の擬斉次多項式

$$f(z_1,z_2) = {z_1}^2 z_2 + {z_2}^4$$

を考えると，型は $(8/3,4)$ なので，

$$\begin{aligned}\mathrm{divisor}\,\Delta(t) &= (3^{-1}\Lambda_8-1)(\Lambda_4-1)\\ &= 3^{-1}(8,4)\Lambda_{[8,4]} - 3^{-1}\Lambda_8 - \Lambda_4 + 1\\ &= \frac{4}{3}\Lambda_8 - \frac{1}{3}\Lambda_8 - \Lambda_4 + 1\\ &= \Lambda_8 - \Lambda_4 + 1\end{aligned}$$

となる．よって，

$$\Delta(t) = (t^8-1)(t-1)(t^4-1)^{-1} = (t-1)(t^4+1)$$

となって例 9.7 の結果と一致する．

なお，擬斉次多項式の様々な性質については [156] において詳しく研究されているので，参照して欲しい．

1.10　第10章について

1.10.1　平方自由な多項式について

補題 1.10.1 $f(z_1, z_2) \in \mathbf{C}[z_1, z_2]$ を，$\mathbf{0}$ で消える複素2変数多項式で，定数でなく，平方自由であるものとする．すると，曲線 $V = f^{-1}(0)$ の特異点集合 $\Sigma(V)$ は，V の点であって，そこで

$$\partial f/\partial z_1 = \partial f/\partial z_2 = 0$$

が成り立つもの全体からなる．

証明． 補題 1.6.2 より，$I(V) = (f)$ となることはわかる．よって求めることを示すには，ある点 $\boldsymbol{z} \in V$ で，$\partial f/\partial z_1(\boldsymbol{z}) \neq 0$ または $\partial f/\partial z_2(\boldsymbol{z}) \neq 0$ を満たすものがあることを言えばよい．もしそのような $\boldsymbol{z}$ が存在しなかったとすると，任意の $\boldsymbol{z} \in V$ に対して $\partial f/\partial z_1(\boldsymbol{z}) = \partial f/\partial z_2(\boldsymbol{z}) = 0$ となるので，$\partial f/\partial z_1, \partial f/\partial z_2 \in I(V) = (f)$ となる．すると，次数を比べることにより，多項式として $\partial f/\partial z_1 = \partial f/\partial z_2 = 0$ とならなければならないことがわかる．よって f は定数となり，仮定に反する．これで求めることが証明できた．■

f や V を上と同様なものとし，V_j を V の既約成分とする．言い換えれば，$f = f_1 f_2 \cdots f_r$ を f の既約分解としたとき，$V_j = f_j^{-1}(0)$ とする．

補題 1.10.2 V_j 上の非特異点で，他の既約成分に属さないものが常に存在する．

証明． もし任意の $\boldsymbol{z} \in V_j$ に対して

$$\partial f/\partial z_1(\boldsymbol{z}) = \partial f/\partial z_2(\boldsymbol{z}) = 0$$

だったとすると，

$$\partial f/\partial z_1, \partial f/\partial z_2 \in I(V_j) = (f_j)$$

となることが，本文中の補題 2.5 よりわかる．一方，

$$\frac{\partial f}{\partial z_1} = \frac{\partial f_j}{\partial z_1} f_1 \cdots \widehat{f_j} \cdots f_r + f_j h$$

となることに注意しよう．ここで，$\widehat{f_j}$ はその項だけスキップすることを表し，

$$h = \frac{\partial}{\partial z_1}(f_1 \cdots \widehat{f_j} \cdots f_r) \in \mathbf{C}[z_1, z_2]$$

である．これより

$$\partial f_j/\partial z_1 \in (f_j)$$

となることがわかる．同様に

$$\partial f_j/\partial z_2 \in (f_j)$$

もわかる．f_j は既約多項式であるから，これは f_j が定数多項式であることを意味する．これは矛盾．よって，ある $\boldsymbol{z} \in V_j$ で V の非特異点であるものが存在する．

この $\boldsymbol{z}$ に対して

$$\frac{\partial f}{\partial z_k}(\boldsymbol{z}) = \frac{\partial f_j}{\partial z_k}(\boldsymbol{z}) f_1(\boldsymbol{z}) \cdots \widehat{f_j}(\boldsymbol{z}) \cdots f_r(\boldsymbol{z})$$

となるので $(k = 1, 2)$,

$$f_1(\boldsymbol{z}) \neq 0, \ldots, f_{j-1}(\boldsymbol{z}) \neq 0, f_{j+1}(\boldsymbol{z}) \neq 0, \ldots, f_r(\boldsymbol{z}) \neq 0$$

がわかる．よって $\boldsymbol{z}$ は V_j 以外の V の既約成分に属さないことになる．■

補題 1.10.3 $\Sigma(V)$ は有限集合である．

証明. 補題 1.10.2 より，$\Sigma(V)$ の各既約成分は，V のある既約成分の真部分代数多様体である．すると命題 1.2.7 より，$\Sigma(V)$ の各既約成分 Σ_t の（代数的）次元はゼロでなければならないことがわかる．（定理 1.2.10 より，各 V_j の（代数的）次元が 1 に等しくなることに注意しよう．）よって次元の定義（定義 1.2.9 を参照）より，$I_t = (g_1, \ldots, g_s)$ を Σ_t のイデアルとしたとき，$\mathbf{C}[z_1, z_2]/I_t$ が体であることになる．

$(a_1, a_2) \in \Sigma_t$ とする．もし $z_1 - a_1 \in I_t$ でないとすると，ある多項式 $h_0, h_1, \ldots, h_s$ で $h_1, \ldots, h_s \in I_t$ となるものが存在して，

$$(z_1 - a_1) h_0(\boldsymbol{z}) = h_1(\boldsymbol{z}) g_1(\boldsymbol{z}) + \cdots + h_s(\boldsymbol{z}) g_s(\boldsymbol{z}) + 1$$

となる．そこで $\boldsymbol{z} = (a_1, a_2)$ を代入すると，左辺はゼロとなるのに対し，右辺は 1 になってしまうので，矛盾してしまう．よって $z_1 - a_1 \in I_t$ である．同様に $z_2 - a_2 \in I_t$ もわかる．I_t の元は Σ_t 上で消えるので，このことから，$\Sigma_t = \{(a_1, a_2)\}$ となることがわかる．すなわち，$\Sigma(V)$ の各既約成分は 1 点からなる．

本文中の降鎖条件 2.1 より，代数的集合の既約成分は有限個であるので，これで求めることが証明できた．■

1.10.2　補題 10.1 の直後の例について

交叉重複度の定義を与えておこう．

定義 1.10.4 $f, g \in \mathbf{C}[z_1, z_2]$ とし，$f(\mathbf{0}) = g(\mathbf{0}) = 0$ かつ，$V(f) = f^{-1}(0)$, $V(g) = g^{-1}(0)$ は同一既約成分をもたないとする．このとき，$\mathbf{C}[z_1, z_2]/(f, g)$ の $\mathbf{C}$ 上の次元を，$V(f)$ と $V(g)$ の原点における**交叉重複度** (intersection multiplicity)

（または**局所交点数** (local intersection number) あるいは**交点指数** (intersection index)）と言う．詳細は [61], [198, 第11章], [186, §2.3(b)], [47], [180] 等を参照．

たとえば，ω_1, ω_2 を相異なる1の p 乗根としたとき，

$$f_1(z_1, z_2) = z_1 - \omega_1 {z_2}^q,\ f_2(z_1, z_2) = z_1 - \omega_2 {z_2}^q$$

の原点における交叉重複度は，

$$\mathbf{C}[z_1, z_2]/(f_1, f_2) \cong \mathbf{C}[z_2]/((\omega_1 - \omega_2){z_2}^q) \cong \mathbf{C}[z_2]/({z_2}^q)$$

より q に等しくなる．

次に，定理9.1を用いて特性多項式を求めると次のようになる．

$$\begin{aligned}
\Delta(t) &= \prod_{\omega_1, \omega_2} (t - \omega_1\omega_2) \\
&= \prod_{\rho_1^{pq}=1, \rho_1 \neq \tau_1} (t - \rho_1) \cdots \prod_{\rho_{p-1}^{pq}=1, \rho_{p-1} \neq \tau_{p-1}} (t - \rho_{p-1}) \\
&= \frac{t^{pq} - 1}{t - \tau_1} \cdots \frac{t^{pq} - 1}{t - \tau_{p-1}} \\
&= \frac{t - 1}{t^p - 1}(t^{pq} - 1)^{p-1} = \frac{(t-1)(t^{pq} - 1)^{p-1}}{t^p - 1}
\end{aligned}$$

ここで，ω_1 は1以外の1の p 乗根全体を動き，ω_2 は1以外の1の pq 乗根全体を動き，さらに $\tau_1, \ldots, \tau_{p-1}$ は1以外の1の p 乗根を表す．

次に定理9.6を用いて特性多項式を求めてみよう．$f(z_1, z_2) = {z_1}^p + {z_2}^{pq}$ は型 (p, pq) の擬斉次多項式である．$u = e^{2\pi i/pq}$ と置くと，$\boldsymbol{h}(z_1, z_2) = (u^q z_1, u z_2)$ が特性同相写像になる．この周期は pq であることに注意しよう．

まず $q = 1$ のときは，$\chi_1 = \cdots = \chi_{p-1} = 0$ であり，$\chi_p = 1 - \mu = 1 - (p-1)^2 = p(2-p)$ となることがわかる．よって $r_1 = \cdots = r_{p-1} = 0, r_p = 2 - p$ となる．したがって，$\Delta(t) = (t-1)(t^p - 1)^{p-2}$ を得る．

次に $q \geq 2$ のときを考えよう．まず j が p の倍数でないときは $\chi_j = 0$ となることがすぐにわかる．$j = p, 2p, \ldots, (q-1)p$ のとき，$\boldsymbol{h}^j$ の不動点集合はちょうど p 個の点からなるので，$\chi_j = p$ となる．また，

$$\chi_{pq} = 1 - \mu = 1 - (p-1)(pq-1) = p(1 + q - pq)$$

となることがわかる．よって，

$$r_1 = \cdots = r_{p-1} = 0,\ r_p = 1,\ r_{p+1} = \cdots = r_{pq-1} = 0,\ r_{pq} = 1 - p$$

を得る．したがって，

$$\Delta(t) = (t-1)(t^p - 1)^{-1}(t^{pq} - 1)^{p-1}$$

となって，求める多項式が得られることになる．

1.10.3　定理 10.5 の証明の場合 1 について

補題 1.10.5 $\overline{V}$ が原点以外に特異点をもたず，V_c が非特異であれば，$\overline{V}_c$ も非特異である．

証明. 以下，$\mathbf{C}P^2$ の点を斉次座標 $[z_0 : z_1 : z_2]$ $(z_j \in \mathbf{C}, (z_0, z_1, z_2) \neq (0,0,0))$ で表すことにする．$[z_0 : z_1 : z_2] \in \overline{V}_c \subset \mathbf{C}P^2$ をとる．$z_0 \neq 0$ ならば，仮定よりこの点は非特異点である．そこで $z_1 \neq 0$ のときを考えよう．$\overline{V}_c$ の定義多項式は ${z_0}^d f(z_1/z_0, z_2/z_0) - c{z_0}^d$ であるので，$z_1 \neq 0$ なる有限平面における定義多項式は，$z_1 = 1$ を代入して，${z_0}^d f(1/z_0, z_2/z_0) - c{z_0}^d$ である．$g(z_0, z_2) = {z_0}^d f(1/z_0, z_2/z_0)$ と置こう．これは有限平面 $z_1 \neq 0$ における $\overline{V}$ の定義多項式である．

もし $[z_0 : 1 : z_2]$ が $\overline{V}_c$ の特異点であったとすると，

$$\begin{cases} g(z_0, z_2) - c{z_0}^d = 0, \\ \dfrac{\partial g}{\partial z_0}(z_0, z_2) - cd{z_0}^{d-1} = 0, \\ \dfrac{\partial g}{\partial z_2}(z_0, z_2) = 0 \end{cases}$$

となる．$d = 1$ なら $\overline{V}$ や $\overline{V}_c$ が非特異になるのは明らかなので，$d \geq 2$ である．また仮定より $z_0 \neq 0$ ならば，$[z_0 : 1 : z_1]$ は $\overline{V}_c$ の非特異点であるので，$z_0 = 0$ である．こうして，ある z_2 に対して

$$\begin{cases} g(0, z_2) = 0, \\ \dfrac{\partial g}{\partial z_0}(0, z_2) = 0, \\ \dfrac{\partial g}{\partial z_2}(0, z_2) = 0 \end{cases}$$

が成り立つことがわかる．すると $[0 : 1 : z_2]$ は $\overline{V}$ の特異点になってしまうが，これは仮定に反する．よってこの場合は起こり得ない．$z_2 \neq 0$ のときも同様である．こうして $\overline{V}_c$ が特異点をもち得ないことが証明された．■

補題 1.10.6 c が十分小さければ V_c は S_ε と横断的に交わり，その交わり K_c は r 個の互いに交わらない円周からなる．

証明. $\varphi = f|S_\varepsilon : S_\varepsilon \to \mathbf{C}$ を考える．V は S_ε と横断的に交わるので，0 はこの可微分写像の正則値である．定義域多様体 S_ε はコンパクトであるから，φ の特異値集合はコンパクトであり，よって正則値の集合は開集合である．そこで U を正則値からなる $0 \in \mathbf{C}$ の連結な開近傍とすると，エールズマンのファイブレーション定理（定理 1.6.8）より，任意の $c \in U$ に対して $\varphi^{-1}(c)$ は $\varphi^{-1}(0) = K = V \cap S_\varepsilon$ と微分同相になる．もちろん V_c も S_ε と横断的に交わることになる．■

1.10.4 補題 10.8 について

$b_j \in I^{k+s+1}$ で

$$f'(\boldsymbol{z}+\boldsymbol{b}(\boldsymbol{z})) \equiv g(\boldsymbol{z}) \bmod I^{2k+s+2}$$

となるものが存在することを示そう．本文中の帰納法の仮定と主張より，$b_j \in I^{k+s+1}$ で

$$g(\boldsymbol{z}) - f'(\boldsymbol{z}) = \sum b_j(\boldsymbol{z})\partial f/\partial z_j$$

となるものが存在する．このとき，

$$\begin{aligned} f'(\boldsymbol{z}+\boldsymbol{b}(\boldsymbol{z})) &= f'(\boldsymbol{z}) + \sum b_j(\boldsymbol{z})\partial f'/\partial z_j \\ &\quad + \frac{1}{2}\sum b_j(\boldsymbol{z})b_\ell(\boldsymbol{z})\partial^2 f'/\partial z_j\partial z_\ell + \cdots \\ &\equiv f'(\boldsymbol{z}) + \sum b_j(\boldsymbol{z})\partial f'/\partial z_j \bmod I^{2k+2s+2} \\ &= g(\boldsymbol{z}) - \sum b_j(\boldsymbol{z})\partial f/\partial z_j + \sum b_j(\boldsymbol{z})\partial f'/\partial z_j \end{aligned}$$

となる．ここで，

$$\begin{aligned} \partial f'/\partial z_j &= \sum_\ell \partial f/\partial z_\ell(\boldsymbol{z}+\boldsymbol{a}^1(\boldsymbol{z})+\cdots+\boldsymbol{a}^s(\boldsymbol{z})) \\ &\quad \times \left(\partial z_\ell/\partial z_j + \partial {a_\ell}^1/\partial z_j + \cdots + \partial {a_\ell}^s/\partial z_j\right) \\ &= \sum_\ell \Bigg(\partial f/\partial z_\ell(\boldsymbol{z}) + \sum_k ({a_k}^1(\boldsymbol{z})+\cdots+{a_k}^s(\boldsymbol{z}))\partial^2 f/\partial z_k\partial z_\ell \\ &\quad + \cdots\Bigg)\left(\delta_{\ell j} + \partial {a_\ell}^1/\partial z_j + \cdots + \partial {a_\ell}^s/\partial z_j\right) \\ &= \left(\partial f/\partial z_j(\boldsymbol{z}) + \sum_k ({a_k}^1(\boldsymbol{z})+\cdots+{a_k}^s(\boldsymbol{z}))\partial^2 f/\partial z_k\partial z_j + \cdots\right) \\ &\quad + \sum_\ell \Bigg(\partial f/\partial z_\ell(\boldsymbol{z}) + \sum_k ({a_k}^1(\boldsymbol{z})+\cdots+{a_k}^s(\boldsymbol{z}))\partial^2 f/\partial z_k\partial z_\ell \\ &\quad + \cdots\Bigg)\left(\partial {a_\ell}^1/\partial z_j + \cdots + \partial {a_\ell}^s/\partial z_j\right) \\ &\equiv \partial f/\partial z_j \bmod I^{k+1} \end{aligned}$$

である．よって，

$$\begin{aligned} f'(\boldsymbol{z}+\boldsymbol{b}(\boldsymbol{z})) &\equiv g(\boldsymbol{z}) - \sum b_j(\boldsymbol{z})\partial f/\partial z_j + \sum b_j(\boldsymbol{z})\partial f/\partial z_j \bmod I^{2k+s+2} \\ &= g(\boldsymbol{z}) \end{aligned}$$

となって，求めることが示せた． ■

なお，本文中では求める合同式が “mod $I^{2k+2s+2}$” で成り立つようにできるとなっているが，これは上のように “mod I^{2k+s+2}” で示しておけば後の議論には十分であることに注意しよう．

1.11　第 11 章について

1.11.1　定理 11.2 について

$m = k$ のとき，逆関数定理より $U - \mathbf{0}$ 上で $\boldsymbol{f}$ は局所微分同相であるので $U \cap V - \mathbf{0}$ は離散集合である．すると本文の定理 2.4 より，これは有限集合でなければならないことがわかる．よって $\varepsilon > 0$ を十分小さくとれば $K = \emptyset$ となり，定理 11.2 の主張は明らかである．よって以下 $m > k$ として議論を進めよう．

補題 1.11.1 $\varepsilon > 0$ が十分小さければ，原点は写像

$$\boldsymbol{f}|S_\varepsilon^{m-1} : S_\varepsilon^{m-1} \to \mathbf{R}^k$$

の正則値である．

証明． 補題が成り立たなかったと仮定しよう．

$$V_1 = \{\boldsymbol{x} \in \mathbf{R}^m \mid f|S_{||\boldsymbol{x}||}^{m-1} : S_{||\boldsymbol{x}||}^{m-1} \to \mathbf{R}^k \text{ は } \boldsymbol{x} \text{ を特異点にもち，かつ } \boldsymbol{f}(\boldsymbol{x}) = \mathbf{0}\}$$

と置く．$\boldsymbol{f} = (f_1, \ldots, f_k)$ と置き，

$$\boldsymbol{grad}\, f_j = (\partial f_j/\partial x_1, \ldots, \partial f_j/\partial x_m)$$

と置くと，

$$\begin{aligned} V_1 &= \{\boldsymbol{x} \in \mathbf{R}^m \mid \boldsymbol{grad}\, f_1(\boldsymbol{x}), \ldots, \boldsymbol{grad}\, f_k(\boldsymbol{x}), \boldsymbol{x} \text{ が一次従属 }\} \cap V \\ &= \{\boldsymbol{x} \in \mathbf{R}^m \mid \mathrm{rank}\,(\boldsymbol{grad}\, f_1(\boldsymbol{x}), \ldots, \boldsymbol{grad}\, f_k(\boldsymbol{x}), \boldsymbol{x}) \leq k\} \cap V \end{aligned}$$

となるので，V_1 は代数的集合である．また $U_1 = \{\boldsymbol{x} \in \mathbf{R}^m \mid ||\boldsymbol{x}||^2 > 0\}$ と置く．

我々の仮定より $U_1 \cap V_1$ の閉包が原点を含むので，曲線選択補題（本文の補題 3.1）より，ある実解析的曲線 $\boldsymbol{p} : [0, \varepsilon) \to \mathbf{R}^m$ で，$\boldsymbol{p}(0) = \mathbf{0}$ かつ任意の $t > 0$ に対して $\boldsymbol{p}(t) \in U_1 \cap V_1$ となるものがある．特に $\boldsymbol{f}(\boldsymbol{p}(t)) \equiv \mathbf{0}$ であるので，

$$\langle d\boldsymbol{p}(t)/dt, \boldsymbol{grad}\, f_j(\boldsymbol{p}(t))\rangle = \frac{df_j(\boldsymbol{p}(t))}{dt} = 0, \quad j = 1, 2, \ldots, k$$

が成り立つ．任意の $t > 0$ に対して

$$\boldsymbol{grad}\, f_1(\boldsymbol{p}(t)), \ldots, \boldsymbol{grad}\, f_k(\boldsymbol{p}(t)), \boldsymbol{p}(t)$$

は一次従属であるが，t が十分小さければ仮定 11.1 より

$$\boldsymbol{grad}\, f_1(\boldsymbol{p}(t)), \ldots, \boldsymbol{grad}\, f_k(\boldsymbol{p}(t))$$

が一次独立であるので，十分小さな $t > 0$ に対して

$$\langle d\boldsymbol{p}(t)/dt, \boldsymbol{p}(t) \rangle = 0$$

となることがわかる．よって十分小さな $t > 0$ に対して $d||\boldsymbol{p}(t)||^2/dt \equiv 0$ となるので，$\boldsymbol{p}(t) \equiv \boldsymbol{0}$ となる．これは矛盾．よって求める補題の主張が証明された．■

定理 11.2 の証明の中で必要となる次の補題は，微分位相幾何学の標準的な手法を使って証明することができる．

補題 1.11.2 M を境界つき多様体，N を境界のない多様体，$f : M \to N$ を可微分写像とする．f が N の部分多様体 L に横断的であり，$f|\partial M$ も L に横断的であれば，$f^{-1}(L)$ は空集合であるか，または境界つきの可微分多様体である．

次に，

$$\boldsymbol{f}(x_1, x_2) = (x_1, {x_1}^2 + x_2({x_1}^2 + {x_2}^2))$$

を考えよう．この写像 $\boldsymbol{f} : \mathbf{R}^2 \to \mathbf{R}^2$ のヤコビ行列は

$$\begin{pmatrix} 1 & 0 \\ 2x_1 + 2x_1x_2 & {x_1}^2 + 3{x_2}^2 \end{pmatrix}$$

となるので，この多項式写像が仮定 11.1 を満たすことがわかる．するとこの節の最初に見たように，$K = \emptyset$ である．そこで $\varepsilon > 0$ が小さいときに，

$$\varphi = \boldsymbol{f}/||\boldsymbol{f}|| : S^1_\varepsilon \to S^1$$

がはめ込みになるかどうかを考えよう．

$$\varphi(\varepsilon\cos\theta, \varepsilon\sin\theta) = (\cos\tau, \sin\tau)$$

と置くと，$\cos\theta \neq 0$ のとき，

$$\tan\tau = \varepsilon\cos\theta + \varepsilon^2\tan\theta$$

となる．この両辺を θ で微分すると，

$$(1 + \tan^2\tau)\frac{d\tau}{d\theta} = -\varepsilon\sin\theta + \varepsilon^2(1 + \tan^2\theta)$$

となるので，

$$\frac{d\tau}{d\theta} = \frac{\varepsilon(\varepsilon - \sin\theta\cos^2\theta)}{(1 + \tan^2\tau)\cos^2\theta}$$

となる．よって $\varepsilon > 0$ が小さいと，θ が 0 に近いところで $d\tau/d\theta$ の符号が一定でないことがわかる．よって φ ははめ込みではない．したがって，φ はファイバー束の射影となることはできない．

1.11.2　補題 11.4 について

$K=\emptyset$ であると，切断 $S^{k-1}\to E'$ が存在しないかもしれない．そこで $K=\emptyset$ の場合に補題 11.4 を証明しよう．以下，$K=\emptyset$，したがって $E'=S_{\varepsilon}^{m-1}$ とする．

補題 1.11.3 F は $k-3$ 連結である．

証明. ファイバー束のホモトピー完全系列より，

$$\cdots\to\pi_{j+1}(S^{k-1})\to\pi_j(F)\to\pi_j(E')\to\pi_j(S^{k-1})\to\cdots \tag{11.1}$$

は完全となる．よって $j<k-2$ ならば

$$\pi_j(F)\cong\pi_j(E')=\pi_j(S^{m-1})=0$$

となる． ■

補題 1.11.4 $K=\emptyset$ ならば $m=k$ または $m\geq 2(k-1)$ である．

証明. もし $m<2(k-1)$ とすると，$k\geq 3$ で $\dim F=m-k<k-2$ となり，しかも上の補題より $j<k-2$ ならば $\pi_j(F)=0$ である．よって $k\geq 4$ ならば F は可縮であり，よって完全系列 (11.1) より $\pi_j(S^{m-1})\cong\pi_j(S^{k-1})$ が任意の j について成り立つことがわかる．よって $m=k$ となる．$k=3$ のときは，$m\geq k$ ゆえ，$m=k$ または $m\geq 2(k-1)$ が常に成り立つ． ■

以上より，$K=\emptyset$ かつ $m<2(k-1)$ ならば $m=k\geq 4$ となり，ファイバーは 1 点となる．($S^{m-1}=S^{k-1}$ が単連結となるので，被覆空間の議論から，ファイバーが 2 点以上からなることがないことがわかるのである.) よって，ファイバーはもちろん可縮になる．これで求めることが示せた． ■

1.11.3　カイパーの例について

カイパーの例における多様体 K とファイバー F について考えよう．
まず $f:A^n\times A^n\to A\times\mathbf{R}$ の定義より，$\varepsilon>0$ に対して

$$\begin{aligned}K &= f^{-1}(\mathbf{0})\cap S_{\varepsilon}\\ &= \{(\boldsymbol{x},\boldsymbol{y})\in A^n\times A^n \mid \langle\boldsymbol{x},\boldsymbol{y}\rangle=0,\ \|\boldsymbol{x}\|^2=\|\boldsymbol{y}\|^2=\varepsilon^2/2\}\\ &\cong \{(\boldsymbol{x},\boldsymbol{y})\in A^n\times A^n \mid \langle\boldsymbol{x},\boldsymbol{y}\rangle=0,\ \|\boldsymbol{x}\|^2=\|\boldsymbol{y}\|^2=1\}\end{aligned}$$

となる．(ここで S_{ε} は，$A^n\times A^n$ の原点を中心とする半径 ε の球面である.) この最後

の集合は，互いに（エルミート内積の意味で）直交する長さ1のベクトルの組（すなわち2枠 (2-frame)）全体からなる集合と一致する．これはシュティーフェル多様体 (Stiefel manifold) と呼ばれる（たとえばスチーンロッド [STEENROD, §7.7] を参照）．

次にファイバー F を考えよう．点 $(0,-\eta)$ $(0<\eta<<\varepsilon)$ の上のファイバーを F_1 とすると，

$$\begin{aligned} F_1 &= \{(\boldsymbol{x},\boldsymbol{y})\in A^n\times A^n \mid \langle \boldsymbol{x},\boldsymbol{y}\rangle=0,\ \|\boldsymbol{x}\|^2=\|\boldsymbol{y}\|^2+\eta,\ \|\boldsymbol{x}\|^2+\|\boldsymbol{y}\|^2\le\varepsilon^2\} \\ &= \{(\boldsymbol{x},\boldsymbol{y})\in A^n\times A^n \mid \langle \boldsymbol{x},\boldsymbol{y}\rangle=0,\ \|\boldsymbol{x}\|^2=\|\boldsymbol{y}\|^2+\eta,\ \|\boldsymbol{y}\|^2\le(\varepsilon^2-\eta)/2\} \end{aligned}$$

となることがわかる．そこで，

$$F_0=\{(\boldsymbol{x},\boldsymbol{y})\in A^n\times A^n \mid \langle \boldsymbol{x},\boldsymbol{y}\rangle=0,\ \|\boldsymbol{x}\|^2=1,\ \|\boldsymbol{y}\|^2\le1\}$$

と置いて，可微分写像 $\varphi_1:F_1\to F_0$, $\varphi_2:F_0\to F_1$ を

$$\begin{aligned} \varphi_1(\boldsymbol{x},\boldsymbol{y}) &= \left(\frac{\boldsymbol{x}}{\|\boldsymbol{x}\|},\frac{\boldsymbol{y}}{r}\right), \\ \varphi_2(\boldsymbol{x},\boldsymbol{y}) &= \left(\sqrt{r^2\|\boldsymbol{y}\|^2+\eta}\,\boldsymbol{x}, r\boldsymbol{y}\right) \end{aligned}$$

で定める．ここで r は $r^2=(\varepsilon^2-\eta)/2$ を満たす正の実数である．すると，φ_1 と φ_2 が互いに他の逆写像になっていることが確かめられる．よってファイバー F は F_0 に微分同相である．なお F_0 は明らかに，A^n の単位球面上の円板束である．

1.12 付録 B について

1.12.1 複素関数論の定理について

付録 B において，複素関数論に出てくる定理と同じ名前をもつ（複素解析的写像の重複度に関する）事実が登場する．そこで比較のために，複素関数論の対応する定理を述べておこう．詳細は複素関数論の教科書を参照して欲しい．

定理 1.12.1（**ルーシェの原理** (Rouché's principle)）$f(z), g(z)$ が複素平面 $\mathbf{C}$ の単純閉曲線 C 上およびその内部で正則であって，C 上で $|f(z)|>|g(z)|$ が成り立つならば，$f(z)$ と $f(z)+g(z)$ とは C の内部に同個数の零点をもつ．ただし，零点はその重複度に応じて数え上げるものとする．

定理 1.12.2（**偏角の原理** (Principle of the argument)）複素平面 $\mathbf{C}$ の単純閉曲線 C で囲まれた領域 D で有理型の関数 $f(z)$ が C 上で正則でゼロとならないとき，D における位数（重複度）に応じて数えられた $f(z)$ の零点および極の個数をそれぞれ N, P とすれば，

$$\frac{1}{2\pi i}\int_C \frac{f'(z)}{f(z)}\,dz = \frac{1}{2\pi}\int_C d(\text{argument}\, f(z)) = N - P$$

が成り立つ．ここで積分は D に関して正の向きに C を一周するものとする．

次に，付録 B の最後にあげられている問題の一部に解答を与えておこう．

1.12.2　問題 1

$\boldsymbol{g}$ の D 内における零点集合が無限集合だとして矛盾を導こう．

$$\boldsymbol{g}/||\boldsymbol{g}|| : \partial D \to S^{2m-1} \tag{12.1}$$

の写像度を k と置く．ここで S^{2m-1} は単位球面を表す．十分小さい正則値 $\boldsymbol{a}$ を使った摂動 $\boldsymbol{g}(\boldsymbol{z}) - \boldsymbol{a}$ を考えルーシェの原理を適用する，という議論より，$k \geq 0$ がわかる（補題 B.3 の証明を参照）．零点集合から異なる $k+1$ 点を取り出し（無限集合であると仮定したので取り出しは可能である），$\boldsymbol{z}^i = (z_1^i, \ldots, z_m^i)$ $(1 \leq i \leq k+1)$ と置こう．

さて，$\eta > 0$ に対して，$\boldsymbol{g}$ の摂動 $\boldsymbol{g}'(\boldsymbol{z}) = \boldsymbol{g}(\boldsymbol{z}) - \eta \boldsymbol{h}(\boldsymbol{z})$ を考える．ここに，$\boldsymbol{h}(\boldsymbol{z})$ の j 番目の成分関数は $(z_j - z_j^1)(z_j - z_j^2)\cdots(z_j - z_j^{k+1})$ である．このとき，$\boldsymbol{g}'$ の $\boldsymbol{z}^i$ におけるヤコビ行列式は η の多項式となるが，その η^m の係数は零とならないことが簡単な計算により確かめられる．そこで，η を十分小さく，また $\boldsymbol{g}'$ の $\boldsymbol{z}^i$ におけるヤコビ行列式がゼロとならないようにとれる．すると，ルーシェの原理が適用可能のみでなく，$\boldsymbol{z}^i$ は $\boldsymbol{g}'$ の正則点ともなる．$\boldsymbol{z}^i$ は $\boldsymbol{g}'$ の零点なので，各 $\boldsymbol{z}^i$ での重複度の総和は，補題 B.1 より $k+1$ となる．

D から $\boldsymbol{z}^i$ を中心とする半径の十分小さな開球体を取り除いた部分を D' と置く．D' 内にも $\boldsymbol{g}'$ の零点はあるかもしれない（無限集合かもしれない）が，十分小さな正則値による摂動を $\boldsymbol{g}' : D' \to \mathbf{C}^m$ に対して適用すれば，

$$\boldsymbol{g}'/||\boldsymbol{g}'|| : \partial D' \to S^{2m-1} \tag{12.2}$$

の写像度はゼロ以上であることがわかる．

さて，$\boldsymbol{g}'$ はルーシェの原理が適用可能なように作った $\boldsymbol{g}$ の摂動であるから，(12.1) の写像度は，$k+1$ と (12.2) の写像度の和となっている．したがって，これは $k+1$ 以上のはずであるが，これは矛盾．よって $\boldsymbol{g}$ の零点集合は（k 個以下の点からなる）有限集合でなければならない．■

(別解) $\text{int}\, D = D - \partial D$ 内の g の零点全体の集合 X は，ガニング–ロッシ [Gunning and Rossi] の Chap. II, Sec. E, Definition 1 の意味で，$\mathbf{C}^m$ の部分解析的多様体になる．また仮定より，g は ∂D 上に零点をもたないので，その近傍でも零点をもたない．よって X は $\mathbf{C}^m$ の有界閉集合，つまりコンパクト集合となる．よってガニン

グ–ロッシ [GUNNING and ROSSI] の Chap. III, Sec. B, Corollary 17 より，X は有限集合である． ■

1.12.3 問題 2

$\boldsymbol{g}$ に対して $\boldsymbol{z}^0$ 中心の D_ε を一つとり，その上での $\boldsymbol{g}$ の零点が $\boldsymbol{z}^0$ だけであるようにする．$\mu \geq 2$ を示すには，問題 1 の解答より，D_ε 上での $\boldsymbol{g}$ を摂動して，次の二つの性質をもつ解析的写像 $\boldsymbol{g}' : D_\varepsilon \to \mathbf{C}^m$ を作れば十分である．

（イ） $\boldsymbol{g}$ と $\boldsymbol{g}'$ の重複度は等しい．

（ロ） $\boldsymbol{g}'$ は D_ε 内に零点を少なくとも二つもつ．

$\boldsymbol{g}'$ の構成は次の 2 段階で行う．

ステップ 1. 適当に定義域と値域の局所座標変換を施せば，$\boldsymbol{g}$ は

$$\boldsymbol{g}(\boldsymbol{z}) = (\boldsymbol{\varphi}(\boldsymbol{z}), z_{k+1}, \ldots, z_m)$$

という形をしていて，しかも，$\boldsymbol{\varphi}(\boldsymbol{z})$ を $\boldsymbol{z}^0$ で展開すると 1 次の項は現れない，と仮定してもよい．(逆関数定理をうまく適用すればよい．詳細はたとえば [129] を参照.) ここで，座標変換を施しても写像度の値は変化しないことに注意しよう．$\boldsymbol{g}$ のヤコビ行列が正則ではないので $k \geq 1$ である．さらに定義域での平行移動を施し，$\boldsymbol{z}^0$ は原点と仮定してもよい．以後，$\boldsymbol{g}$ は上の形になっているものとし，平行移動も施されているものとする．また $\boldsymbol{\varphi}(\boldsymbol{z}) = (\varphi_1(\boldsymbol{z}), \ldots, \varphi_k(\boldsymbol{z}))$ と置いておく．

ステップ 2. $(\mathbf{C} - \{0\})^k$ 内の点 $\boldsymbol{z}^1 = (z_1^1, \ldots, z_k^1)$ に対し，

$$\boldsymbol{h}_{\boldsymbol{z}^1}(\boldsymbol{z}) = \left(\frac{\varphi_1(\boldsymbol{z}^1, \mathbf{0})}{z_1^1} z_1, \ldots, \frac{\varphi_k(\boldsymbol{z}^1, \mathbf{0})}{z_k^1} z_k, 0, \ldots, 0 \right) \in \mathbf{C}^m$$

と置き，$\boldsymbol{g}'_{\boldsymbol{z}^1} = \boldsymbol{g} - \boldsymbol{h}_{\boldsymbol{z}^1}$ と置く．$\boldsymbol{g}'_{\boldsymbol{z}^1}(\mathbf{0}) = \boldsymbol{g}(\mathbf{0}) - \boldsymbol{h}_{\boldsymbol{z}^1}(\mathbf{0}) = \mathbf{0} - \mathbf{0} = \mathbf{0}$ であり，

$$\begin{aligned}
& \boldsymbol{g}'_{\boldsymbol{z}^1}(\boldsymbol{z}^1, \mathbf{0}) \\
= \ & \boldsymbol{g}(\boldsymbol{z}^1, \mathbf{0}) - \boldsymbol{h}_{\boldsymbol{z}^1}(\boldsymbol{z}^1, \mathbf{0}) \\
= \ & (\varphi_1(\boldsymbol{z}^1, \mathbf{0}) - \varphi_1(\boldsymbol{z}^1, \mathbf{0}), \ldots, \varphi_k(\boldsymbol{z}^1, \mathbf{0}) - \varphi_k(\boldsymbol{z}^1, \mathbf{0}), 0 - 0, \ldots, 0 - 0) \\
= \ & \mathbf{0}
\end{aligned}$$

であるから，$\boldsymbol{z}^1$ が十分原点に近ければ，$\boldsymbol{g}'_{\boldsymbol{z}^1}$ は D_ε 内に少なくとも二つの零点をもつことになる．

$\boldsymbol{\varphi}$ を原点で展開すると 1 次の項がないことより，対角線上の $\boldsymbol{z}^1 = (a, \ldots, a)$ に対し，$\varphi_i(\boldsymbol{z}^1, \mathbf{0})/z_i^1$ は $a \to 0$ のとき（すなわち，対角線上でゼロに近づけるとき）ゼロに収束する．したがって，原点に十分近い $\boldsymbol{z}^1$ に対しては，$(\boldsymbol{g} - t\boldsymbol{h}_{\boldsymbol{z}^1})(\partial D_\varepsilon) \subset \mathbf{C}^m - \{\mathbf{0}\}$ が任意の $0 \leq t \leq 1$ に対して成り立ち，$\boldsymbol{g}$ の重複度と $\boldsymbol{g}'_{\boldsymbol{z}^1}$ の重複度は等しいことになる．以上で，$\boldsymbol{g}' = \boldsymbol{g}'_{\boldsymbol{z}^1}$ が（イ），（ロ）を満たすことが示された． ■

1.12.4 問題 3

詳細は [136], [138], [18] などを参照して欲しい.

1.13 全般的な補足

原著が出版されて以来，関連する話題を詳しく取り上げた本や，研究集会の報告集が数多く出版されている．興味のある読者は [4], [5], [6], [7], [15], [17], [19], [21], [22], [24], [31], [32], [38], [44], [64], [67], [96], [99], [101], [102], [104], [106], [107], [134], [149], [150], [166], [184], [185], [187], [190], [197] や，[93, p. 335] にあげられている文献を参照することを勧める．また，本書の話題に関する歴史的な解説が [36] にあり，大変興味深い．そちらも合わせて参照すると，20 世紀の数学の流れの中での複素超曲面の特異点論の進展に関する理解が深まるであろう．さらに，日本における特異点のトポロジーの研究の始まりの頃の熱い雰囲気を知るには [72] が大変参考になる.（[74] を初めとする『特集：1973 年多様体論国際会議』，数学 **25** (1973), 289–353 の関連する記事も大いに参考になる.）

また，京都大学数理解析研究所講究録として，特異点の研究に関する報告集が数多く出版されていて，大いに参考になる．以下の巻がそうである．170, 225, 237, 257, 283, 286, 328, 372, 403, 415, 450, 474, 493, 535, 550, 595, 619, 634, 690, 725, 764, 807, 815, 926, 952, 1006, 1033, 1050, 1122, 1233．その数の多さが，日本における特異点理論の隆盛を物語っている.

なお，アメリカ数学会の分類記号 (2000 Mathematics Subject Classification Number) では 32S や 58K, 14B などがこの分野に相当する．文献の検索などはこれらの番号をもとにすると見つけ易いかもしれない.

2. 解決された予想

原著では数多くの重要で自然な問題があげられているが，そのうちのかなりのものは，原著の出版後（すぐに，あるいはかなり時間が経過した後）に解かれた．ここではそのうち，訳者の知る限りのものについて，解説を加えておく．

2.1 第2章

注 2.11 で問題提起されているように，定理 2.11 が，孤立していない特異点に対しても成り立つかどうか，原書が出版された時点ではわかっていなかった．しかしその後，孤立していない特異点に対しても実際に成り立つことが [23] で示された．これは**錐構造補題** (conic structure lemma) と呼ばれており，ホイットニーの条件 (b) を満たす滑層分割 [193] と言われるものを使って証明された．

2.2 第6章

$n=2$ のときにも，ミルナー・ファイバーの閉包である，コンパクトで境界つきの 4 次元多様体 $\overline{F}_\theta$ が，4 次元円板に，指標 2 のハンドルを有限個同時に貼り合わせて得られるハンドル体に微分同相であることが示されている．これは特別な場合に [54] によって示され，一般の場合には [94] によって示された．

2.3 第9章

$f(z_1, z_2, z_3)$ を 3 変数の擬斉次多項式で原点を孤立臨界点にもつものとする．その型を (a_1, a_2, a_3) としたとき，ミルナーは次のことを予想した（本文，第 9 章の最後の注を参照）．

定理 2.3.1 (1) $1/a_1+1/a_2+1/a_3 \leq 1$ ならば，$K=V\cap S_\varepsilon$ の基本群は無限群であり，その普遍被覆空間は 3 次元開胞体である．

(2) この無限群がベキ零群であるためには，$1/a_1+1/a_2+1/a_3=1$ となることが必要十分である．

（ただし (2) については，ミルナーは「必要」であることしか予想していない．しかし,「必要十分」で主張自体は正しい.）上の予想はオーリック [135] によって肯定的に解決された．なお，[135] には，上のような 3 変数擬斉次多項式の分類表が載っており，オーリックの結果はその表に基づいて得られたわけであるが，後にその表には欠落があることが発見された．完全な表は [137] に掲載されている．この正しい表に基づいてオーリック [135] の議論を用いると，上の定理が依然として正しいことが確かめられる．

なお，K の基本群が有限群となるような $V\subset \mathbf{C}^3$ は原点を**有理 2 重点** (rational double point) にもつと言い，本文中の例 9.8 にあげられているもので尽きていることが知られている．詳細は [35] を参照して欲しい．

また，上の定理の (2) を成り立たせるような型 (a_1,a_2,a_3) は，第 9 章の最後の注であげられている $(3,3,3),(2,4,4),(2,3,6)$ の三つしかないことも [135] で示されている（[191] も参照）．したがって，この場合に現れる 3 次元多様体はブリスコーン多様体 $\Sigma(3,3,3),\Sigma(2,4,4),\Sigma(2,3,6)$ に微分同相となる．

2.4　第 10 章

2 変数複素多項式 $f(z_1,z_2)$ の孤立臨界点のまわりに現れる絡み目（あるいは結び目）$K=V\cap S_\varepsilon\subset S_\varepsilon$ の絡み目解消数（あるいは結び目解消数）は，その特異点の「2 重点の個数」δ に等しい．このことは本文の注 10.9 で予想されているが，割と最近になってクロンハイマー–ムロウカ [86], [87] により，ゲージ理論（あるいはドナルドソン理論とも言う）という解析的手法を用いることにより，ようやく解決された．なお，1980 年代初頭までにわかっていたことのサーベイが [13] に書かれているので参考にするとよいであろう．

2.5　第 11 章

仮定 11.1 を満たす多項式写像 $\mathbf{R}^m\to\mathbf{R}^k$ に対して，それを射影 $\mathbf{R}^k\to\mathbf{R}^{k-1}$ と合成してできる写像

$$\mathbf{R}^m\to\mathbf{R}^{k-1}$$

を考える（これも仮定 11.1 を満たすことに注意しよう）．第 11 章において，この新たな写像に付随したファイブレーションのファイバーは，もとのファイバーと単位区間の直積に同相であろう，と予想されている．この予想はイオムディン [63] によって肯定的に解決された（$k=3$ については [66] も参照）．

また，第 11 章において得られるファイブレーションに関して，次が問題としてあげられている．

問題 A. どの次元 $m \geq k \geq 2$ に対して非自明な例が存在するのであろうか？

これに対しては，[100] において，非自明な例を系統的に構成する方法が与えられ，それを用いてチャーチ–ラモトケ [27] が次を証明した．

定理 2.5.1 a) $0 \leq m-k \leq 2$ のとき，非自明な例が存在するのは $(m,k) = (2,2),(4,3),(4,2)$ のとき，かつそのときに限る．

b) $m-k \geq 4$ ならば，非自明な例は常に存在する．

c) $m-k=3$ のとき，$(m,k)=(5,2),(8,5)$ に対しては非自明な例が存在する．もし 3 次元ポアンカレ予想に反例が存在すれば，すべての (m,k) に対して非自明な例が存在する．もしポアンカレ予想が正しければ，$(m,k)=(5,2),(8,5)$ あるいはもしかすると $(6,3)$ を除いて，すべての例は自明である．

したがって特に，ポアンカレ予想が正しいためには，$(5,2),(8,5),(6,3)$ 以外の (m,k) で $m-k=3$ であるものに対して，非自明な例が存在しないことが必要十分であることになる．

なお，[27] においては次も証明されている．

命題 2.5.2 $m-k \neq 4,5$ とする．仮定 11.1 を満たす $f:\mathbf{R}^m \to \mathbf{R}^k$ が自明であるためには，原点の開近傍 $U,U' \subset \mathbf{R}^m$，$V,V' \subset \mathbf{R}^k$ と同相写像 $\alpha: U \to U', \beta: V \to V'$ があって，次の図式が可換になることが必要十分である．

$$\begin{array}{ccc} U & \xrightarrow{\quad f \quad} & V \\ {\scriptstyle\alpha}\downarrow & & \downarrow{\scriptstyle\beta} \\ U' & \xrightarrow{\quad \pi \quad} & V'. \end{array}$$

ここで，$\pi:\mathbf{R}^m \to \mathbf{R}^k$ は射影である．

第 11 章ではさらに，次が問題としてあげられている．

問題 B. $k=2$ のとき，孤立臨界点をもつ複素多項式を実多項式と考えて得られる例とは本質的に異なるものは存在するのであろうか？ たとえば，8 の字結び目は，多項式写像 $\mathbf{R}^4 \to \mathbf{R}^2$ に付随した交わり $V \cap S_\varepsilon$ として現れるのであろうか？ m が奇数で $k=2$ となる非自明な例は存在するのであろうか？

8 の字結び目に関しては，実際に実多項式に付随して現れることがペロン [140] により示された（ルドルフによるその論文のレビュー (Math. Reviews 84d:57005) も参照）．なお，その論文が出版されたのとほぼ同時期に，アクブルト–キング [3] が，次のことを証明した．

定理 2.5.3 $U \subset S^{k-1}$ を，コンパクトで境界をもつ余次元が 1 以上の可微分部分多様体で，法束が自明なものとする．すると，原点を孤立特異点にもつ実代数的集合 $V \subset \mathbf{R}^k$ が存在して，十分小さな $\varepsilon > 0$ に対して $S_\varepsilon^{k-1} \cap V$ が S_ε^{k-1} 内で

$$\varepsilon\partial U = \{\boldsymbol{x} \in S_\varepsilon^{k-1} \mid \boldsymbol{x}/\varepsilon \in \partial U\}$$

とアイソトピックになる．

ただし，V を定義するのが一つの多項式であるかどうか，あるいはそれが原点を孤立臨界点にもつかどうかは問題にしていないことに注意しよう．(なお，球面に余次元 2 で埋め込まれた向きづけ可能な可微分閉多様体は，常に上のような U の境界となることが知られているので，上の定理により，いつでも実孤立特異点のまわりに付随して現れることになる.)

なお，問題 A に関しては，[100], [27] で解答が得られているわけであるが，[1, p. 117] やルドルフによる [140] のレビュー (Math. Reviews 84d:57005) にも具体的な例が載っているので参照して欲しい．また，[192] で大変興味深い結果が証明されているので，そちらも参照することを勧める．

3. その後の発展

原著が 1968 年に出版されて以来，特異点の位相幾何学に関する研究は目を見張る勢いで発展し，多くの実り多い結果が得られてきた．その流れは 2003 年の現在でも衰えることなく続いている．そこで，出版以降の進展の様子をここで紹介しようと思ったのだが，その量はあまりにも膨大で，しかも訳者の力量を超えるため，ここではいくつかのキーワードの簡単な解説とともに，関連した参考文献をあげるに留めることとした．また，その参考文献も，ここにあげるのはほんの一部である．ご了承願いたい．

3.1 複素曲面の特異点と 3, 4 次元位相幾何

$\mathbf{C}^3$ 内の複素曲面の孤立特異点のまわりには 3 次元多様体が現れる．対応するミルナー・ファイバーは 4 次元多様体である．これらの多様体は，現在活発に研究されている低次元多様体の非常に重要な例を供給する．こうした観点からの研究にはたとえば次があげられる．

- **キャッソン不変量** (Casson invariant) と**フレーア・ホモロジー** (Floer homology) [45], [127], [48], [159]
- **サイバーグ–ウィッテン不変量** (Seiberg-Witten invariant) [121], [122], [123]
- **シンプレクティック・フィリング** (symplectic filling) [130], [131], [132]
- その他 [125], [111], [142], [143], [162], [128], [112]

なお，こうした特異点のまわりに現れる 3 次元多様体は，いわゆる**グラフ多様体** (graph manifold)（いくつかの曲面上の S^1 束を境界のトーラスに沿って貼り合わせてできるもの）であって，すべての 3 次元多様体が現れるわけではないので，注意を要する（たとえば [125] を参照）．

3.2 ファイバー結び目とザイフェルト行列

ミルナーのファイブレーション定理より，$\mathbf{C}^{n+1}$ 内の複素超曲面の孤立特異点のまわりに現れる球面内の余次元 2 の部分多様体は，いわゆる**ファイバー結び目** (fibered knot) となる．こうした対象を，純粋に微分位相幾何学的に研究することは大変自然である．実際，[34], [75] において，そうしたものが（$n \geq 3$ のとき）**ザイフェルト行列** (Seifert matrix) という絡み数から決まる不変量で完全に分類できることが証明された．そこで，特異点が与えられたときそのザイフェルト行列を計算すること，あるいは特異点に付随して現れるザイフェルト行列の特徴づけなどが重要で自然な問題として生じるが，残念ながらこうした問題はいまだに解決されていない．

ファイバー結び目の応用として，たとえば [33], [173] において，奇数次元球面の余次元 1 **葉層構造** (foliation) が構成されているのは大変興味深い．なお，こうしたファイバー結び目を，球面以外の任意の多様体内で考えると，いわゆる**開本構造** (open book structure)[194]，あるいは**回転可能構造** (spinnable structure)[172] と呼ばれるものとなる．こうした構造は余次元 1 の葉層構造の構成などに積極的に使われた．

3.3 実特異点とミルナー・ファイブレーション

本文の第 11 章で，実特異点に付随したミルナー・ファイブレーションに関する事柄が記述されているが，その後の進展は意外に少ない．解決された予想の §2.5 でも解説したが，最近では [151], [145] のような仕事もある．

3.4 μ 不変変形とホイットニー条件

孤立臨界点をもった複素多項式の変形で，ミルナー数 μ が不変であるものの研究が数多くある．一般に，特異点を変形すると，それが分裂や融合を起こすことがあるが，**μ 不変変形** (μ-constant deformation) ではそうしたことが起こらないので，特異点がそれほど大きな変化をとげることはない．実際，3 変数の場合を除いては，μ 不変変形で特異点の位相型が変わらないことが [95] で証明されている（[181] も参照）．なお，3 変数の場合は難しく，いまだに解決されていない．

また，[25] においても関連した興味深い結果が得られているので，参照することを勧める．

なお，超曲面の孤立特異点の（1 パラメータの）μ 不変変形において，特異点全体の集合は部分多様体をなし，非特異点全体の集合は別の部分多様体をなす．しかし，それらの和集合はもちろん部分多様体ではない．このように，多様体でないものを多様体に分割したものを**滑層分割** (stratification) と言う．単に μ 不変であるだけではなく，上の滑層分割が接空間に関して（**ホイットニー条件** (Whitney condition) と呼ばれる）ある条件を満たせば，常に位相型が不変であることが証明できる．こうしたことに関しては，[178], [193] を参照して欲しい（[73] も参照）．なお，その逆が成り立たないことは [17] によって示された．

なお，滑層分割自体の研究も盛んに行われており，ホイットニー条件に類似の条件も様々な状況で研究されている．たとえば [12] 等を参照されたい．

3.5 同程度特異性問題

特異点の変形が与えられたとき，その特異点がある意味で変化しないことをきちんと定式化することは意外と難しい．こうしたことをきちんと定式化して，その性質などを調べる問題を**同程度特異性問題** (equisingularity problem) と言う．これについては [179], [198] 等を参照されたい．たとえば，μ 不変変形や位相型が変わらない変形は，そうしたものの例となっている．

3.6 ザリスキー予想

特異点を定める多項式の最低次数をその特異点の**重複度** (multiplicity) と言う．これは特異点の重要な解析的不変量（解析的な座標変換で不変な量）であるが，これは位相不変量（同相写像による座標変換で不変な量）であろう，とザリスキーは予想した [199]．これは**ザリスキー予想** (Zariski conjecture) と呼ばれ，2 変数の場合にはザリスキー自身が証明した．一般の変数の場合は未解決であるが，特別な場合には肯定的な結果がいくつかある．[40], [147], [29] などを参照していただきたい．なおこの問題は，特異性が同程度な変形で不変な量を研究することにつながり，同程度特異性問題と密接に関係する．

3.7 擬斉次多項式

本文の第 9 章で，**擬斉次多項式** (weighted homogeneous polynomial) のトポロジーを調べているが，その後この方面では数多くの研究がなされている．たとえば [156] において，**重み** (weight) が解析的な座標変換で不変であることが証明されている．この重みが位相不変であるかどうかは未解決問題であるが，部分的結果が [152], [154], [155], [196], [195] で得られている．なお，擬斉次多項式の重複度は重みで完全に決定されることが知られているので，この問題はザリスキー予想とも密接に関連する．

また，擬斉次多項式が定義する超曲面には $\mathbf{C}^* = \mathbf{C} - \{0\}$ が自然に作用する．こうした観点からの研究も数多くある（[137] 等を参照）．また，与えられた有理数列が重みとして実現されるための条件については [85] を参照するとよい．

3.8　ニュートン境界

与えられた複素多項式の，ある意味で次数が小さい部分を記述するのに，**ニュートン境界** (Newton boundary) という概念が重要な役割を果たす．もともと特異点の近傍での多項式の振る舞いを研究するのが主目的なので，次数が小さい部分がその振る舞いに大きな影響を与えることは容易に想像できよう．実はそのニュートン境界が，多項式のトポロジーをほぼ決めてしまうことが知られている．こうしたことに関する文献としては，[198] の第 I 部や [84], [134], [69] などがあげられる．

3.9　ロジャジヴィッチ指数

第 10 章でも登場したヘルマンダーとロジャジヴィッチによる不等式を復習しよう．一般に複素多項式 $f(\boldsymbol{z})$ が原点を孤立臨界点にもてば，ある $r > 0$ と $c > 0$，さらに原点のある近傍 U が存在して，

$$||\boldsymbol{grad}\ f(\boldsymbol{z})|| \geq c||\boldsymbol{z}||^r$$

が任意の $\boldsymbol{z} \in U$ に対して成立する．このような性質をもつ $r > 0$ のうち最小のものを α と書き，$f(\boldsymbol{z})$ の**ロジャジヴィッチ指数** (Łojasiewicz exponent) と言う．この指数の研究もいろいろと行われてきている．たとえば [88], [46] 等を参照して欲しい．なおこうした研究は，多項式の次数を低い方からどこまでとればその多項式の位相的振る舞いを記述できるか，という問題（**有限既定性** (finite determinacy) の問題と言う）と密接に関係している．

3.10　正規交叉特異点

超曲面は一つの多項式の零点集合として定義されるが，いくつかの多項式の共通零点集合に自然に一般化される．これらの多項式の零点集合が交叉の仕方に関してあるよい条件を満たすとき，その特異点は**正規交叉特異点** (complete intersection singularity) と呼ばれる．この場合に関してもミルナーのファイブレーション定理に類似の結果が知られている．[52], [101] などを参照していただきたい．

3.11 多項式写像のトポロジー

特異点のまわりだけではなく，多項式を $\mathbf{C}^{n+1} \to \mathbf{C}$ なる写像と考えたときの，その全体的な振る舞いの研究が最近活発に行われている．特に，$\mathbf{C}^{n+1}$ の原点から遠くの方での振る舞いが重要な働きをすることが知られており，現在でも活発に研究が続けられている．たとえば [124], [8], [126] 等を参照していただきたい．

なお，こうした研究は，$\mathbf{C}^n$ から $\mathbf{C}^n$ への多項式写像で，そのヤコビ行列式がゼロでない定数であれば，多項式による逆写像をもつであろうという**ヤコビアン予想** (Jacobian conjecture) と密接に関連している．[188], [26] 等を参照して欲しい．

3.12 トム–セバスチアニ型多項式

$f(z_1,\ldots,z_k)$ と $g(z_{k+1},\ldots,z_{k+\ell})$ をそれぞれ k 変数，ℓ 変数の多項式とする．このとき，

$$h(z_1,\ldots,z_k,z_{k+1},\ldots,z_{k+\ell}) = f(z_1,\ldots,z_k) + g(z_{k+1},\ldots,z_{k+\ell})$$

の形の多項式のことを**トム–セバスチアニ型** (Thom-Sebastiani type) と言う．(本来は論文 [163] の著者順に合わせてセバスチアニ–トム型と言うべきかもしれないが，トム–セバスチアニ型という言い方が普及しているようである.) これは，変数が異なる多項式の和に分解できることと同じである．この場合，h が定める特異点と，f, g が定める特異点の間には密接な関係があることが予想される．実際，[163] において，h の**モノドロミー** (monodromy) が，f と g のモノドロミーのテンソル積と一致することが証明されている．さらに，ザイフェルト行列に関しても同様の結果が成り立つことが [157], [158] で得られている（[78] も参照）．

3.13 超平面切断

複素超曲面を，その特異点を通る超平面で切断して得られる特異点（これを**超平面切断** (hyperplane section) と言う）の研究が数多くなされている．超平面で切断すると，変数の数が一つ少ない多項式の特異点が現れるので，こうして現れる特異点ともともとの特異点との関係を調べる問題が自然に生じる．また，超平面で切断することを繰り返してゆけば，変数の数が一つずつ減ってゆく特異点の列ができ，これも研究の対象となる．こうしたことに関しては，たとえば [178], [92] を参照していただきたい．

3.14　D 加群

微分作用素の研究で顔を出す D **加群** (D-module) の理論（代数的手法を中心として解析学を研究する分野で，**代数解析学** (algebraic analysis) とも呼ばれる）と，複素超曲面の特異点の理論の間に密接な関係があることが知られている．実際，そういった作用素の言葉で定義される**ベルンシュタイン–佐藤多項式** (Bernstein-Sato polynomial) の根によってモノドロミーの固有値が記述できることが知られている．詳細は [103], [70], [71] 等を参照していただきたい．

なお，このあたりの話題は，**振動積分** (oscillatory integral) の理論と密接な関わりがある．これについては，[69], [103], [9] 等を参照されたい．

3.15　解析的集合上の関数に対するファイブレーション定理

本文で解説されているように，複素 $n+1$ 次元空間 $\mathbf{C}^{n+1}$ 上で定義された多項式に付随して，可微分ファイバー束が現れる（§1.5.9 も参照）．実はこのようなファイブレーション定理は，一般の複素解析的集合上の複素解析的関数に拡張される．(ただし，この場合ファイバー束は一般に可微分ではなく，単に「位相的」ファイバー束であることしか言えない.) これはレーによって [92] で示された．より詳しくは，[107] 等を参照していただきたい．

参考文献

[1] N. A'Campo, "Le nombre de Lefschetz d'une monodromie", Indag. Math. **35** (1973), 113–118.

[2] 足立正久『微分位相幾何学』共立出版，1976.

[3] S. Akbulut and H. King, "All knots are algebraic", Comment. Math. Helv. **56** (1981), 339–351.

[4] V. I. Arnold, G.-M. Greuel and J. H. M. Steenbrink eds., "Singularities", The Brieskorn anniversary volume, Papers from the Conference in Honor of the 60th Birthday of Egbert V. Brieskorn held at the Mathematisches Forschungsinstitut Oberwolfach, Oberwolfach, July 1996, Progress in Mathematics, 162, Birkhäuser Verlag, 1998.

[5] V. I. Arnol'd, S. M. Guseĭn-Zade and A. N. Varchenko, "Singularities of differentiable maps. Vol. I. The classification of critical points, caustics and wave fronts", Translated from the Russian by Ian Porteous and Mark Reynolds, Monographs in Math., 82, Birkhäuser Verlag, 1985.

[6] V. I. Arnol'd, S. M. Guseĭn-Zade and A. N. Varchenko, "Singularities of differentiable maps. Vol. II. Monodromy and asymptotics of integrals", Translated from the Russian by Hugh Porteous, Translation revised by the authors and James Montaldi, Monographs in Math., 83, Birkhäuser Verlag, 1988.

[7] V. I. Arnol'd, V. A. Vasil'ev, V. V. Goryunov and O. V. Lyashko, "Dynamical systems VI. Singularities—Local and global theory", Encyclopaedia of Mathematical Sciences, 6, Springer-Verlag, 1993.

[8] E. Artal-Bartolo, P. Cassou-Noguès and A. Dimca, "Sur la topologie des polynômes complexes", In: Singularities (Oberwolfach, 1996), pp. 317–343, Progr. Math., 162, Birkhäuser Verlag, 1998.

[9] D. Barlet, "Développement asymptotique des fonctions obtenues par intégration sur les fibres", Invent. Math. **68** (1982), 129–174.

[10] R. Bassein, "On smoothable curve singularities: local methods", Math. Ann. **230** (1977), 273–277.

[11] K. Behnke and O. Riemenschneider, "Quotient surface singularities and their deformations", In: Singularity theory (Trieste, 1991), pp. 1–54, World Sci. Publishing, River Edge, NJ, 1995.

[12] K. Bekka, "C-régularité et trivialité topologique", In: Singularity theory and its applications, Part I (Coventry, 1988/1989), pp. 42–62, Lecture Notes in Math., Vol. 1462, Springer-Verlag, 1991.

[13] M. Boileau and C. Weber, "Le problème de J. Milnor sur le nombre gordien des nœuds algébriques", Enseign. Math. (2) **30** (1984), 173–222.

[14] R. Bondil and Lê Dũng Tráng, "Résolution des singularités de surfaces par éclatements normalisés (multiplicité, multiplicité polaire, et singularités minimales)", In: Trends in singularities, edited by A. Libgober and M. Tibăr, pp. 31–81, Trends in Mathematics, Birkhäuser Verlag, 2002.

[15] J.-P. Brasselet eds., "Singularities", Papers from the International Congress on Singularities in Geometry and Topology held in Lille, June 3–8, 1991, London Mathematical Society Lecture Note Series, 201, Cambridge University Press, Cambridge, 1994.

[16] J.-P. Brasselet and T. Suwa eds., "Singularities—Sapporo 1998", Proceedings of the International Symposium on Singularities in Geometry and Topology held at Hokkaido University, Sapporo, July 6–10, 1998, Advanced Studies in Pure Mathematics, 29, Published by Kinokuniya Company Ltd., Tokyo; for the Mathematical Society of Japan, Tokyo, 2000.

[17] J. Briançon and J.-P. Speder, "La trivialité topologique n'implique pas les conditions de Whitney", C. R. Acad. Sci. Paris, Ser. A-B **280** (1975), A365–A367.

[18] E. Brieskorn, "Die Monodromie der isolierten Singularitäten von Hyperflächen", Manuscripta Math. **2** (1970), 103–161.

[19] E. Brieskorn and H. Knörrer, "Ebene algebraische Kurven", Birkhäuser Verlag, 1981 ("Plane algebraic curves", Translated from the German by John Stillwell, Birkhäuser Verlag, 1986).

[20] Th. Bröcker and K. Jänich, "Introduction to differential topology", Translated by C. B. and M. J. Thomas, Cambridge University Press,

Cambridge, 1982.

[21] B. Bruce and D. Mond eds., "Singularity theory", Proceedings of the European Singularities Conference held in honor of C. T. C. Wall, on the occasion of his 60th birthday, at the University of Liverpool, August 18–24, 1996, London Mathematical Society Lecture Note Series, 263, Cambridge University Press, Cambridge, 1999.

[22] J. W. Bruce and F. Tari eds., "Real and complex singularities", Proceedings of the 5th Biennial Workshop held in São Carlos, July 27–31, 1998, Chapman & Hall/CRC Research Notes in Mathematics, 412, Chapman & Hall/CRC, Boca Raton, FL, 2000.

[23] D. Burghelea and A. Verona, "Local homological properties of analytic sets", Manuscripta Math. **7** (1972), 55–66.

[24] A. Campillo López and L. Narváez Macarro eds., "Algebraic geometry and singularities", Papers from the Third International Conference on Algebraic Geometry held in La Rábida, December 9–14, 1991, Progress in Mathematics, 134, Birkhäuser Verlag, 1996.

[25] C. Caubel, "Variation of the Milnor fibration in pencils of hypersurface singularities", Proc. London Math. Soc. (3) **83** (2001), 330–350.

[26] A. D. R. Choudary, "Topology of complex polynomials and Jacobian conjecture", In: Proceedings of the Janos Bolyai Mathematical Society 8th International Topology Conference (Gyula, 1998), Topology Appl. **123** (2002), 69–72.

[27] P. T. Church and K. Lamotke, "Non-trivial polynomial isolated singularities", Indag. Math. **37** (1975), 149–154.

[28] C. H. Clemens, Jr., "Picard-Lefschetz theorem for families of nonsingular algebraic varieties aquiring ordinary singularities", Trans. Amer. Math. Soc. **136** (1969), 93–108.

[29] G. Comte, P. Milman and D. Trotman, "On Zariski's multiplicity problem", Proc. Amer. Math. Soc. **130** (2002), 2045–2048.

[30] P. Deligne, "Équations différentielles à points singuliers réguliers", Lecture Notes in Math., Vol. 163, Springer-Verlag, 1970.

[31] A. Dimca, "Topics on real and complex singularities. An introduction", Advanced Lectures in Math., Friedr. Vieweg & Sohn, Braunschweig, 1987.

[32] A. Dimca, "Singularities and topology of hypersurfaces", Universitext, Springer-Verlag, 1992.

[33] A. H. Durfee, "Foliations of odd-dimensional spheres", Ann. of Math. (2) **96** (1972), 407–411; erratum, ibid (2) **97** (1973), 187.

[34] A. H. Durfee, "Fibered knots and algebraic singularities", Topology **13** (1974), 47–59.

[35] A. H. Durfee, "Fifteen characterizations of rational double points and simple critical points", Enseign. Math. (2) **25** (1979), 131–163.

[36] A. H. Durfee, "Singularities", In: History of topology, pp. 417–434, North-Holland, Amsterdam, 1999.

[37] P. Du Val, "Homographies, quaternions and rotations", Clarendon Press, Oxford, 1964.

[38] W. Ebeling, "Funktionentheorie, Differentialtopologie und Singularitäten. Eine Einführung mit Ausblicken", Friedr. Vieweg & Sohn, Braunschweig, 2001.

[39] D. Eisenbud and W. Neumann, "Three-dimensional link theory and invariants of plane curve singularities", Ann. of Math. Studies, No. 110, Princeton University Press, Princeton, NJ, 1985.

[40] R. Ephraim, "C^1 preservation of multiplicity", Duke Math. J. **43** (1976), 797–803.

[41] G. Fischer, "Plane algebraic curves", Student Math. Library, 15, Amer. Math. Soc., Providence, RI, 2001.

[42] M. H. Freedman, "The topology of four-dimensional manifolds", J. Differential Geom. **17** (1982), 357–453.

[43] D. Fried, "Monodromy and dynamical systems", Topology **25** (1986), 443–453.

[44] T. Fukuda, T. Fukui, S. Izumiya and S. Koike eds., "Real analytic and algebraic singularities", Papers from the Singularities Symposium held at Nagoya University, Nagoya, September 30–October 4, 1996, the Seminar on Real Singularities held at Hokkaido University, Sapporo, September 1996, and the Workshop on Singularities and the Geometry of Analytic Varieties held at Tokyo Metropolitan University, Hachioji, October 1996, Pitman Res. Notes Math. Ser., 381, Longman, Harlow, 1998.

[45] S. Fukuhara, Y. Matsumoto and K. Sakamoto, "Casson's invariant of Seifert homology 3-spheres", Math. Ann. **287** (1990), 275–285.

[46] T. Fukui, "Łojasiewicz type inequalities and Newton diagrams", Proc. Amer. Math. Soc. **112** (1991), 1169–1183.

[47] W. Fulton, "Algebraic curves. An introduction to algebraic geometry", Notes written with the collaboration of R. Weiss, Math. Lect. Notes

Series, W. A. Benjamin, New York, Amsterdam, 1969.

[48] M. Furuta and B. Steer, "Seifert fibred homology 3-spheres and the Yang-Mills equations on Riemann surfaces with marked points", Adv. Math. **96** (1992), 38–102.

[49] M. Golubitsky and V. Guillemin, "Stable mappings and their singularities", Graduate Texts in Math., Vol. 14, Springer-Verlag, 1973.

[50] M. J. Greenberg, "Lectures on algebraic topology", W. A. Benjamin, New York, Amsterdam, 1967.

[51] A. Grothendieck, "Groupes de monodromie en géométrie algébrique", Lecture Notes in Math., Vol. 288, Springer-Verlag, 1972.

[52] H. Hamm, "Lokale topologische Eigenschaften komplexer Räume", Math. Ann. **191** (1971), 235–252.

[53] O. Hanner, "Some theorems on absolute neighborhood retracts", Arkiv för Matematik **1** (1951), 389–408.

[54] J. Harer, "On handlebody structures for hypersurfaces in $\mathbf{C}^3$ and $\mathbf{C}P^3$", Math. Ann. **238** (1978), 51–58.

[55] 服部晶夫『位相幾何学 I, II, III』岩波講座「基礎数学」, 岩波書店, 1977–1979.

[56] 広中平祐 "結び目と特異点" 数学セミナー, 日本評論社, 1985 年 1 月号, pp. 6–26.

[57] 堀田良之『代数入門 — 群と加群』裳華房, 1987.

[58] Sze-tsen Hu, "Homotopy theory", Pure and Applied Math., Vol. VIII, Academic Press, New York, London, 1959（ゼ-ツェン・フー著, 三村護訳『ホモトピー論』現代数学社, 1994）.

[59] W. Hurewicz and H. Wallman, "Dimension theory", Princeton Math. Series, Vol. 4, Princeton University Press, Princeton, 1948.

[60] S. Iitaka, "Algebraic geometry. An introduction to birational geometry of algebraic varieties", Graduate Texts in Math., Vol. 76, Springer-Verlag, 1982.

[61] 飯高茂『平面曲線の幾何』共立講座 21 世紀の数学 18, 共立出版, 2001.

[62] I. N. Iomdin, "Some properties of isolated singularities of real polynomial mappings", Math. Notes **13** (1973), 342–345.

[63] I. N. Iomdin, "Local topological properties of complex algebraic sets", Siberian Math. J. **15** (1974), 558–572.

[64] 石井志保子『特異点入門』シュプリンガー現代数学シリーズ, シュプリンガー・フェアラーク東京, 1997.

[65] 泉屋周一, 石川剛郎『応用特異点論』共立出版, 1998.

[66] A. Jacquemard, "Fibration de Milnor pour des applications réelles", C. R. Acad. Sc. Paris, Série I **296** (1983), 443–446.

[67] B. Jakubczyk, W. Pawlucki and Jacek Stasica eds., "Singularities symposium — Łojasiewicz 70", Dedicated to Stanislaw Łojasiewicz on the occasion of his 70th birthday, Papers from the Symposium on Singularities held at Jagellonian University, Krakow, September 25–29, 1996 and the Seminar on Singularities and Geometry held in Warsaw, September 30–October 4, 1996, Banach Center Publications, Vol. 44, Polish Academy of Sciences, Institute of Mathematics, Warsaw, 1998.

[68] H. W. E. Jung, "Einführung in die Theorie der algebraischen Funktionen zweier Veränderlicher", Akademie Verlag, Berlin, 1951.

[69] 金子晃『ニュートン図形・特異点・振動積分』上智大学講究録, No. 11, 1981.

[70] M. Kashiwara, "B-functions and holonomic systems. Rationality of roots of B-functions", Invent. Math. **38** (1976/77), 33–53.

[71] 柏原正樹，河合隆裕 "極大過剰決定系の理論" 数学 **34** (1982), 243–257.

[72] 加藤十吉 "特異点の位相幾何学　案内" 特異点の位相幾何学研究会報告集，数理解析研究所講究録 **170** (1973), 1–22.

[73] 加藤十吉 "解析的集合の初等位相幾何学" 数学 **25** (1973), 38–51.

[74] 加藤十吉 "多様体論国際会議・印象記（4 月 12 日 (1)），特異点の日" 数学 **25** (1973), 306–307.

[75] M. Kato, "A classification of simple spinnable structures on a 1-connected Alexander manifold", J. Math. Soc. Japan **26** (1974), 454–463.

[76] M. Kato and Y. Matsumoto, "On the connectivity of the Milnor fiber of a holomorphic function at a critical point", In: Manifolds—Tokyo 1973 (Proc. Internat. Conf., Tokyo, 1973), pp. 131–136, University of Tokyo Press, Tokyo, 1975.

[77] N. M. Katz, "Nilpotent connections and the monodromy theorem: Applications of a result of Turrittin", Inst. Hautes Études Sci. Publ. Math. **39** (1970), 175–232.

[78] L. H. Kauffman, "Products of knots", Bull. Amer. Math. Soc. **80** (1974), 1104–1107.

[79] 川又雄二郎『代数多様体論』共立講座 21 世紀の数学 19，共立出版，1997.

[80] 河内明夫編著『結び目理論』シュプリンガー・フェアラーク東京，1990.

[81] H. C. King, "Topological type of isolated critical points", Ann. of Math. (2) **107** (1978), 385–397.

[82] R. C. Kirby and M. G. Scharlemann, "Eight faces of the Poincaré homology 3-sphere", In: Geometric topology (Proc. Georgia Topology Conf., Athens, Ga., 1977), pp. 113–146, Academic Press, New York, London, 1979.

[83] 小松醇郎, 中岡稔, 菅原正博『位相幾何学 I』岩波講座「現代数学」6, 岩波書店, 1967.

[84] A. G. Kouchnirenko, "Polyèdres de Newton et nombres de Milnor", Invent. Math. **32** (1976), 1–31.

[85] M. Kreuzer and H. Skarke, "On the classification of quasihomogeneous functions", Comm. Math. Phys. **150** (1992), 137–147.

[86] P. B. Kronheimer and T. S. Mrowka, "Gauge theory for embedded surfaces. I", Topology **32** (1993), 773–826.

[87] P. B. Kronheimer and T. S. Mrowka, "Gauge theory for embedded surfaces. II", Topology **34** (1995), 37–97.

[88] T.-C. Kuo and Y.-C. Lu, "On analytic function germs of two complex variables", Topology **16** (1977), 299–310.

[89] K. Lamotke, "The topology of complex projective varieties after S. Lefschetz", Topology **20** (1981), 15–51.

[90] A. Landman, "On the Picard-Lefschetz transformation for algebraic manifolds acquiring general singularities", Trans. Amer. Math. Soc. **181** (1973), 89–126.

[91] Lê Dũng Tráng, "Sur les nœuds algébriques", Compositio Math. **25** (1972), 281–321.

[92] Lê Dũng Tráng, "Some remarks on relative monodromy", In: Real and complex singularities (Proc. Ninth Nordic Summer School/NAVF Sympos. Math., Oslo, 1976), pp. 397–403, Sijthoff and Noordhoff, Alphen aan den Rijn, 1977.

[93] Lê Dũng Tráng, "Topology of complex singularities", In: Singularity theory (Trieste, 1991), pp. 306–335, World Sci. Publishing, River Edge, NJ, 1995.

[94] Lê Dũng Tráng and B. Perron, "Sur la fibre de Milnor d'une singularité isolée en dimension complexe trois", C. R. Acad. Sci. Paris, Sér. A-B **289** (1979), A115–A118.

[95] Lê Dũng Tráng and C. P. Ramanujam, "The invariance of Milnor's number implies the invariance of the topological type", Amer. J. Math. **98** (1976), 67–78.

[96] Lê Dũng Tráng, K. Saito and B. Teissier eds., "Singularity theory", Proceedings of the symposium held in Trieste, August 19–September 6, 1991, World Sci. Publishing, River Edge, NJ, 1995.

[97] Lê Dũng Tráng and B. Teissier, "Cycles évanescents, sections planes et conditions de Whitney II", In: Singularities, Part 2 (Arcata, Calif., 1981), pp. 65–103, Proc. Sympos. Pure Math., Vol. 40, Amer. Math. Soc., Providence, RI, 1983.

[98] J. Levine, "Unknotting spheres in codimension two", Topology **4** (1965), 9–16.

[99] A. Libgober and M. Tibăr eds., "Trends in singularities", Trends in Mathematics, Birkhäuser Verlag, 2002.

[100] E. J. N. Looijenga, "A note on polynomial isolated singularities", Indag. Math. **33** (1971), 418–421.

[101] E. J. N. Looijenga, "Isolated singular points on complete intersections", London Mathematical Society Lecture Note Series, Vol. 77, Cambridge University Press, Cambridge, 1984.

[102] Qi-keng Lu, S. S.-T. Yau and A. Libgober eds., "Singularities and complex geometry", Proceedings of the seminar held in Beijing, June 15–20, 1994, AMS/IP Studies in Advanced Mathematics, 5, American Mathematical Society, Providence, RI; International Press, Cambridge, MA, 1997.

[103] B. Malgrange, "Intégrales asymptotiques et monodromie", Ann. Sci. École Norm. Sup. (4) **7** (1974), 405–430.

[104] W. L. Marar eds., "Real and complex singularities", Papers from the 3rd International Workshop held at the Universidade de São Paulo, São Carlos, August 1–5, 1994, Pitman Research Notes in Mathematics Series, 333, Longman, Harlow; copublished in the United States with John Wiley & Sons, New York, 1995.

[105] D. B. Massey, "Milnor fibres of non-isolated hypersurface singularities", In: Singularity theory (Trieste, 1991), pp. 458–467, World Sci. Publishing, River Edge, NJ, 1995.

[106] D. B. Massey, "Lê cycles and hypersurface singularities", Lecture Notes in Math., Vol. 1615, Springer-Verlag, 1995.

[107] D. B. Massey, "Numerical control over complex analytic singularities", Mem. Amer. Math. Soc. **163** (2003), no. 778.

[108] 松本幸夫『4 次元のトポロジー（増補版）』日本評論社，1991.

[109] 松本幸夫『Morse 理論の基礎』岩波講座「現代数学の基礎」27，岩波書店，1997.

[110] 松島与三『多様体入門』数学選書 5，裳華房，1965.

[111] R. Mendris and A. Némethi, "The link of $\{f(x, y)+z^n = 0\}$ and Zariski's conjecture", arXiv:math.AG/0207212.

[112] F. Michel and A. Pichon, "On the boundary of the Milnor fibre of nonisolated singularities", Internat. Math. Res. Notices **43** (2003), 2305–2311.

[113] J. W. Milnor, "On manifolds homeomorphic to the 7-sphere", Ann. of Math. **64** (1956), 399–405.

[114] J. W. Milnor, "Lectures on the h-cobordism theorem", Princeton University Press, Princeton, NJ, 1965.

[115] J. W. Milnor, "On the 3-dimensional Brieskorn manifolds $M(p, q, r)$", In: Knots, groups, and 3-manifolds (Papers dedicated to the memory of R. H. Fox), pp. 175–225, Ann. of Math. Studies, No. 84, Princeton University Press, Princeton, NJ, 1975.

[116] J. W. Milnor and P. Orlik, "Isolated singularities defined by weighted homogeneous polynomials", Topology **9** (1970), 385–393.

[117] J. W. Milnor and J. D. Stasheff, "Characteristic classes", Ann. of Math. Studies, No. 76, Princeton University Press, Princeton, NJ, 1974 (J. W. ミルナー，J. D. スタシェフ著，佐伯修，佐久間一浩訳『特性類講義』シュプリンガー数学クラシックス，シュプリンガー・フェアラーク東京，2001).

[118] 宮西正宜『代数幾何学』数学選書 10，裳華房，1990.

[119] J. M. Montesinos, "Classical tessellations and three-manifolds", Universitext, Springer-Verlag, 1987 (J. M. モンテシーノス著，前田亨訳『モザイクと 3 次元多様体』シュプリンガー現代数学シリーズ，シュプリンガー・フェアラーク東京，1992).

[120] 中岡稔『位相幾何学 — ホモロジー論』共立講座現代の数学 15，共立出版，1970.

[121] A. Némethi and L. I. Nicolaescu, "Seiberg-Witten invariants and surface singularities", Geometry and Topology **9** (2002), 269–328; preprint arXiv:math.AG/0111298.

[122] A. Némethi and L. I. Nicolaescu, "Seiberg-Witten invariants and surface singularities II (singularities with good $\mathbf{C}^*$-action)", preprint, arXiv:math.AG/0201120.

[123] A. Némethi and L. I. Nicolaescu, "Seiberg-Witten invariants and surface singularities III (splicings and cyclic covers)", preprint, arXiv:math.AG/0207018.

[124] N. Némethi and A. Zaharia, "Milnor fibration at infinity", Indag. Math. (N.S.) **3** (1992), 323–335.

[125] W. D. Neumann, "A calculus for plumbing applied to the topology of complex surface singularities and degenerating complex curves", Trans. Amer. Math. Soc. **268** (1981), 299–344.

[126] W. D. Neumann and P. Norbury, "Vanishing cycles and monodromy of complex polynomials", Duke Math. J. **101** (2000), 487–497.

[127] W. D. Neumann and J. Wahl, "Casson invariant of links of singularities", Comment. Math. Helv. **65** (1990), 58–78.

[128] W. D. Neumann and J. Wahl, "Universal abelian covers of surface singularities", In: Trends in singularities, edited by A. Libgober and M. Tibăr, pp. 181–190, Trends in Mathematics, Birkhäuser Verlag, 2002.

[129] 野口広，福田拓生『初等カタストロフィー』共立出版，1976.

[130] H. Ohta and K. Ono, "Simple singularities and topology of symplectically filling 4-manifold", Comment. Math. Helv. **74** (1999), 575–590.

[131] H. Ohta and K. Ono, "Simple singularities and symplectic fillings", preprint, 2001.

[132] H. Ohta and K. Ono, "Symplectic fillings of the link of simple elliptic singularities", preprint, 2001.

[133] M. Oka, "On the homotopy types of hypersurfaces defined by weighted homogeneous polynomials", Topology **12** (1973), 19–32.

[134] M. Oka, "Non-degenerate complete intersection singularity", Actualités Mathématiques, Hermann, Paris, 1997.

[135] P. Orlik, "Weighted homogeneous polynomials and fundamental groups", Topology **9** (1970), 267–273.

[136] P. Orlik, "The multiplicity of a holomorphic map at an isolated critical point", In: Real and complex singularities (Proc. Ninth Nordic Summer School/NAVF Sympos. Math., Oslo, 1976), pp. 405–474, Sijthoff and Noordhoff, Alphen aan den Rijn, 1977.

[137] P. Orlik and P. Wagreich, "Algebraic surfaces with k^*-action", Acta Math. **138** (1977), 43–81.

[138] V. P. Palamodov, "Multiplicity of holomorphic mappings", Funct. Anal. Appl. **1** (1967), 218–226.

[139] C. D. Papakyriakopoulos, "On Dehn's lemma and the asphericity of knots", Ann. of Math. (2) **66** (1957), 1–26.

[140] B. Perron, "Le nœud "huit" est algébrique réel", Invent. Math. **65** (1981/82), 441–451.

[141] B. Perron, "Conjugaison topologique des germes de fonctions holomorphes à singularité isolée en dimension trois", Invent. Math. **82** (1985),

27–35.

[142] A. Pichon, "Singularities of complex surfaces with equations $z^k - f(x,y) = 0$", Internat. Math. Res. Notices **5** (1997), 241–246.

[143] A. Pichon, "Three-dimensional manifolds which are the boundary of a normal singularity $z^k - f(x,y)$", Math. Z. **231** (1999), 625–654.

[144] D. Prill, "Local classification of quotients of complex manifolds by discontinuous groups", Duke Math. J. **34** (1967), 375–386.

[145] E. G. Rees, "On a question of Milnor concerning singularities of maps", Proc. Edinburgh Math. Soc. (2) **43** (2000), 149–153.

[146] J.-J. Risler, "Sur l'idéal jacobien d'une courbe plane", Bull. Soc. Math. France **99** (1971), 305–311.

[147] J.-J. Risler and D. Trotman, "Bi-Lipschitz invariance of the multiplicity", Bull. London Math. Soc. **29** (1997), 200–204.

[148] D. Rolfsen, "Knots and links", Publish or Perish, Berkeley, Calif., 1976.

[149] M. A. S. Ruas eds., "Workshop on real and complex singularities", Papers from the workshop held at the Universidade de São Paulo, São Carlos, August 26–28, 1992, Mat. Contemp. **5** (1993), Sociedade Brasileira de Matemática, Rio de Janeiro, 1993.

[150] M. A. S. Ruas eds., "Workshop on real and complex singularities", Proceedings of the 4th Workshop held at the Universidade de São Paulo, São Carlos, July 22–26, 1996, Mat. Contemp. **12** (1997), Sociedade Brasileira de Matemática, Rio de Janeiro, 1997.

[151] M. A. S. Ruas, J. Seade and A. Verjovsky, "On real singularities with a Milnor fibration", In: Trends in singularities, edited by A. Libgober and M. Tibăr, pp. 191–213, Trends in Mathematics, Birkhäuser Verlag, 2002.

[152] O. Saeki, "Topological invariance of weights for weighted homogeneous isolated singularities in $\mathbf{C}^3$", Proc. Amer. Math. Soc. **103** (1988), 905–909.

[153] O. Saeki, "Topological types of complex isolated hypersurface singularities", Kodai Math. J. **12** (1989), 23–29.

[154] O. Saeki, "On topological invariance of weights for quasihomogeneous polynomials", In: Real analytic and algebraic singularities (Nagoya, Sapporo, Hachioji, 1996), pp. 207–214, Pitman Res. Notes Math. Ser., 381, Longman, Harlow, 1998.

[155] O. Saeki, "Real Seifert form determines the spectrum for semiquasihomogeneous hypersurface singularities in $\mathbf{C}^3$", J. Math. Soc. Japan **52**

(2000), 409–431.

[156] K. Saito, "Quasihomogene isolierte Singularitäten von Hyperflächen", Invent. Math. **14** (1971), 123–142.

[157] K. Sakamoto, "The Seifert matrices of Milnor fiberings defined by holomorphic functions", J. Math. Soc. Japan **26** (1974), 714–721.

[158] K. Sakamoto, "Milnor fiberings and their characteristic maps", In: Manifolds — Tokyo 1973 (Proc. Internat. Conf., Tokyo, 1973), pp. 145–150, University of Tokyo Press, Tokyo, 1975.

[159] N. Saveliev, "Floer homology of Brieskorn homology spheres", J. Differential Geom. **53** (1999), 15–87.

[160] J. Scherk, "On the monodromy theorem for isolated hypersurface singularities", Invent. Math. **58** (1980), 289–301.

[161] W. Schmid, "Variation of Hodge structure: the singularities of the period mapping", Invent. Math. **22** (1973), 211–319.

[162] J. Seade, "Invariants of 3-manifolds and surface singularities", In: Singularity theory (Trieste, 1991), pp. 646–672, World Sci. Publishing, River Edge, NJ, 1995.

[163] M. Sebastiani and R. Thom, "Un résultat sur la monodromie", Invent. Math. **13** (1971), 90–96.

[164] A. Seidenberg, "Elements of the theory of algebraic curves", Addison-Wesley Publishing, 1968.

[165] J. L. Shaneson, "Embeddings with codimension two of spheres in spheres and H-cobordisms of $S^1 \times S^3$", Bull. Amer. Math. Soc. **74** (1968), 972–974.

[166] D. Siersma, C. T. C. Wall and V. Zakalyukin eds., "New developments in singularity theory", Proceedings of the NATO Advanced Study Institute held in Cambridge, July 31–August 11, 2000, NATO Science Series II: Mathematics, Physics and Chemistry, 21, Kluwer Academic Publishers, Dordrecht, 2001.

[167] P. Slodowy, "Groups and special singularities", In: Singularity theory (Trieste, 1991), pp. 731–799, World Sci. Publishing, River Edge, NJ, 1995.

[168] S. Smale, "Differentiable dynamical systems", Bull. Amer. Math. Soc. **73** (1967), 747–817.

[169] 諏訪立雄 "書評，J. Milnor: Singular points of complex hypersurfaces" 数学 **22** (1970), 314–316.

[170] 鈴木晋一『結び目理論入門』数理科学ライブラリ 1，サイエンス社，1991.

[171] 高木貞治『初等整数論講義（第 2 版）』共立出版，1971.

[172] I. Tamura, "Spinnable structures on differentiable manifolds", Proc. Japan Acad. **48** (1972), 293–296.

[173] I. Tamura, "Every odd dimensional homotopy sphere has a foliation of codimension one", Comment. Math. Helv. **47** (1972), 164–170.

[174] 田村一郎『トポロジー』岩波全書 276，岩波書店，1972.

[175] 田村一郎『葉層のトポロジー』岩波選書，岩波書店，1976.

[176] 田村一郎『微分位相幾何学』岩波書店，1992.

[177] 田坂隆士『2 次形式 I』岩波講座「基礎数学」3，岩波書店，1976.

[178] B. Teissier, "Cycles évanescents, sections planes et conditions de Whitney", In: Singularités à Cargèse (Rencontre Singularités Géom. Anal., Ibnst. Études Sci., Cargèse, 1972), pp. 285–362, Asterisque, Nos. 7 et 8, Soc. Math. France, Paris, 1973.

[179] B. Teissier, "Introduction to equisingularity problems", In: Algebraic geometry (Proc. Sympos. Pure Math., Vol. 29, Humboldt State University, Arcata, Calif., 1974), pp. 593–632, Amer. Math. Soc., Providence, RI, 1975.

[180] B. Teissier, "Introduction to curve singularities", In: Singularity theory (Trieste, 1991), pp. 866–893, World Sci. Publishing, River Edge, NJ, 1995.

[181] J. G. Timourian, "The invariance of Milnor's number implies topological triviality", Amer. J. Math. **99** (1977), 437–446.

[182] G. Torres, "On the Alexander polynomial", Ann. of Math. **57** (1953), 57–89.

[183] G. Torres and R. H. Fox, "Dual presentation of the group of a knot", Ann. of Math. **59** (1954), 211–218.

[184] D. Trotman and L. C. Wilson eds., "Stratifications, singularities and differential equations. I. Singularities of maps, and applications to differential equations", Papers from the Conference on Stratifications and Singularities held in Marseille, 1990, and the Conference on Singularities held at the University of Hawaii at Manoa, Honolulu, HI, 1990, Travaux en Cours, 54, Hermann, Paris, 1997.

[185] D. Trotman and L. C. Wilson eds., "Stratifications, singularities and differential equations. II. Stratifications and topology of singular spaces", Papers from the Conference on Stratifications and Singularities held in Marseille, 1990, and the Conference on Singularities held at the University of Hawaii at Manoa, Honolulu, HI, 1990, Travaux en Cours, 55,

Hermann, Paris, 1997.

[186] 上野健爾『代数幾何入門』岩波書店，1995.

[187] 卜部東介 "1 次元代数的特異点とディンキン図形"『幾何学を見る — 次元からのイメージ』, pp. 63–146，遊星社，1986.

[188] A. van den Essen, "The sixtieth anniversary of the Jacobian conjecture: a new approach", In: Polynomial automorphisms and related topics (Krakow, 1999), Ann. Polon. Math. **76** (2001), 77–87.

[189] A. N. Varchenko, "Zeta-function of monodromy and Newton's diagram", Invent. Math. **37** (1976), 253–262.

[190] V. A. Vassiliev, "Ramified integrals, singularities and lacunas", Mathematics and its Applications, 315, Kluwer Academic Publishers Group, Dordrecht, 1995.

[191] P. Wagreich, "Singularities of complex surfaces with solvable local fundamental group", Topology **11** (1972), 51–72.

[192] Qi-Ming Wang, "On a problem of J. Milnor", Topology **27** (1988), 245–248.

[193] H. Whitney, "Tangents to an analytic variety", Ann. of Math. **81** (1965), 496–549.

[194] H. E. Winkelnkemper, "Manifolds as open books", Bull. Amer. Math. Soc. **79** (1973), 45–51.

[195] Yi-Jing Xu and S. S.-T. Yau, "Classification of topological types of isolated quasi-homogeneous two-dimensional hypersurface singularities", Manuscripta Math. **64** (1989), 445–469.

[196] S. S.-T. Yau, "Topological types and multiplicities of isolated quasihomogeneous surface singularities", Bull. Amer. Math. Soc. (N.S.) **19** (1988), 447–454.

[197] S. S.-T. Yau, "Complex hypersurface singularities with application in complex geometry, algebraic geometry and Lie algebra", Lecture Notes Series, 5, Seoul National University, Research Institute of Mathematics, Global Analysis Research Center, Seoul, 1993.

[198] 吉永悦男，福井敏純，泉脩藏『解析関数と特異点』特異点の数理 3，共立出版，2002.

[199] O. Zariski, "Some open questions in the theory of singularities", Bull. Amer. Math. Soc. **77** (1971), 481–491.

訳者あとがき

今回の翻訳をシュプリンガー・フェアラーク東京から依頼されたときは，正直に言ってとても嬉しかった．というのは，ミルナーの本はわかり易いことで定評があり翻訳は楽しくできる（実際，訳者らはミルナーとスタシェフによる『特性類講義』を翻訳済みであり，このことは身にしみて感じていた）し，さらに訳者の一人（佐伯）は，学部 4 年生のときのテキストとして原著を使用したため，とにかくこの本に愛着があったからである．

翻訳していてつくづく感じたことは，本書が複素超曲面の特異点という，一見限定された話題を扱っているように見えながら，実は至るところで微分トポロジーや代数幾何学の一般的で重要な手法を使っており，そうしたことを学習する上でもってこいであるという点である．たとえば多様体論を学習すると，必ず「1 の分割」を習うけれども，それを具体的にどのような場面でどのように使うのかはなかなかわからない．しかしこの本を読めば，ベクトル場の構成に有効に使われることが容易に理解でき，それも何度となく登場するので，いつのまにかそうしたことに対する感覚が養われるようになっている．これは単に専門家だけではなく，初学者にとってとてもすばらしいことである．

さて，そうしたすばらしい本であるため，解説などは必要ないとも思ったのであるが，やはり細かい点で説明があまりなされていないこともあるし，原著出版後の事情の変化などもあるので，初学者のために一応「日本語版のための解説」としてつけ加えることとした．また，原著で提起されている問題のうちかなりのものはすでに解かれているので，その概要についても解説の必要があると考え，それも含めることとした．さらに，原著出版後のこの分野の発展についてのごく簡単な解説もつけ加えた．これらを本文の理解のための一助としていただければ幸いである．

なお，訳者二人の専門はどちらかというと微分トポロジー方面なので，「日本語版のための解説」において特異点の代数的側面に関する記述が不十分であったり，あまり適当でないところがあるかもしれない．それは完全に訳者らの力量不足によるわけだが，そもそもこれほど大きく発展した分野の普遍的な概説を与えるのはもともと不可能であるとご理解いただき，その点はご勘弁願いたい．なお，翻訳や解説に関してコメント等があればぜひ訳者までご連絡いただきたい（訳者の電子メールアドレスは奥づけを参照）．

さて，本翻訳を行うに当たり，多くの方々にお世話になった．まず，付録Bの演習問題3問のうち2問に対して解答をつけたが，これらは実は西村尚史氏（横浜国立大学）に教えていただいたものである．西村氏には，忙しい中，我々のしつこい質問に丁寧にお答えいただき，心から感謝の意を申し上げたい．また，D加群と特異点のモノドロミーの間に関係があることは竹内潔氏（筑波大学）から教えていただいた．Françoise Michel氏（ポール・サバティエ大学，フランス）には，最近の文献をいくつか教えていただくとともに，貴重なコメントをいただいた．各章の補足を書く際は，訳者の一人（佐伯）が学部4年生のときに行ったセミナーのノートが大変役に立った．この場を借りて，指導教官であった松本幸夫先生（東京大学），およびそのときのメンバーであった大場清，星野明雄，森寿幸の各氏に感謝したい．さらに，佐伯が大学院修士1年生のときに聴講した岡睦雄先生（当時東京工業大学，現在東京都立大学）の講義ノートも参考にさせていただいた．また，もう一人の訳者（佐久間）は翻訳中，福田拓生先生（日本大学）から絶えず励ましと貴重なコメントをいただいたことに感謝の意を述べたい．最後に，シュプリンガー・フェアラーク東京の編集部の方々にこの場を借りて深く感謝したい．

2003年8月
冷夏の福岡，大阪にて
佐伯修，佐久間一浩

索　引

■人名索引

●ア行
アクブルト (Akbulut)–キング (King), 190
アレキサンダー (Alexander)–ブリッグス (Briggs), 90
アレキサンドロフ (Alexandroff)–ホップ (Hopf), 66
アンドレオッティ(Andreotti)–フランケル (Frankel), 55, 115

イオムディン (I. N. Iomdin), 189

ヴェイユ (A. Weil), 81, 82
ウェント (H. Wendt), 100
ウォリス (A. H. Wallace), 25
ウォール (C. T. C. Wall), 61

エールズマン (C. Ehresmann), 95, 106, 156

オーリック (P. Orlik), 188

●カ行
カイパー (N. H. Kuiper), 109–112, 182
ガニング (Gunning)–ロッシ (Rossi), 12, 96, 184, 185
カルタン (H. Cartan), 83

キャッスルマン (W. Casselman), v
キング (H. C. King), 152

クライン (F. Klein), 83
グリフィス (P. A. Griffiths), 163
グレーヴズ (L. M. Graves), 19
クロウェル (R. H. Crowell), 103
クロウェル (Crowell)–フォックス (Fox), 88–90, 102
グロタンディエク (A. Grothendieck), 76
クロンハイマー (Kronheimer)–ムロウカ (Mrowka), 188

ケーラー (K. Kähler), 87, 100
ケルヴェア (M. Kervaire), 76
ケルヴェア (Kervaire)–ミルナー (Milnor), 52, 74, 162, 164

コクセター (H. Coxeter), 84
小林昭七, 81

●サ行
ザッセンハウス (H. Zassenhaus), 101
ザリスキー (O. Zariski), 77, 87, 193

シュヴァレー (C. Chevalley), 92
シュプリンガー (G. Springer), 92

スチュアート (T. E. Stewart), 22, 23
スチーンロッド (N. Steenrod), 65, 71, 76, 106, 109, 111, 112, 134, 149, 156, 183
ストーリングス (J. Stallings), 69, 89

■欧文・記号索引

■和文索引

●さ行

●は行

●や行

●ら行

●わ行

【著者】
J. W. ミルナー (John Willard Milnor)
Mathematics Department and Institute for Mathematical Sciences
State University of New York at Stony Brook
Stony Brook, NY 11794-3651, USA
http://www.math.sunysb.edu/~jack

【訳者】
佐伯　修（さえき　おさむ）
1987 年，東京大学大学院理学系研究科修士課程修了．
九州大学マス・フォア・インダストリ研究所教授．博士（理学）．
専門：位相幾何学．
著書に『幾何学と特異点』（共立出版，共著），訳書に『特性類講義』（J. W. ミルナー，J. D. スタシェフ著，シュプリンガー・フェアラーク東京，共訳）がある．
e-mail: saeki@imi.kyushu-u.ac.jp

佐久間　一浩（さくま　かずひろ）
1993 年，東京工業大学大学院理工学研究科博士課程修了．
近畿大学理工学部助教授．博士（理学）．
専門：微分位相幾何学．
著書に『高校数学と大学数学の接点』，『数 "8" の神秘』（日本評論社），『理論物理学のための幾何学とトポロジー』（中原幹夫著，佐久間一浩訳，日本評論社より再販予定）がある．
e-mail: sakuma@math.kindai.ac.jp

シュプリンガー数学クラシックス　第13巻
複素超曲面の特異点

平成 24 年 3 月 30 日　発　　行
令和 6 年 2 月 20 日　第11刷発行

訳　者　佐　伯　　修
　　　　佐久間　一　浩

編　集　シュプリンガー・ジャパン株式会社

発行者　池　田　和　博

発行所　**丸善出版株式会社**
〒101-0051 東京都千代田区神田神保町二丁目17番
編集：電話(03)3512-3263／FAX(03)3512-3272
営業：電話(03)3512-3256／FAX(03)3512-3270
https://www.maruzen-publishing.co.jp

印刷・製本／大日本印刷株式会社

ISBN 978-4-621-06558-7　C3041　　Printed in Japan

本書は，2003年11月にシュプリンガー・ジャパン株式会社より出版された同名書籍を再出版したものです．

This Japanese translation is based on the English original, J. W. Milnor: *Singular Points of Complex Hypersurfaces* (Annals of Mathematics Studies, no. 61) published by Princeton University Press
ISBN 0-691-08065-8